JN086159

The nature of minerals

Sulphur

Galena

Zircon

鉱物の博物学
こう ぶつ はく ぶつ がく

―― 地球をつくる鉱物たち ――

［第2版］

図説

Chrysocolla

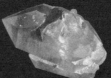
Brookite

Hemimorphite

Chalcanthite

Baryte

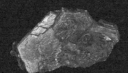
Pyrrhotite

Anorthite

Turquoise

松原 聰／宮脇 律郎／門馬 綱一　著

秀和システム

元素周期表

族／周期	1	2	3	4	5	6	7	8
1	1 **H** 水素 ◯							
2	3 **Li** リチウム ⬡	4 **Be** ベリリウム ⬡						
3	11 **Na** ナトリウム ⬡	12 **Mg** マグネシウム ⬡						
4	19 **K** カリウム ⬡	20 **Ca** カルシウム ⬡	21 **Sc** スカンジウム ⬡	22 **Ti** チタン ⬡	23 **V** バナジウム ⬡	24 **Cr** クロム ⬡	25 **Mn** マンガン ⬡	26 **Fe** 鉄
5	37 **Rb** ルビジウム ⬡	38 **Sr** ストロンチウム ⬡	39 **Y** イットリウム ⬡	40 **Zr** ジルコニウム ⬡	41 **Nb** ニオブ ⬡	42 **Mo** モリブデン ⬡	43 **Tc** テクネチウム ⬡	44 **Ru** ルテニウム
6	55 **Cs** セシウム ⬡	56 **Ba** バリウム ⬡	ランタ ノイド 系列	72 **Hf** ハフニウム ⬡	73 **Ta** タンタル ⬡	74 **W** タングステン ⬡	75 **Re** レニウム ⬡	76 **Os** オスミウム
7	87 **Fr** フランシウム ⬡	88 **Ra** ラジウム ⬡	アクチ ノイド 系列	104 **Rf** ラザフォージウム ⬡	105 **Db** ドブニウム ⬡	106 **Sg** シーボーギウム ⬡	107 **Bh** ボーリウム ⬡	108 **Hs** ハッシウム

◯ 気体
◍ 液体
⬡ 固体

■ 遷移元素
■ 典型元素

アクチノイド系列						
ランタ ノイド 系列	57 **La** ランタン	58 **Ce** セリウム ⬡	59 **Pr** プラセオジム ⬡	60 **Nd** ネオジム ⬡	61 **Pm** プロメチウム	
アクチ ノイド 系列	89 **Ac** アクチニウム ⬡	90 **Th** トリウム ⬡	91 **Pa** プロトアクチニウム ⬡	92 **U** ウラン ⬡	93 **Np** ネプツニウム	

■ アルカリ金属
■ アルカリ土類金属
■ 希土類金属
■ ランタノイド系列
■ アクチノイド系列
■ ニクトゲン
■ カルコゲン
■ ハロゲン
■ 貴ガス

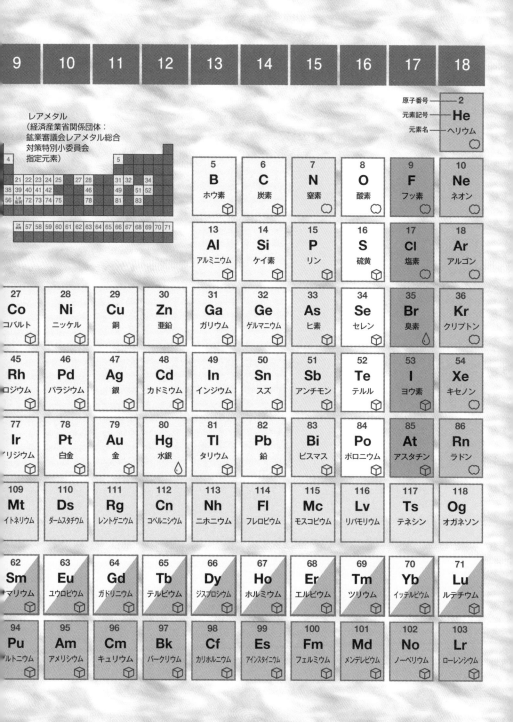

はじめに

鉱物から発見された多くの元素

　私たちが住む地球は、その体積の約84%が鉱物からできています。鉱物を無視したり、無関心でいる生活はとても考えられないと思います。古代から人類は鉱物を用いることで、活動を向上させ、文明を築き上げてきました。鉱物に関する興味や関心はとても現代の比ではなかったと思っています。

　しかし、現在でも鉱物は文明社会を支える道具や、ハイテク製品などの材料や原料に使われ、その重要性に変わりはありません。また、鉱物が太陽系惑星の進化の謎を解く鍵になるとも考えられています。先人たちが鉱物に関わる様々な事象を発見し、研究してきた成果は膨大なものです。

　中でも、多くの元素が鉱物から発見されたこと、物質を構成する原子の並びがX線を鉱物に照射することで解明できること、地球内部の情報を鉱物から読み解くことができること、などは強調してもよいと思います。本書はそれらのごく一部ですが、鉱物をめぐる重要な部分を写真や図なども使いながらやさしく解説することを目的としました。

地球を構成する鉱物の謎

　地球の大部分は海水、土壌、樹木などで覆われていて、地球表層といえども鉱物がどのように分布しているかは、簡単にはわからない状態になっています。宇宙空間は軟らかく密度の極めて低い場所ですから、遥か数十億kmのかなたまで探査機を近づけることができます。

しかし、地球は硬くて密度の高い鉱物で構成されていますので、現在の技術をもってしても、掘ることができるのは10kmほどという地殻のほんの浅い部分に限られています。

ジュール・ヴェルヌは、19世紀後半に活躍したフランスの小説家で、1864年から1870年にかけて、『地底旅行』『月世界旅行』『海底二万マイル』などという空想的冒険小説を発表しました。あとの2つに相当する移動装置は、ロケットや宇宙船、潜水艦や深海潜水調査船として実現しました。しかし、地底探査装置はいまだ空想のままです。いつか夢のかなう日が来るのでしょうか。

現実的には、まだ地球内部を直接探査することができませんので、地球内部で形成され地質活動で地表近くまでもたらされた鉱物を調べ、高温高圧下でそれらの鉱物に相当する相を合成したり、地震波で地球内部岩石の密度などを測定したりして、間接的な手法で推理しているにすぎません。

わからないことはまだまだ非常に多く残されていて、今後の研究対象にはこと欠きません。本書を見て鉱物に興味を持ち、地球を構成する鉱物の謎に挑戦してみようとする方が出てくることを期待しています。

鉱物が人を魅了する力

さて、以上のような応用的、純粋科学的な側面だけではなく、鉱物が人を魅了する力はほかにもたくさんあります。鉱物の中身が何であるかわからない大昔から、道具としてではなく、鎮魂（副葬品）、権威や富の象徴、装飾（宝石）などの目的で鉱物は使われてきました。

現在でもそれらの一部は引き継がれ、宝石をはじめヒーリングス

トーン、パワーストーンなどとして人気があります。それとは別に、鉱物そのものを集めるという趣味も盛んです。経済的な余裕を持つ層が増加したヨーロッパでは古くからそのような趣味が発達したようですが、日本では江戸時代になって奇石趣味が流行し、明治時代以降にやっといまのような鉱物を集め楽しむ趣味が始まりました。

　それでも、鉱物趣味人の数は微々たるものでした。しかし、最近は日本各地で行われている大規模な鉱物展示即売会が大勢の人でにぎわっているようで、鉱物に興味を持つ人がずいぶん増加したのがわかります。それに伴って負の側面も現れるようになりました。人気ある鉱物の既存の産地はかなり限られていて、一部の人の乱掘がトラブルになるケースが起こっています。節度ある採集を心がけ、多くの人が永く楽しめるような環境を保全していただきたいと思います。

地球の歴史の過程を記録する鉱物

　現在見られる大部分の鉱物は、地球がつくったものです。もちろん、その材料となっているのは、太陽が誕生した頃に集まったガスや固体といった集団です。小さな固体は現在でも、隕石として地球に降り注いでいます。

　地球の創生期には、このような集積が大規模に行われ、衝撃や放射性元素による反応熱で溶融されたと考えられています。その後は、元素が重力や化学的法則に従って分離や濃集を繰り返しながら地球内部における階層構造を作り上げてきました。

　しかし、地球はいまだに変動を続けていますので、元素の集合離散がやむことはありません。鉱物には、地球創生期にできたものも

あれば、新たにできたものもあります。もちろん、いったんできた鉱物は、環境の変化（温度や圧力の変化、気体や液体の侵入など）によって溶けたりして、別の鉱物の材料になる可能性があるため、地球創生期にできた鉱物がそのまま残っている例は稀です。

　こういった地球の歴史の過程を記録できるのは鉱物だけです。鉱物を学ぶ喜びのひとつとして、地球の成り立ちの一部を示している鉱物を研究できることです。鉱物をただ見ていても、鉱物は何も語ってくれはしません。鉱物の持っている様々な性質を、自らが明らかにしていかなければなりません。

　そのために、先人たちは鉱物から元素を見つけ出し、鉱物の化学成分を明らかにしていきました。さらに、原子の規則正しい配列も解明してきたのです。これらの解析のためには、分析機器の発達が大きく寄与しています。最近では超微細な鉱物の解析もできるようになりました。しかし、まだまだわからないことはたくさんあります。さらに詳しく研究は続けられます。

新種の鉱物を見つける

　もうひとつの学ぶ喜びは、すべての科学分野に共通しているのですが、誰も気づいていなかった現象や物を発見することです。鉱物の世界では、新種の鉱物（新鉱物）を見つけ発表する仕事です。特に、「このような地質環境や岩石中にありそうだ」と予想を立てて、それが事実になったときの喜びが一番でしょうか。

　さらに、発見された鉱物あるいはそれがヒントになって合成された物質が人の役に立つ素材になれば、大きな喜びになるでしょう。

地球の本当の姿を知る

　私たち人類をはじめあらゆる生物は、地球の表層にあたる地殻の上でのみ生活ができます。多くの人が、地球の環境を議論する材料として、土、砂、水、大気、植物、動物を用います。しかし、これらは地球のすべてではなく、ほんの上面だけのものです。地球温暖化（本当は気候極端化）は生物にとって脅威になるかもしれませんが、地球そのものには何の影響もありません。過去には超温暖、超冷却という時代もあったといわれています。鉱物を学び、地球の本当の姿を知ることが、私たちの重要な興味なのです。

　人の手が加えられていない自然のままの鉱物の形（結晶）や様々な色と光沢は私たちを引きつけます。野外で、展示会で、気にいった鉱物や産出の稀な鉱物に出会うといううれしさもあります。

　それらの喜びを高めるためには、鉱物やそれらに関連した知識を学ぶことが大切です。本書は鉱物の世界に足を踏み出そうと思っている人々や、さらなる深みを目指そうとしている人々にとっても、おおいに役立つことと信じています。

第2版発行にあたって

　2018年4月に「第1版第2刷」を発行して以来3年以上が経過し、新しい知見に基づいて修正する必要が生じた部分が出てきました。また、化学分析や結晶構造解析についてのもう少し詳しい解説を追加し、鉱物図鑑の章に日本産新鉱物を7種類追加しました。本書を「第1版」以上に楽しんでいただければ幸いです。

2021年9月　著者一同

図説

鉱物の博物学 [第2版]

The nature of minerals

Contents

第**1**章　鉱物図鑑

contents

第2章　鉱物の化学組成と原子配列

第3章　鉱物の性質

第4章　鉱物の生成と産地

第5章 鉱物の用途

第6章 鉱物の用途（レアメタル一覧）

第**7**章　鉱物との遭遇から鉱物学へ

第**8**章　趣味としての鉱物

◆ 本書の見方 ◆

　本書では、代表的な鉱物について、その特徴や性質、用途などを的確に理解していただくことを目的としています。また、鉱物にまつわるエピソードや意外な事柄を「trivia」として、また鉱物の名前の由来なども興味を持ってお読みいただける形で紹介しています。

◆鉱物の特徴を基礎データから知ろう

　本書では、各鉱物について、次のような基礎データ（後述）を紹介しています。

❶鉱物名	❷学名	❸化学式	❹特性	❺結晶系	❻産状
❼比重	❽硬度	❾分類名	❿劈開	⓫光沢	⓬色/条痕色
⓭産地	⓮解説	⓯標本写真			

◆鉱物の分類法を知ろう

　本書では、鉱物の分類法（後述）に基づき、以下の分類順で掲載しています。

> 元素鉱物、硫化鉱物、酸化鉱物、ハロゲン化鉱物、炭酸塩鉱物、ホウ酸塩鉱物、硫酸塩鉱物、亜テルル酸塩鉱物、クロム酸塩鉱物、リン酸塩鉱物、ヒ酸塩鉱物、バナジン酸塩鉱物、タングステン酸塩鉱物、モリブデン酸塩鉱物、ネソケイ酸塩鉱物、ソロケイ酸塩鉱物、シクロケイ酸塩鉱物、イノケイ酸塩鉱物、フィロケイ酸塩鉱物、テクトケイ酸塩鉱物、有機鉱物

　各鉱物の分類名は、冒頭に記載した各種のデータ欄のほか、各ページのインデックスからも検索できます。

❺結晶系　❶鉱物名　❿劈開　❾分類名　❹特性　❷学名　❸化学式

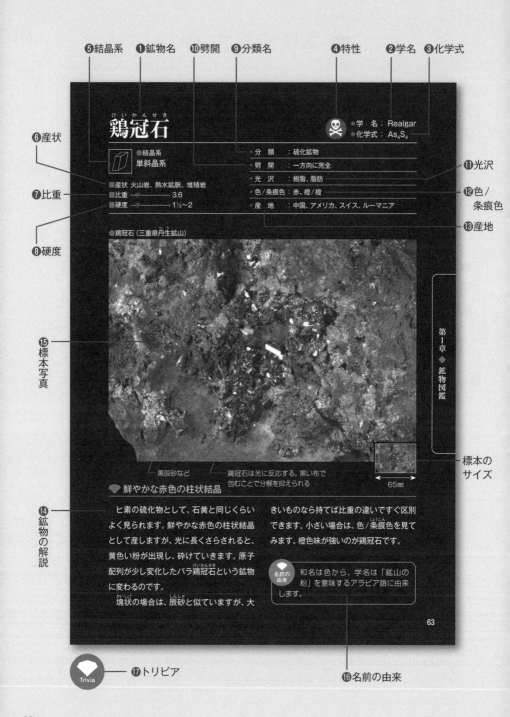

❻産状

❼比重

❽硬度

鶏冠石
（けいかんせき）

●結晶系
単斜晶系

■産状　火山岩、熱水鉱脈、堆積岩
■比重　←→　3.6
■硬度　←→　1½〜2

☠

●学　名：Realgar
●化学式：As$_4$S$_4$

分　類　：硫化鉱物
劈　開　：一方向に完全
光　沢　：樹脂、脂肪
色/条痕色：赤、橙、橙
産　地　：中国、アメリカ、スイス、ルーマニア

❶❶光沢

❶❷色/
条痕色

❶❸産地

●鶏冠石（三重県丹生鉱山）

❶❺標本写真

黒辰砂など

鶏冠石は光に反応する。黒い布で
包むことで分解を抑えられる

65㎜

❶標本の
サイズ

◆ 鮮やかな赤色の柱状結晶

❶❹鉱物の解説

　ヒ素の硫化物として、石黄と同じくらいよく見られます。鮮やかな赤色の柱状結晶として産しますが、光に長くさらされると、黄色い粉が出現し、砕けていきます。原子配列が少し変化したパラ鶏冠石という鉱物に変わるのです。

　塊状の場合は、辰砂（しんしゃ）と似ていますが、大きいものなら持てば比重の違いですぐ区別できます。小さい場合は、色/条痕色を見てみます。橙色味が強いのが鶏冠石です。

名前の由来　和名は色から、学名は「鉱山の粉」を意味するアラビア語に由来します。

Trivia — ❶❼トリビア

❶❻名前の由来

❶ 鉱物名	鉱物の和名。『日本産鉱物種』（2013年版）に掲載の和名に従う。
❷ 学名	国際鉱物学連合（IMA）によって学術的に承認されたものとしてデータベースに登録されているもの。
❸ 化学式	その鉱物の元素の種類と比を表す。また鉱物により固有の化学式を持っている。
❹ 特性	鉱物が次の特性を持つ際に記号で表したもの。🧲ふつうのフェライト磁石が引きつけられるもの ☠特に強い毒性があるもの ☢放射線を発するもの。➡第3章参照
❺ 結晶系	鉱物の分子の並び方を法則によって分けたもの。結晶の形によって鉱物の分子の基本的な形が決まる。➡第3章参照
❻ 産状	その鉱物が産出する主な地質単位を示す。産状によって、共生関係がわかるため、採集の際に役立つ。➡第4章参照
❼ 比重	同じ体積の水の重さの何倍かを示す。密度は、1立方センチメートルあたりの重さ（グラム）で表され、単位g/cm³を持つ。水の密度は約1g/cm³であるため、比重は密度から単位を除いた数値とほぼ同じ。➡第3章参照
❽ 硬度	モース硬度による鉱物の硬さを数値で表したもの。客観的な硬さの判断基準となる。数値が大きいほど硬い。➡第3章参照
❾ 分類名	化学組成に基づく分類。本書ではほぼシュツルンツの『鉱物一覧表』（第8版）に従い10種に分類している。なお、本書では10番目の有機鉱物は掲載されていない。➡第2章参照
❿ 劈開（へきかい）	結晶の特定方位でほぼ平面状に割れる性質。鉱物の種類を特定するのに役立つ。➡第3章参照
⓫ 光沢	金属や樹脂、絹糸光沢など、光を当てた際にどのように見えるか。数値化できないため、よく知られた物質にたとえている。➡第3章参照
⓬ 色/条痕色（じょうこんしょく）	色は塊の状態で見える色で、結晶粒の大きさなどで異なって見えることがある。条痕色は粉末にしたときの色で、その鉱物特有の色を観察できる。➡第3章参照
⓭ 産地	主な産出地のある国名。
⓮ 解説	その鉱物の特徴や、どのようにできたかなど。
⓯ 標本写真	鉱物の標本写真、およびその特徴を示す。識別のポイントやサイズなどが付記されている。
⓰ 名前の由来	その名称がついた謂れ（いわれ）など。
⓱ トリビア	鉱物に関するトピックや興味深い事柄を紹介。

特性

➡ p.320、p.321

 磁性　よく使われるフェライト磁石が引きつけられる強磁性鉱物にのみ「磁性」マークをつけた。希土類磁石など強力な磁石にはもっと多くの鉱物が引きつけられる。強磁性鉱物には必ず鉄、コバルト、ニッケルのいずれかが含まれている。

 毒性　直接体内に入る（食べる）と害を及ぼす鉱物はたくさんある。しかし、通常、触って鑑賞する程度ではまったく害はない。うっかり手についた微粒や粉を口に入れてしまう可能性もあるので、微量でも毒性が高い鉱物に限りマークをつけた。

 放射性　最もよく知られた放射性元素としてウランがある。放射線は物質に直接触れなくても影響があり、他の物質を透過して影響する場合もあるため、取り扱いにはいっそうの注意が必要。

硬度の指標

➡ p.316

　モース硬度は、10種の指標鉱物を基準として、指標鉱物と試料鉱物を摺り合わせ、表面のこすり傷から硬さの優劣を決める方法です。

硬度	ひっかき傷の有無	主な鉱物
1	最も軟らかい鉱物。	滑石
2	指の爪で何とか傷をつけられる。	石膏
3	硬貨でこすると何とか傷をつけられる。	方解石
4	ナイフの刃で簡単に傷をつけられる。	蛍石
5	ナイフで何とか傷をつけられる。	燐灰石
6	ナイフで傷をつけられず、刃が傷む。	正長石
7	ガラスや鋼鉄などに傷をつけられる。	石英
8	石英に傷をつけられる。	トパーズ
9	石英にもトパーズにも傷をつけられる。	コランダム
10	最も硬い鉱物。	ダイヤモンド

結晶系の特徴

立方晶系
長さが等しい3本の結晶軸が、すべて90度で交差する。「等軸晶系」ともいわれる。
自然金、ダイヤモンド、磁鉄鉱、岩塩など。

正方晶系
3本ある結晶軸のうち2本の長さが等しく、すべて90度で交差する。
黄銅鉱、錫石、ジルコン、魚眼石など。

六方晶系
結晶軸は4本あり、そのうちの同じ長さの3本が平面上に互いに120度で交差し、その交差点に残りの1本の結晶軸が垂直に交わる。
輝水鉛鉱、銅藍、緑柱石、燐灰石など。

三方晶系
長さが等しい3本の結晶軸が、すべて90度以外の同一角度で交差する。また、すべての面が菱形になる。「六方晶系」の一種とされることもある。
辰砂、赤鉄鉱、方解石、石英など。

直方晶系
長さが異なる3本の結晶軸が、すべて90度で交差する。2014年に日本結晶学会が、「Orthorhombic」の訳語を「斜方晶系」から変更する決議をした。
自然硫黄、霰石、重晶石、トパーズなど。

単斜晶系
長さが異なる3本の結晶軸が交差する3つの角度のうち、2つが90度のもので交差する。
鶏冠石、藍銅鉱、石膏、白雲母など。

三斜晶系
長さが異なる3本の結晶軸が、すべて90度以外の異なる角度で交差する。
トルコ石、藍晶石、薔薇輝石、灰長石など。

非晶質
規則性がなく、結晶構造を持たないもの。
自然水銀、オパールなど。

産状の概念図

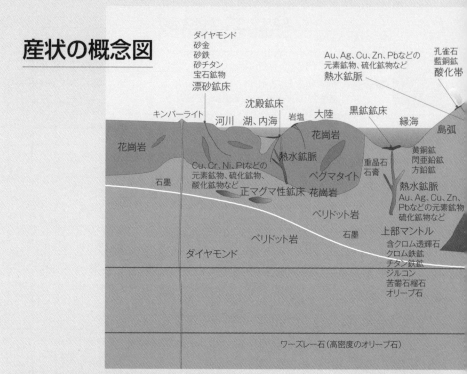

産状	特徴
火成岩	マグマが冷えて固まった岩石中に産するもの。地下深くでゆっくり固まった**深成岩**、地表付近で急冷して固まった**火山岩**に大きく分けられる。その両方に見られる鉱物。
深成岩	火成岩のうち、特に深成岩に見られる鉱物。
火山岩	火成岩のうち、特に火山岩に見られる鉱物。
熱水鉱脈	岩石の割れ目などを上昇した熱水が冷えて鉱物を形成した場所には、多くの金属鉱物や石英などが見られる。採掘に値するほど有益な鉱物が集中している場合には、**熱水鉱床**という。
ペグマタイト	深成岩が冷えて固まるときに、ふつうの造岩鉱物に入らない化学成分などと多量の揮発性成分が、岩石中に脈状、レンズ状をして固まったもの。花崗岩によく見られ、結晶粒の大きな石英、長石、雲母などに伴って緑柱石、電気石、トパーズ、蛍石などの鉱物が産出することもある。美しい結晶、珍しい鉱物の宝庫。
堆積岩	外来の鉱物粒や岩片が集まってできた岩石。変質することなく残っている風化に強い鉱物をここに示した。
堆積物	まだ固結していない砂礫層中に見られる風化に強い鉱物をここに示した。ダイヤモンド、サファイア、スピネル、砂金、砂鉄（磁鉄鉱、チタン鉄鉱など）その他。

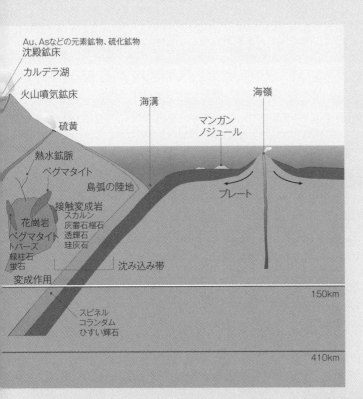

Au、Asなどの元素鉱物、硫化鉱物
沈殿鉱床
カルデラ湖
火山噴気鉱床
硫黄
熱水鉱脈
ペグマタイト
島弧の陸地
接触変成岩
花崗岩　スカルン
灰礬石榴石
ペグマタイト　透輝石
トパーズ　珪灰石
緑柱石
蛍石
変成作用
沈み込み帯
スピネル
コランダム
ひすい輝石
海溝
マンガン
ノジュール
プレート
海嶺
150km
410km

産状	特徴
蒸発岩	内海や湖などで水が蒸発し、塩類が沈殿して鉱物をつくる。岩塩層はこの好例である。
変成岩	すでにあった岩石などが、圧力や温度の上昇によって変成を受ける。別の鉱物がつくられ、鉱物の組織が変化することがある。このような岩石を変成岩という。広範囲にわたる変成作用の結果できたのが、**広域変成岩**で、主に片麻岩と結晶片岩がある。マグマとの接触部で変成されてできたものを**接触変成岩**という。もとの岩石に多くの金属成分があると、変成岩中に鉱床が形成される。日本では層状含銅硫化鉄鉱床（キースラーガー）（別子鉱山、日立鉱山など）、変成マンガン鉱床（大和鉱山、御斎所鉱山など）その他がある。また、蛇紋岩はペリドット岩に水が加わって変成してできたものなので、変成岩として表している。
スカルン	変成を受ける側の岩石が、石灰岩や苦灰岩など、カルシウムやマグネシウムに富む岩石の場合、変成してできたカルシウム、マグネシウムを主成分とするケイ酸塩鉱物を**スカルン鉱物**という。灰礬石榴石、ベスブ石、斧石、透輝石、珪灰石など。ここに、有益な金属鉱物が集中する場合があると、それを**スカルン鉱床**という。釜石鉱山、神岡鉱山など。
酸化帯	地下で形成された鉱物は、地表近くで雨水や空気にさらされると、化学変化を受けて分解し、別の鉱物に変わることがある。金属の酸化物、水酸化物、炭酸塩、硫酸塩、リン酸塩などの鉱物が見られる。

分類

➡p.268

　現在、主に普及している分類法は、化学組成と結晶構造に基づいて分類されています。本書においても、化学組成による分類に基づいています。以下に掲げる各分類の特徴を理解しましょう。

分類	特徴	主な鉱物
元素鉱物	主成分（置換などにより含まれる微量成分ではなく、その鉱物の本質的な成分）が単一の元素である鉱物。	ダイヤモンド、石墨
硫化鉱物	硫黄と金属が結合した化合物、硫化物の鉱物。地殻中に多様な種が存在し、局部的に濃集して鉱床をなして、金属の資源となっている。	黄銅鉱、方鉛鉱
酸化鉱物	酸素（水酸化物イオン(OH)$^-$も含む）と陽イオンが結合した鉱物で、酸素酸塩（例えば、CO_3、SO_4、PO_4、SiO_4を含むものなど）以外のもの。	コランダム、スピネル
ハロゲン化鉱物	フッ素や塩素などのハロゲンが主成分として結合している鉱物。ハロゲンとOHの両方を含むもの（アタカマ石など）もここに分類される。	蛍石、岩塩
炭酸塩鉱物	三角形の中心に炭素（C）、3頂点に酸素（O）を配した炭酸イオン[$(CO_3)^{2-}$]からなる鉱物。	方解石、苦灰石、霰石
ホウ酸塩鉱物	ホウ酸イオンには、炭酸イオンと同様に三角形の3頂点に酸素（O）を配した$(BO_3)^{3-}$と、硫酸イオン、リン酸イオン、ケイ酸イオンなどのように四面体の4頂点に酸素（O）を配した$(BO_4)^{5-}$がある。	逸見石、ウレックス石（テレビ石）
硫酸塩鉱物	四面体配位の硫酸イオン[$(SO_4)^{2-}$]を主成分とする鉱物。	石膏、重晶石
リン酸塩鉱物	四面体配位のリン酸イオン[$(PO_4)^{3-}$]を主成分とする鉱物。リン（P）をヒ素（As）で置き換えたヒ酸塩鉱物、バナジウム（V）で置き換えたバナジン酸塩鉱物もここに分類される。	藍鉄鉱、燐灰石
ケイ酸塩鉱物	結晶構造の基本的要素としてケイ素（Si）を中心とした正四面体の、各頂点に酸素（O）を配したSiO_4四面体を持つことが特徴。	石榴石、普通輝石、白雲母
有機鉱物	主に炭素を主体にした有機化合物の分子などでできた鉱物。	尿酸石など

光沢

➡p.304

　鉱物の表面が光を浴びたときの輝き方（つや）を光沢と呼びます。鉱物種によっては特有の光沢があるため、肉眼観察の助けとなることも少なくありません。

　鉱物の光沢は、光の反射率、屈折率、透明度など表面の状態の特性に依存しますが、数値化することができず、よく知られた物質や鉱物になぞらえて表現されることが多いです。光沢には、金属光沢、ダイヤモンド（金剛）光沢、ガラス光沢、樹脂光沢、脂肪光沢、真珠光沢、絹糸光沢、土状光沢などがあります。

　光沢は、硬度や名前のように国際的な基準に基づいて決められているわけではなく、それぞれが独自に分類を行っています。下表はその一例であり、この表とは異なる分け方をすることもあります。

光沢	特徴	主な鉱物
金属光沢	不透明鉱物の滑らかな表面で、光を強く反射するもの。	黄銅鉱、磁鉄鉱
ダイヤモンド（金剛）光沢	透明や半透明で、光の屈折率が高いもの。	ダイヤモンド、閃亜鉛鉱
ガラス光沢	透明や半透明で、光の屈折率が中程度のもの。	石英、トパーズ、緑柱石
樹脂光沢	プラスチックや漆などのような滑らかな光沢。	自然硫黄、オパール
脂肪光沢	ニスやグリースなど油を塗ったような光沢。	霞石
真珠光沢	光の干渉で虹色に見えるものや、劈開面で柔らかい反射が見られるもの。	白雲母
絹糸光沢	繊維のように一方向に筋が入ったような表面。	石綿
土状光沢	光をほとんど反射しないためつやに乏しいもの。	カオリン石

金属光沢
黄銅鉱

ダイヤモンド光沢
ダイヤモンド

樹脂光沢
オパール

ガラス光沢
トパーズ

真珠光沢
白雲母

土状光沢
カオリン石

◆ 本書を読むにあたってのポイント ◆

◆鉱物の化学組成と原子配列を知ろう　　　➡ 第2章

　鉱物は、化学組成と結晶構造で定義され、これらに基づいて分類されています。各鉱物の化学組成と結晶構造について、その特徴を理解しましょう（第2章）。

◆鉱物の性質を知ろう　　　➡ 第3章

　鉱物の性質を特徴づける条痕色、光沢、透明度と屈折率、結晶の形態、密度・比重、劈開、硬度、磁性・導電性、毒性・放射性、Ｘ線・紫外線への反応など理解しましょう（第3章）。

◆鉱物の生成と産地を知ろう　　　➡ 第4章

　ほとんどの鉱物は岩石の中で生成し、できるときの温度や圧力の条件、化学成分の集まり方によって共生関係が決まります。どんな鉱物がどのような場所に生成しているのかを理解しましょう（第4章）。

◆鉱物の用途を知ろう　　　➡ 第5章

　私たちの生活は様々な素材で支えられています。木材、毛皮、木綿、羊毛など、動植物由来の素材も少なくありませんが、鉄鋼などの金属材料、セメントやセラミックスなどの源は鉱物にあります。鉱物の様々な用途を理解しましょう（第5章）。

◆鉱物から地球の歴史を学ぼう　　　➡ 第6章

　鉱物は、文明の進化に伴って材料として使いこなされてきました。地球を構成する物質の過去・現在を研究するための重要な素材である鉱物を理解しましょう（第6章）。

◆鉱物の採集、コレクションの醍醐味を知ろう　　　➡ 第7章

　すべての石ころは鉱物の集合体ですが、標本になるような鉱物はどこでも採集できるわけではなく、それなりの下調べと準備が必要です。集めた鉱物にはラベルをつけ、標本として整理しましょう（第7章）。

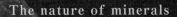

第 1 章

鉱物図鑑

それぞれの鉱物が持つ特徴的で魅惑的な色や形が
よくわかるよう、化学組成に基づいた分類順でおよ
そ170種類を紹介します。

鉱物の博物学

自然金
しぜんきん

● 学　名：Gold
● 化学式：Au

● 結晶系
立方晶系

■産状 熱水鉱脈、変成岩、ペグマタイト、
　　　 堆積岩・堆積物
■比重 ─────── 19.3（純金）
■硬度 ─────── 2½

● 分　類　：元素鉱物
● 劈　開　：なし
● 光　沢　：金属
● 色/条痕色：黄金/金
● 産　地　：アメリカ、オーストラリア、南アフリカ、中国

● 鉱脈中の自然金（宮城県女川鉱山）
おながわ

石英　　　　　　　　　　自然金

50mm

◆ 硬度や色/条痕色からすぐに判別できる

　粒状、髭状、樹枝状、苔状、塊状をして産
し、稀に六面体、八面体、十二面体などの結
晶形が見られます。小さいものは、黄銅鉱
や黄鉄鉱と似ていますが、硬度や色/条痕
色をテストするとすぐに判別できます。金

の原子配列は銀や銅と同じです。

　そのため、それらと合金をつくりやすい
です。少なくとも日本の自然金は、銀をいろ
いろな割合で含んでいますが、銅をあまり
含みません。一般に、低温で生成された自

然金には銀が多く（やや白っぽくくすんだ黄金色になる）、中〜高温生成のものでは銀が少ない傾向があります。

●自然金の結晶（兵庫県中瀬鉱山）

自然金の結晶　　　　石英（水晶）

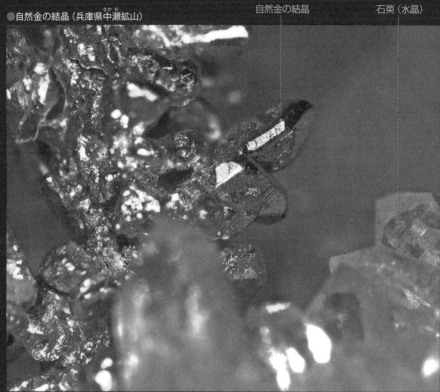

←→ 3mm

●砂金（北海道紋別市八十士）

　砂金では、表面から銀が溶脱して相対的に金の比率が高まります。風化して川に流れている黒雲母（いわゆる蛭石）を砂金と見間違うことがあります。蛭石は叩くと砕けますが、砂金は薄く延びていく性質があるので、決して砕けません。

自然銀
しぜんぎん

● 学　名： Silver
● 化学式： Ag

● 結晶系
立方晶系

■ 産状　熱水鉱脈、酸化帯
■ 比重 ———————▶ 10.5
■ 硬度 ——▶ 2½

● 分　類　：元素鉱物
● 劈　開　：なし
● 光　沢　：金属
● 色/条痕色：銀白/銀白
● 産　地　：モロッコ、メキシコ、ノルウェー

● 鉱脈中の自然銀（栃木県足尾鉱山）

斑銅鉱など

自然銀

◀——————▶
20mm

💎 結晶形が見られず、金や銅は含まない

　髭状、樹枝状、苔状、箔状をして産し、ほとんど結晶形が見られません。このような形態の自然銀には、金や銅は含まれていません。いわゆる自然金（エレクトラム：金と銀との合金）の中には、銀の比率が金より高いものがあり、種の定義上は自然銀となります。空気中では、硫黄化合物と反応して硫化銀ができ、表面から黒ずんだ色になっていきます。

自然銅
しぜんどう

●学　名： Copper
●化学式： Cu

●結晶系
立方晶系

■産状 火成岩、熱水鉱脈、変成岩、酸化帯
■比重 ——▽—— 8.9
■硬度 ——▽—— 2½

●分　類　：元素鉱物
●劈　開　：なし
●光　沢　：金属
●色/条痕色：銅赤/銅赤
●産　地　：アメリカ、ロシア、オーストラリア

●酸化帯の自然銅（栃木県小来川鉱山）
おころがわ

55mm

赤銅鉱

自然銅

第1章 ◆ 鉱物図鑑

◆ 空気中では酸素、二酸化炭素、水と反応

　主に火成岩や変成岩中では粒状や塊状、酸化帯では樹枝状や箔状をして産します。樹枝状のものでは細かい六面体や十二面体の結晶面が見られることがあります。

　割れ口が新鮮なときは、銅赤色です。しかし、空気中に長く置かれると、表面が赤褐色あるいは黒褐色の酸化銅化合物や緑色の含水炭酸銅化合物で覆われることがあります。

名前の由来　学名は、キプロス島でかつて多く産したことから、ラテン語のcuprium aes（キプロスの金属）に由来します。

自然水銀
しぜんすいぎん

☠ ●学　名：Mercury
●化学式：Hg

●結晶系
液体

■産状 熱水鉱脈
■比重 ──────▽──── 13.6
■硬度 ─▼──────── ―

分　類	：元素鉱物
劈　開	：なし
光　沢	：金属
色/条痕色	：銀/なし
産　地	：スペイン、ドイツ、アメリカ

●自然水銀（アメリカ）

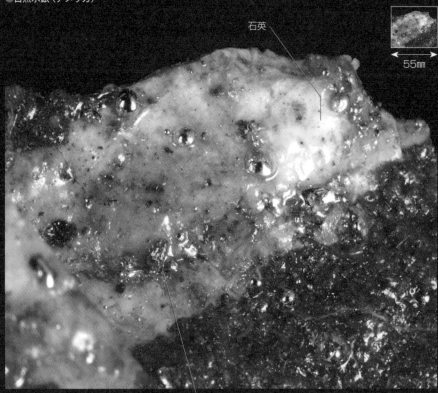

石英

←──── 55mm ────→

自然水銀

🔹 常温で液体の鉱物

　自然水銀は唯一の常温で液体の鉱物です。1気圧で、約－40℃以下になると三方晶系の結晶となります。低温の熱水鉱脈中に辰砂に伴って産します。蒸気になりやすく、長く放置した標本では消失したものもあります。水銀蒸気は危険でもありますので、密閉容器に保存しなければいけません。

自然鉄
しぜんてつ

●学　名： Iron
●化学式： Fe

●結晶系	立方晶系

* 分　類　： 元素鉱物
* 劈　開　： なし
* 光　沢　： 金属
* 色／条痕色： 鋼灰／鋼灰
* 産　地　： グリーンランド、ロシア

■産状 火山岩、変成岩
■比重 ——————— 7.9
■硬度 ——————— 4

●自然鉄（ロシア・シベリア）

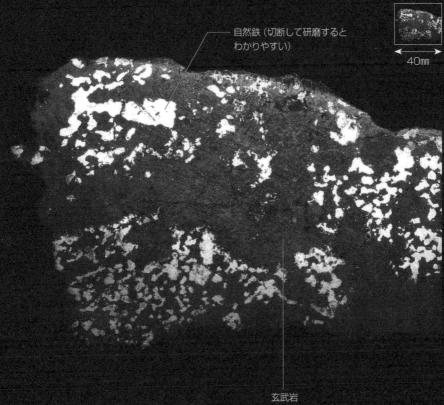

自然鉄（切断して研磨すると
わかりやすい）

← 40mm →

玄武岩

◆ 玄武岩や蛇紋岩中に見られる
げんぶがん じゃもんがん

　金属鉄のα相（立方体心構造：α鉄）に相当する鉱物です。グリーンランドなどの玄武岩や蛇紋岩中に見られることがありますが、ふつうの岩石には稀です。隕石（特に

鉄隕石）中では、ニッケル分が少ない自然鉄（**カマサイト**と呼ぶ）とニッケル分が多いテーナイト（α鉄とは異なる原子配列のγ鉄）に分かれています。

37

太古の海の恵み「縞状鉄鉱層」

縞状鉄鉱層は、縞状鉄鉱床とも呼ばれる縞模様が特徴的な鉄鉱石の鉱床です。非常に大規模な鉱床を形成しています。

●酸素を発生するシアノバクテリア

現在、工業的に使われる鉄鉱石の大半は、この縞状鉄鉱床から採掘されたものです。これらの鉄鉱床は、38億〜19億年前という非常に古い年代に浅い海の底に堆積した地層と考えられています。

地球ができた頃の大気は、二酸化炭素と窒素が主成分で酸素はなく、海水中にはFe^{2+}イオンとして鉄がたくさん溶け込んでいました。そこに光合成を行って酸素を発生するシアノバクテリアという生物が現れたのが、約38億年前です。

●ストロマトライト（ボリビア）

●世界各地の浅海で沈殿が進んだ「鉄」

シアノバクテリアがつくる酸素は、海水中のFe^{2+}イオンを酸化してFe^{3+}イオンに変えます。Fe^{3+}イオンの溶解度は低いので、溶けきれない鉄が酸化鉄として次々と沈殿しました。

シアノバクテリアが生息するのは、太陽光が届く浅海だけです。深海には、酸素が供給されないので、依然としてFe^{2+}イオンがたくさん溶けており、潮流によりFe^{2+}イオンが酸化的な浅海にもたらされると、そこで沈殿が起こります。

そして、海水中のFe^{2+}イオンがすべて酸化されて沈殿するまで、世界各地の浅海で鉄の沈殿が進み、かくして、縞状鉄鉱層が形成されたと考えられています。

●死骸化石によってつくられた 縞状の岩石

こうした現象の証拠のひとつと思われているのが、縞状鉄鉱層と一緒に見つかるシアノバクテリアの死骸化石などによってつくられた縞状の岩石であるストロマトライトです。西オーストラリアのシャーク湾では、現生のシアノバクテリアがストロマトライトを形成する様が見られます。

●ストロマトライト（オーストラリア・シャーク湾）

Photo by Paul Harrison

Episode　白金を探す

　白金は、本当の白金（プラチナ）とパラジウムなどの白金族の金属を含めていう場合があります。日本では白金がたくさん採取されることはありませんでした。

●北海道は白金の産地

　川の堆積物から砂白金として採掘されていた記録は、北海道で何カ所もあります。中央部を南北に走る山脈を源とする河川のうち、特に手塩川の流域に多く、後背地に蛇紋岩体がよく見られることが特徴です。

　北海道は砂金の産地でもあり、砂金と一緒に白金がとれてくることもあります。もちろん、砂金だけ、白金だけの場所もあります。砂白金の多くは、オスミウム・イリジウム・ルテニウム系合金（いわゆるイリドスミン）です。

　ほかには、プラチナ、プラチナ・鉄系合金、プラチナのヒ化物、イリジウム、ルテニウムなどの含ヒ素硫化物、パラジウムとアンチモン合金なども少量知られています。

●超苦鉄質岩が砂白金の源のひとつ

　それでは、いったいどこから白金がやってきたのでしょうか。昔から調査をされてきましたが、まとまって岩石中に白金があったという話はほとんど聞いたことがありません。

　日高山脈の南端に近い様似町には、有名な幌満岩体があります。上部マントルで形成された超苦鉄質岩があまり変質を受けないで地表まで上昇した特異な岩体です。

　超苦鉄質岩には、ほとんどオリーブ石ばかりでできたダン岩（ダナイト、dunnite）、主にオリーブ石と頑火輝石からなるハルツブルグ岩（ハルツバージャイト、harzburgite）、主にオリーブ石と頑火輝石と透輝石からなるレールズ岩（レールゾライト、lherzolite）などがあります。

　中でも、レールズ岩にはスピネル、斜長石、ペントランド鉱、自然銅なども入っていて興味深い岩石です。2008年と2011年に、この岩体から銅・鉄・ニッケル系硫化物の新鉱物が3種も発見されています（菅木鉱、幌満鉱、様似鉱）。

　2010年頃、菅木鉱がないかと、近くで採集したレールズ岩を分析していたところ、思ってもいなかった白金の鉱物が入っていることに気づきました。もちろん超微細であり、電子顕微鏡でもやっととらえることができる程度です。

　化学分析をしたのですが、小さすぎてどんな元素がおよそどのくらい入っているかはわかるのですが、きちんとした定量分析（重量で何%かを測定）はうまくいきませんでした。

　しかし、可能性として以下のような鉱物が浮かび上がってきました。メレンスキー鉱（パラジウム・テルル合金）、モンチェ鉱

（プラチナ・テルル合金）、自然オスミウム、自然プラチナ、ロジウム・イリジウム系硫化物（バウイー鉱など3種類があり特定できず）です。鉱物の種類や大きさは別として、改めてこういった超苦鉄質岩が砂白金の源のひとつであることがわかりました。

●北海道幌満産のレールズ岩

● Ni-Fe-Cu 系硫化物に伴う Pt-Ir 鉱物

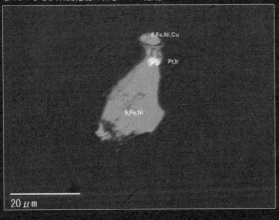

20 μm

上の写真の岩石の一部を磨いて電子顕微鏡で見た後方散乱電子像。明るく光っているのがイリジウムを含む自然白金。

自然白金
しぜんはっきん

●結晶系
　立方晶系

■産状 深成岩、変成岩、堆積物・堆積岩
■比重 ————————▼ 21.5
■硬度 ———▼ 4〜4½

●学　名：Platinum
●化学式：Pt

・分　類　：元素鉱物
・劈　開　：なし
・光　沢　：金属
・色/条痕色：銀白/銅灰
・産　地　：ロシア、コロンビア、南アフリカ

●自然白金（ロシア）

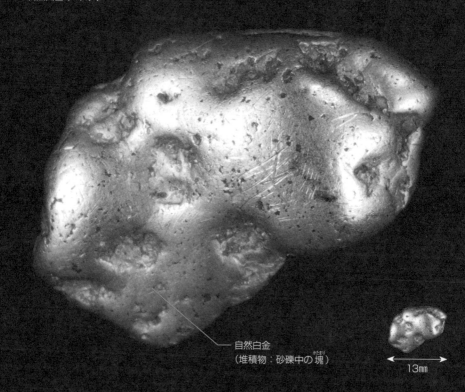

自然白金
（堆積物：砂礫中の塊）
13mm

◆ 白金族金属の鉱物とは肉眼での区別はできない

　自然白金はロジウム、パラジウム、イリジウム、鉄などと合金をつくることがあります。粒状、塊状で、ペリドット岩、蛇紋岩、斑れい岩中やそれらが風化して運ばれた砂白金として産します。他の白金族金属の鉱物とは、肉眼での区別はほとんどできません。

自然オスミウム
しぜん

学　名：Osmium
化学式：Os

●結晶系
六方晶系

■産状 深成岩、堆積物・堆積岩
■比重 ────▼ 17〜21
■硬度 ──────▼─ 6〜7

●分　類	：元素鉱物
●劈　開	：一方向に完全
●光　沢	：金属
●色/条痕色	：鋼灰/鋼灰
●産　地	：アメリカ、カナダ、ロシア、南アフリカ

●自然オスミウム（北海道夕張市）

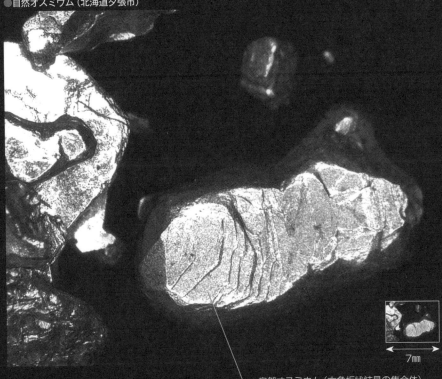

7mm

──自然オスミウム（六角板状結晶の集合体）

第1章 ◆ 鉱物図鑑

💎 砂白金の中で最も多く見られる

　純粋なオスミウムからなるものはなく、イリジウムやルテニウムを含んでいます。以前は、**イリドスミン**と呼ばれていました。ふつうは粒状ですが、稀（まれ）に六角厚板状の結晶が産します。

> **名前の由来**　オスミウムは、その揮発性酸化物が臭気を持つので、「臭う」という意味のギリシャ語から名づけられました。

自然砒
しぜんひ

☠ ●学　名：Arsenic
　●化学式：As

●結晶系
三方晶系

■産状 熱水鉱脈、スカルン
■比重 ━━━━━ 5.7
■硬度 ━━━━━ 3

●分　類	：元素鉱物
●劈　開	：一方向に完全
●光　沢	：金属
●色/条痕色	：錫白/錫白
●産　地	：ロシア、フランス、ドイツ

●塊状の自然砒（群馬県砥沢鉱山）　　　　鶏冠石

自然砒　　　　　　　　　　　　　　　石英

25mm

🔶 猛毒の白い粉は亜ヒ酸

　自然砒は、割れ口が新鮮なときは金属光沢のある錫白色ですが、次第に光沢を失い、黒褐色になっていきます。さらに、表面に白い粉が吹き出すこともあります。

　これは猛毒の三酸化二ヒ素（俗に亜ヒ酸）（鉱物としては、立方晶系の方砒素華か単斜晶系のクロード石のどちらか）です。触ったら手をよく洗っておく必要があります。

●菱面体結晶の自然砒（福井県赤谷鉱山）

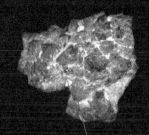

菱面体結晶が集合して金平糖のような形になる

自然蒼鉛
<ruby>自<rt>し</rt></ruby><ruby>然<rt>ぜん</rt></ruby><ruby>蒼<rt>そう</rt></ruby><ruby>鉛<rt>えん</rt></ruby>

● 学　名：Bismuth
● 化学式：Bi

●結晶系
三方晶系

● 分　類：元素鉱物
● 劈　開：一方向に完全
● 光　沢：金属
● 色/条痕色：銀白/銀白
● 産　地：オーストラリア、ドイツ、ボリビア

■産状　ペグマタイト、熱水鉱脈、スカルン
■比重 ━━━▼━━ 9.8
■硬度 ━▼━━━━ 2〜2½

●自然蒼鉛（兵庫県明延鉱山〈あけのべ〉）

自然蒼鉛（劈開〈へきかい〉が著しく輝き、少しピンク色を帯びている）

石英

← 65mm →

💎 銀白色から次第にピンク色味になる表面

　蒼鉛はビスマスのことです。自然蒼鉛は、自然砒や自然アンチモンと同じ原子配列をしています。産出量は、自然蒼鉛（ふつう）、自然砒（やや稀〈まれ〉）、自然アンチモン（非常に稀）となっています。自然蒼鉛は、銀白色から次第に表面がピンク色味を帯びていきます。また、脈石〈みゃくせき〉との境界部分がビスマスの酸化物（蒼鉛土〈そうえんど〉）あるいは炭酸塩（泡蒼鉛土〈ほうそうえんど〉）などに変質していることがあります。

45

自然テルル
しぜん

● 学　名 ： Tellurium
● 化学式 ： Te

● 結晶系
三方晶系

■ 産状 熱水鉱脈
■ 比重 ▼——— 6.2
■ 硬度 ▼——— 2〜2½

● 分　類 ： 元素鉱物
● 劈　開 ： 三方向に完全
● 光　沢 ： 金属
● 色/条痕色 ： 錫白/灰
● 産　地 ： メキシコ、アメリカ、ルーマニア、日本

● 自然テルル（静岡県河津鉱山）
かわづ

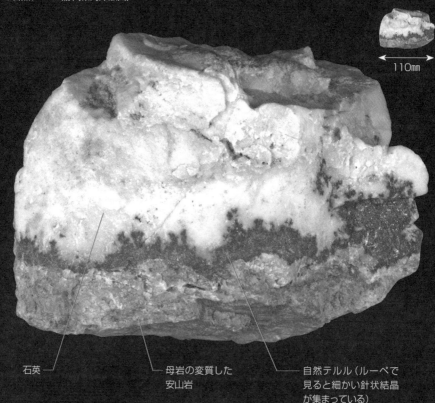

← 110mm →

石英　　　　　　　　母岩の変質した　　　　自然テルル（ルーペで
　　　　　　　　　　安山岩　　　　　　　　見ると細かい針状結晶
　　　　　　　　　　　　　　　　　　　　が集まっている）

◆ 産出が稀な鉱物

　自然テルルは産出が稀な鉱物で、石英脈中に針状結晶の集合体が塊状、帯状になって産します。石英脈の空隙には、微細な六角柱状結晶が見られることもあります。変質すると、黄色味を帯びた白色の酸化テルル（テルル石など）に表面が覆われます。

自然硫黄
しぜんいおう

●学 名：Sulphur
●化学式：S

●結晶系
直方晶系

●分 類 ：元素鉱物
●劈 開 ：なし
●光 沢 ：樹脂～脂肪
●色/条痕色：黄/白
●産 地 ：イタリア、日本、メキシコ

■産状 火山岩、熱水鉱脈、堆積岩
■比重 ▼━━━━ 2.1
■硬度 ▼━━ 1½～2½

●塊状の自然硫黄（静岡県宇久須鉱山）

75mm

▲マッチの火（ライターの火）を近づけると燃え、臭気を発する。

自然硫黄

◆ 石油精製の副産物として多く生産される

　自然硫黄は、日本のような火山国では極
めてポピュラーな鉱物です。噴気孔の周辺
に黄色塊状あるいは尖った八面体状の結晶
集合体として見られます。

　化学工業の重要な原料で、かつては日本
でも採掘されていました。いまでは石油精
製の副産物が多く使用されています。

●自然硫黄の結晶群（栃木県那須茶臼岳）

47

ダイヤモンド

● 学　名： Diamond
● 化学式： C

● 結晶系
立方晶系

■産状　火成岩、変成岩、堆積物・堆積岩、隕石
■比重 ━━━━━━ 3.5
■硬度 ━━━━━━▼ 10

● 分　類　：元素鉱物
● 劈　開　：四方向に完全
● 光　沢　：ダイヤモンド
● 色/条痕色：無/無
● 産　地　：ロシア、アンゴラ、南アフリカ、カナダ

● 八面体結晶のダイヤモンド（南アフリカ）

1.5mm

▲母岩（キンバーリー岩）に入っているものは標本として極めて稀。多くの標本はあ
　とからダイヤモンドを母岩に接着させているフェイク

◆ マグマが地表へ噴出する途中で運ばれてくる

　純粋なものは無色ですが、窒素を含んで黄色味を帯びるものがふつうです。稀にピンク、橙、緑、紫などの色がつきます。

　また、ホウ素を含むものは青色になります。地下150 km以上の深い所に発生したマグマが地表へ噴出する過程で、ダイヤモンドが運ばれてきます。微小なものは、超高圧変成岩や隕石中にも産します。

●十二面体結晶のダイヤモンド（南アフリカ）

4mm

●ホープダイヤモンド
　［Hope Diamond］（45.5カラット）

Photo by Jyothis

様々な物語に登場する『呪いの宝石』のもととなっ
た世界最大のブルー・ダイヤモンド。その逸話には
事実かどうか確認できないものも多い。現在は米国
スミソニアン博物館の中の国立自然史博物館が所蔵
している。
※現在は異なるデザインで展示されている。

●ティファニー・イエロー
　［Tiffany Yellow Diamond］（128.54カラット）

Photo by Shipguy

宝飾店である米国ティファニー本店に飾られてい
るイエロー・ダイヤモンド。毎年数千人がこの
「ティファニー・イエロー」を見るために訪れてい
る。1877年南アフリカで発見、翌年に同社が購
入したあとは所有者が変わっていない。

Episode 身近なダイヤモンド

　ダイヤモンドは誰もが知っている宝石のひとつですが、富や美の象徴として、身近に感じる人は多くはありません。

●ダイヤモンドの意外性

　ダイヤモンドは、美しいだけではなく、硬さや熱の伝わり方など極めて優れた物性を備えた素材として、様々な用途で使われています。有名なダイヤモンドは憧れの世界のものですが、身近でくらしを支えているダイヤモンドも意外と多いのです。

　ダイヤモンドは、耐摩耗性に優れた工具や研磨剤として使われています。ガラス切りやレコードの針にもダイヤモンドが使われてきました。

　路面や建物を切断する工事用カッターの回転刃の刃先には、ダイヤモンドが埋め込まれています。天然の工業用に加え、合成のダイヤモンドが大量に使われています。

●ダイヤモンドの弱点を克服する

　ダイヤモンドの合成は、超高圧高温で行われてきました。空気中の窒素が混入すると黄色の結晶となりますが、合成条件を整えて、無色透明の単結晶を育成することも可能となっています。

　一方で、化学気相成長（CVD）という超高圧のいらない合成法も編み出され、ダイヤモンドの薄板を中心に製品化されています。厚みと透明度は年々増して、現在では宝石の原料に使える品質になっています。

　「ヒメダイヤ」として知られるナノ多結晶ダイヤモンドは、弱点である劈開（特定方向には割れやすい性質）を克服した、優れた素材として注目されています。

●ハイテク素材としての活用

　剛性に優れるので、高性能の表面波フィルターとして通信機器に組み込まれています。また、大規模集積回路などの放熱板として重用されるにとどまらず、新しい半導体の材料として今後が期待されています。

●日本人のダイヤモンド消費量？

　宝石質ダイヤモンドの生産量は、年間1億3000万カラットに迫ると推定されています。一方、工業用天然ダイヤモンドは、その半分を下回る程度です。

　しかし、合成ダイヤモンドの生産量は急激に増大し、中国（40億カラット）が突出して、アメリカ（9820万）、ロシア（8000万）、アイルランド（6000万）、南アフリカ（6000万）と続き、日本は3400万カラットと上位に食い込んでいます。日本国内での工業用ダイヤモンドの消費量は年間約1億カラットで推移しています。つまり、日本人は毎年1人あたり1カラット程度を消費していることになります。

石墨
せきぼく

● 学　名： Graphite
● 化学式： C

● 結晶系
六方晶系

• 分　類	：	元素鉱物
• 劈　開	：	一方向に完全
• 光　沢	：	金属、土状
• 色/条痕色	：	黒/黒
• 産　地	：	インド、マダガスカル、イギリス、ロシア

■産状 深成岩、変成岩、堆積岩
■比重 ▼————— 2.2
■硬度 ▼————— 1〜1½

● 石墨 (北海道音調津鉱山)

球状になった石墨の塊

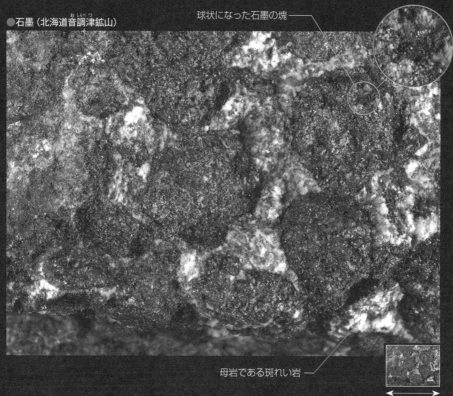

母岩である斑れい岩

65mm

🔷 元素鉱物の中では最も多く産する鉱物

　不透明な黒色塊状、土状などの集合体が
ふつうですが、稀に金属光沢のある六角鱗片
状結晶も見られます。

　ダイヤモンドとは、原子配列が異なるた
め、硬度、比重、電気伝導性など、多くの物
性に違いが現れます。

名前の由来　学名のGraphiteは、鉛筆の芯に使
うことから、「書く」という意味の
ギリシャ語に由来します。また、石墨は黒
くて「鉛」のように柔かいのでblack lead
（英語）、plumbogo（ラテン語）、黒鉛と
いう言い方もされました。

針銀鉱
しんぎんこう

● 学　名： Acanthite
● 化学式： Ag_2S

● 結晶系
単斜晶系

■ 産状 熱水鉱脈
■ 比重 ━━▼━━━ 7.2
■ 硬度 ━▼━━━━ 2

● 分　類　：硫化鉱物
● 劈　開　：なし
● 光　沢　：金属
● 色/条痕色：黒/黒
● 産　地　：メキシコ、ノルウェー、ドイツ、チェコ

● 針銀鉱（静岡県清越鉱山）
せいこし

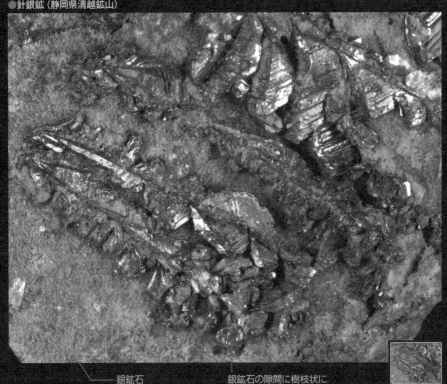

銀鉱石

銀鉱石の隙間に樹枝状に
なった針銀鉱

35mm

💎 銀の硫化物として最も多く産出

　高温生成のときは立方晶系（argentite、輝銀鉱）です。常温では、原子配列が単斜晶系の針銀鉱型に転移しています。銀の硫化物として最もふつうに産します。日本では、かつて石英脈中に黒色の帯状、リング状、塊状などをした銀鉱石を銀黒と呼んでいました。それは、細かい自然金や銀、銅、亜鉛、鉛などの硫化物で構成されています。針銀鉱はその主要な成分です。

輝銅鉱
きどうこう

学　名：Chalcocite
化学式：Cu_2S

●結晶系
単斜晶系

■産状 熱水鉱脈、酸化帯
■比重 ——▼——— 5.6
■硬度 —▼——— 2½〜3

分　類：硫化鉱物
劈　開：なし
光　沢：金属
色/条痕色：黒/灰黒
産　地：アメリカ、チェコ、イギリス

●輝銅鉱（福井県面谷鉱山）
おもだに

石英

輝銅鉱の塊

90mm

第1章 ◆ 鉱物図鑑

💎 肉眼では区別できない似た鉱物が多い

　ふつうは塊状で産しますが、稀に六角厚板状結晶も見られます。産状がほぼ同じで、輝銅鉱とよく似た鉱物がたくさんあります。銅と硫黄の比が少しずつ異なるだけなので、肉眼では区別できません。デュルレ鉱（$Cu_{31}S_{16}$）、方輝銅鉱（$Cu_{1.8}S$）、ロクスビー鉱（$Cu_{58}S_{32}$）、阿仁鉱（Cu_7S_4）などがあります。

53

●結晶系
直方晶系

■産状 火成岩、熱水鉱脈、変成岩、酸化帯
■比重 ────▼──── 5.1
■硬度 ──▼────── 3

• 分 類	：硫化鉱物
• 劈 開	：なし
• 光 沢	：金属
• 色／条痕色	：銅赤／黒灰
• 産 地	：コンゴ民主共和国、チリ、オーストラリア

●斑銅鉱（兵庫県多田鉱山）

←─ 65mm ─→

特徴的な青〜青紫色の
干渉色が決め手

◆ 表面の酸化皮膜による光の干渉で青紫色に見える

　新鮮な割れ口は銅赤色（どうせきしょく）をしています。空気中では表面に酸化皮膜ができるので、光の干渉で鮮やかな青紫色に見えます。そのため、**ピーコック・オア**（孔雀鉱石（くじゃく））とも呼ばれます。

　黄銅鉱（おうどうこう）より銅は高品位ですが、産出量はあまり多くありません。微細な銀、スズ、ビスマスなどの珍しい硫化物（古遠部鉱（ふること）や三原鉱（べこう）など）を伴うこともあります。

方鉛鉱
ほうえんこう

●学　名： Galena
●化学式： PbS

●結晶系
立方晶系

■産状 熱水鉱脈、変成岩、スカルン
■比重 ━━━━ 7.6
■硬度 ━━ 2½

●分　類　：硫化鉱物
●劈　開　：三方向に完全
●光　沢　：金属
●色／条痕色：鉛灰／鉛灰
●産　地　：アメリカ、ドイツ、ナミビア、ブルガリア

●方鉛鉱（新潟県葡萄鉱山）

← 70mm →

━━ 方鉛鉱（持つと重いのが特徴）

◆ サイコロ状に割れる劈開

　最も多く産する鉛の硫化物で、六面体、八面体などの結晶としてよく見られます。サイコロ状に割れる劈開と強い金属光沢の鉛灰色が特徴で、肉眼鑑定が容易な鉱物です。野外に長く置かれたものでは、表面が硫酸鉛鉱の白い皮膜に覆われています。

55

閃亜鉛鉱
せんあえんこう

●学　名： Sphalerite
●化学式： (Zn,Fe)S

●結晶系
立方晶系

- 分　類　：硫化鉱物
- 劈　開　：六方向に完全
- 光　沢　：樹脂～ダイヤモンド
- 色/条痕色：黒赤褐/褐～黄
- 産　地　：カナダ、スペイン、ブルガリア

■産状 火成岩、熱水鉱脈、変成岩、スカルン
■比重 ▼─────3.9～4.1
■硬度 ────▼─3½～4

●閃亜鉛鉱（埼玉県秩父鉱山）

← 46mm →

─黄鉄鉱

─閃亜鉛鉱（鉄分が多いものは黒っぽい）

💎 最も多く産する亜鉛の硫化物

　四面体結晶やその双晶などが見られま
す。鉄をほとんど含まないものは、黄～黄
緑色をしていますが、鉄が多くなるに従い、
橙、赤褐、黒褐、黒色となっていきます。鉄
のほかにも、マンガンやカドミウムなどを
含むことがあります。

> 名前の由来　学名は、鉛のように見えても鉛ではないので、「あざむく」という意味のギリシャ語に由来します。

56

黄銅鉱

おうどうこう

●学　名：Chalcopyrite
●化学式：CuFeS$_2$

●結晶系
正方晶系

■産状 火成岩、熱水鉱脈、変成岩、スカルン
■比重 ▼━━━ 4.3
■硬度 ━━▼━━ 4

・分　類　：硫化鉱物
・劈　開　：なし
・光　沢　：金属
・色/条痕色：真鍮/緑黒
・産　地　：ペルー、カナダ、コンゴ民主共和国、
　　　　　　ルーマニア、日本

●黄銅鉱（秋田県小坂鉱山）

50mm

第1章 ◆ 鉱物図鑑

▲黄鉄鉱に似ているが少し軟らかく結晶の形が異なる。

🔷 銅の最も重要な鉱石鉱物

　熱水作用による鉱脈や塊状の鉱床、層状や塊状となって変成岩中にも鉱床をつくります。多くは塊状で産しますが、四面体結晶やその双晶が鉱石の空隙に見られます。

　三角厚板状になった秋田県荒川鉱山産の黄銅鉱は、**三角銅**として有名です。黄銅鉱

を含む鉱床の酸化帯では、孔雀石、藍銅鉱、赤銅鉱などが生成されています。

名前の由来　学名は、黄鉄鉱に似ていて銅を含む、という意味のギリシャ語に由来します。

磁硫鉄鉱
<ruby>磁<rt>じ</rt></ruby><ruby>硫<rt>りゅう</rt></ruby><ruby>鉄<rt>てっ</rt></ruby><ruby>鉱<rt>こう</rt></ruby>

- 学　名：Pyrrhotite
- 化学式：$Fe_{1-x}S(x=0.1-0.2)$

- ●結晶系
  単斜、六方、直方晶系

■産状 火成岩、ペグマタイト、熱水鉱脈、変成岩、スカルン
■比重 ──────▼──── 4.6〜4.7
■硬度 ─────▼───── 3½〜4½

- 分　類　：硫化鉱物
- 劈　開　：なし
- 光　沢　：金属
- 色/条痕色：黄銅/灰黒
- 産　地　：アメリカ、ロシア、メキシコ、ルーマニア

●磁硫鉄鉱（埼玉県秩父鉱山）

磁硫鉄鉱の六角板状結晶

45mm

🔶 黄鉄鉱に次いで多く産する鉄の硫化物

　塊状（<ruby>塊状<rt>かいじょう</rt></ruby>）のことが多いですが、稀（<ruby>稀<rt>まれ</rt></ruby>）に六角厚板状の結晶が見られます。和名のもとになったように、多くは磁性がありますので、塊状の黄鉄鉱と区別できます。

名前の由来

学名は、空気中に放置されると赤色がかってくるので、その意味のギリシャ語に由来します。

銅藍
どうらん

●学　名：Covellite
●化学式：CuS

●結晶系
六方晶系

●分　類	：硫化鉱物
●劈　開	：一方向に完全
●光　沢	：金属～亜金属
●色／条痕色	：藍／灰黒
●産　地	：アメリカ、セルビア、イタリア

■産状　火山岩、熱水鉱脈、酸化帯
■比重　▼━━━━ 4.7
■硬度　▼━━━━ 1½～2

銅藍（山梨県増富鉱山）
ますとみ

35mm

銅藍　　　　　　　　石英

🔷 メタリックな藍色の輝き

　鉱石の空隙に六角薄板状結晶の集合体と
くうげき
して、また銅の硫化物などの上に皮膜状で
ひまくじょう
産します。メタリックな藍色の輝きを持つ
ので、肉眼でわかりやすい鉱物です。

　ただし、銅と硫黄の比が少し異なる鉱物
があって、例えば、ヤロー鉱（Cu_9S_8）も藍色

の皮膜状で産しますので、区別は困難です。

名前の由来　学名は、ベスビオ火山からこの鉱物
を記載した、イタリア人のN.
Covelliに由来します。

辰砂
しんしゃ

● 学　名 ： Cinnabar
● 化学式 ： HgS

● 結晶系
三方晶系

■ 産状　熱水鉱脈、変成岩
■ 比重　▽────8.2
■ 硬度　▽────2〜2½

・ 分　類 ： 硫化鉱物
・ 劈　開 ： なし
・ 光　沢 ： ダイヤモンド〜亜金属
・ 色/条痕色 ： 深紅/赤
・ 産　地 ： 中国、アメリカ、スペイン、ペルー

● 塊状の辰砂（奈良県大和水銀鉱山）

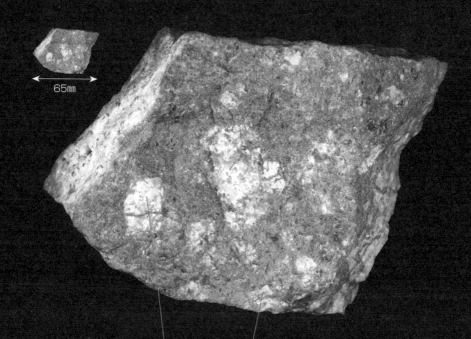

← 65mm →

変質した石英斑岩質の母
岩で、石英、カオリンなど
の粘土からできている

辰砂の微細粒から
できている

● 辰砂（奈良県大和水銀鉱山）

💎 名前の由来　和名は、中国の辰州（しんしゅう）で
多く産したことに由来しますが、学
名は色の特徴から、「竜の血」を意味する
ペルシャ語起源のラテン語に由来します。

●辰砂の結晶（北海道置戸町紅ノ沢）

└ 石英脈の空隙に見事な
　結晶が産する

▲光に長くさらされると色がくすんでくる。
　黒い布などに包んでおく方が鮮やかな紅
　色が保たれる。

←――→
40mm

●辰砂
（北海道イトムカ鉱山）

🔸 水銀の硫化物として最も多く産出

　塊状のことが多いですが、菱面体結晶や
その双晶が見られます。軟らかく、ある程
度大きな塊はずっしり重く感じるので、区
別しやすい鉱物です。

針ニッケル鉱

- 学 名：Millerite
- 化学式：NiS

- ●結晶系
三方晶系

- ■産状 深成岩、変成岩、熱水鉱脈、堆積岩
- ■比重 ▽ 5.5
- ■硬度 ▽ 3〜3½

- 分 類 ：硫化鉱物
- 劈 開 ：二方向に完全
- 光 沢 ：金属
- 色/条痕色：黄銅/緑黒
- 産 地 ：カナダ、オーストラリア、ロシア

●針ニッケル鉱（兵庫県大屋鉱山）

黄鉄鉱の色に似た針状結晶が
放射状になることが特徴

20mm

💎 ニッケルの資源鉱物

蛇紋岩や斑れい岩などに針状、板状、塊状をして産します。多く集まるとニッケルの資源となります。また、石灰岩の空隙に、毛状〜針状結晶の放射状集合体も産します。

空気中に置かれると、錆（酸化皮膜）が表面を覆うことがあり、虹色に輝きます。

名前の由来　和名は外形から、学名は、結晶面の指数を考案したイギリス人のW. H. Millerに由来します。

鶏冠石
けいかんせき

● 学 名： Realgar
● 化学式： As₄S₄

●結晶系
単斜晶系

●分 類 ：硫化鉱物
●劈 開 ：一方向に完全
●光 沢 ：樹脂、脂肪
●色／条痕色：赤、橙／橙

■産状 火山岩、熱水鉱脈、堆積岩
■比重 ━━━━ 3.6
■硬度 ━━━━ 1½～2

●産 地 ：中国、アメリカ、スイス、ルーマニア

●鶏冠石（三重県丹生鉱山）
たんにう

黒辰砂など

鶏冠石は光に反応する。黒い布で
包むことで分解を抑えられる

65mm

💎 鮮やかな赤色の柱状結晶

　ヒ素の硫化物として、石黄と同じくらいよく見られます。鮮やかな赤色の柱状結晶として産しますが、光に長くさらされると、黄色い粉が出現し、砕けていきます。原子配列が少し変化したパラ鶏冠石という鉱物けいかんせきに変わるのです。

　塊状の場合は、辰砂と似ていますが、大かいじょう　　　　　　　しんしゃきいものなら持てば比重の違いですぐ区別できます。小さい場合は、色／条痕色を見てじょうこんみます。橙色味が強いのが鶏冠石です。

名前の
由来

　和名は色から、学名は「鉱山の粉」を意味するアラビア語に由来します。

石黄
せきおう

- 学 名： Orpiment
- 化学式： As_2S_3

●結晶系
単斜晶系

■産状 火山岩、熱水鉱脈、堆積岩
■比重 ━━━ 3.5
■硬度 ━━━ 1½〜2

- 分 類 ：硫化鉱物
- 劈 開 ：一方向に完全
- 光 沢 ：樹脂
- 色/条痕色：黄、橙/黄
- 産 地 ：中国、ペルー、トルコ、日本

●塊状の石黄（青森県恐山）
おそれざん

石黄（皮殻状の石黄がいくつも積み重なって成長していく。
ひと皮むくと鮮やかな黄色が目に入る）

←→
80mm

🔶 明るい黄色のヒ素鉱物

中国では、鶏冠石を雌黄、石黄を雄黄と、雌雄にたとえました。四角柱状結晶、それらが集合した金平糖状のものが見られることもあります。

また、温泉沈殿物として、層状、円筒状、球状などの形をすることもあります。

> 🔷 名前の由来
> 学名は「金色の顔料」を意味するラテン語に由来し、黄色の顔料として使われていました。

●金平糖状の石黄（青森県恐山）

結晶は軟らかく、たわみやすい。結晶の先端が曲がっているものも見られる

25mm

●ハウエル鉱の仮晶＊として産する石黄（青森県恐山）

第1章 ◆ 鉱物図鑑

＊**仮晶** 外形を残したまま、一部あるいは全体が別の鉱物に置き換わったもの。

輝安鉱
きあんこう

● 学　名： Stibnite
● 化学式： Sb_2S_3

● 結晶系
直方晶系

■ 産状　熱水鉱脈、スカルン
■ 比重 ———▶———— 4.6
■ 硬度 —▶———— 2

- 分　類　：硫化鉱物
- 劈　開　：一方向に完全
- 光　沢　：金属
- 色/条痕色：鉛灰・鋼灰/鉛灰
- 産　地　：中国、日本、ルーマニア

● 輝安鉱（愛媛県市ノ川鉱山）

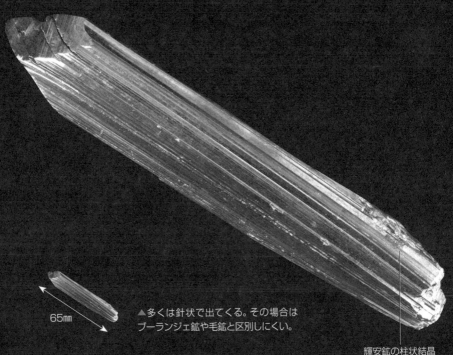

65mm

▲多くは針状で出てくる。その場合は
ブーランジェ鉱や毛鉱と区別しにくい。

輝安鉱の柱状結晶

◆ 近代で最も有名になった日本の鉱物

　愛媛県市ノ川鉱山産の数十cmにも伸び
た柱状結晶は世界中で特に目を引き、明治
時代に海外へ立派なものが多く渡りまし
た。

　輝安鉱そのものは珍しい鉱物ではなく、
アンチモンの主要な原料となっています。

　針状結晶や板柱状結晶の集合体は、熱水鉱
脈や接触交代鉱床からよく産します。

名前の
由来

　学名は、元素記号Sbのもとになっ
たラテン語の鉱物名、stibiumに由
来します。

輝蒼鉛鉱
きそうえんこう

● 学　名：Bismuthinite
● 化学式：Bi$_2$S$_3$

● 結晶系
直方晶系

● 分　類：硫化鉱物
● 劈　開：一方向に完全
● 光　沢：金属
● 色/条痕色：鉛灰/鉛灰
● 産　地：ノルウェー、ルーマニア、ボリビア、オーストラリア

■産状 ペグマタイト、熱水鉱脈、スカルン
■比重 ━━━━ 6.8
■硬度 ━━━━ 2

● 輝蒼鉛鉱（秋田県揚ノ沢鉱山）
あげのさわ

緑泥石化した母岩

輝蒼鉛鉱（針状～板状の
結晶として見られる）

黄銅鉱

52mm

◆ 輝安鉱と非常によく似た外観

　輝安鉱と原子配列が同じで、外観は輝安
きあんこう
鉱と非常によく似ています。ある程度の大
きさの標本では、持つと輝安鉱よりずっと
重いので区別できます。

　ビスマスの硫化物として、最もふつうに
産します。

◆ 名前の由来　学名はビスマスを主成分とする化
学組成に由来していますが、ビスマ
スの語源は、ドイツ語のWismutがラテン
語化されたものと考えられています。

黄鉄鉱
<ruby>黄鉄鉱<rt>おうてっこう</rt></ruby>

- 学　名：Pyrite
- 化学式：FeS$_2$

●結晶系
立方晶系

■産状　火成岩、熱水鉱脈、変成岩、
　　　　スカルン、ペグマタイト、堆積岩
■比重 ——▼—— 5.0
■硬度 ————▼— 6

- 分　　類　：硫化鉱物
- 劈　　開　：なし
- 光　　沢　：金属
- 色／条痕色：真鍮／黒
- 産　　地　：スペイン、メキシコ、ペルー、アメリカ

●黄鉄鉱の六面体結晶（埼玉県秩父鉱山）

48mm

—— 明瞭な条線（すじ）が結晶面上に現れる

💎 世界中に産地を持つ硫化鉱物

　硫化鉱物の中では、最も多量に産する鉱物です。産状も多様なので、世界中に産地があります。六面体、八面体、五角十二面体などの結晶形が見られるほか、球状、円盤状、化石の置換など様々な形の集合体として産します。

白鉄鉱は原子配列が異なる直方晶系の多形ですが、結晶形が現れないと、区別はできません。小さな粒状のものは、黄銅鉱や自然金と似ていますが、硬度や色/条痕色をテストするとすぐに判別できます。

◆ 名前の由来
学名は、火花のような現象が見られることから、「火」を意味するギリシャ語puritesに由来しています。

●黄鉄鉱の八面体結晶（青森県 奥戸鉱山）

黄鉄鉱

●黄鉄鉱の十二面体結晶（東京都小笠原村父島）

五角形の結晶面だけで成り立っている。これが立方晶系に属するのが面白い

第1章 ◆ 鉱物図鑑

Trivia

硫化鉱物では最も硬い

　黄鉄鉱は硫化鉱物としては最も硬い部類に入ります。そのため、ハンマーで叩くと火花が飛びます。

　かつては鉄や硫酸の原料として採掘対象になっていましたが、現在では工業的には役立たない鉱物になっています。しかし、きれいな結晶が比較的安価に購入できることから、観賞用、愛玩用として高い人気を誇っています。

Episode 金石浜の黄鉄鉱

東京都父島の金石浜では、海岸の一部に灰色の粘土が露出しており、粘土中に黄鉄鉱や石膏の結晶が埋もれています。

●噴火の中心に近かった粘土帯

黄鉄鉱は、五角十二面体の自形結晶集合体として、大きなものでは50kg以上もある塊が産出します。石膏も数cm〜10cmほどの結晶が粘土に埋まっており、波や雨で粘土が洗われるたびに新しい結晶が顔を出します。

この粘土帯は、かつて父島がまだ海底火山だった頃に、熱水が湧き出していた場所です。粘土帯の脇には、マグマが海底で急冷されてできた枕状溶岩の崖が露出しており、この付近は噴火の中心に近かったと考えられています。

熱水は、地下水や地層に染み込んだ海水が火山の熱によって熱せられ、岩石やマグマ中の重金属を溶かし込んだもので、海底に噴出して温度が低下したところでそれらの重金属が沈殿します。

こうして、熱水の噴出口にはチムニーと呼ばれる煙突状の硫化鉱物などからなる沈殿物が形成され、チムニーの周辺にはさらに鉛、亜鉛、銅、金、銀などの鉱床が形成されます。

●黄鉄鉱（金石浜）

●黄鉄鉱が波間に洗われて金色に輝く

　このような海底での熱水噴出口は、世界各地で確認されています。最近では、琉球諸島沖で大規模な海底熱水鉱床が相次いで発見され、採掘対象になり得る規模であると期待されています。

　東北地方には黒鉱鉱床と呼ばれるタイプの鉱山が多数点在していました。それらも、日本海の海底における同様の熱水活動により形成されたものです。

　金石浜の粘土帯は、金属鉱床より下部の、熱水の通り道に相当し、残念ながら、鉱床部分は浸食によりすでに削剥されて残っていません。

　鉱石鉱物としてはわずかに閃亜鉛鉱が見られるだけですが、波間に洗われた黄鉄鉱が金色に輝く様から、地元では金石浜の名前で親しまれています。現在では、世界自然遺産および国立公園の一部として保護されています。

●金石浜

灰白色の粘土鉱物を主体とする熱水変質帯

輝コバルト鉱

● 学　名： Cobaltite
● 化学式： CoAsS

●結晶系
直方晶系

■産状　熱水鉱脈、スカルン
■比重 —————— 6.3
■硬度 —————— 5½

● 分　類　　：硫化鉱物
● 劈　開　　：三方向に完全
● 光　沢　　：金属
● 色／条痕色：銀白、銅灰／灰黒
● 産　地　　：モロッコ、カナダ、オーストラリア

●輝コバルト鉱（山口県長登鉱山）

ピンク色の鮮やかなところはコバルト華ができている

65mm

細かい輝コバルト鉱の集合体

灰鉄輝石などでできたスカルンの母岩

🔷 コバルトを主成分とする鉱物

黄鉄鉱に似た立方体や五角十二面体の結晶形をすることもあります。粒状のものは硫砒鉄鉱に似ていますが、少し野外に置かれたものでは、表面がピンク色に帯びるので区別できます。

さらに、分解していくと、ピンク色が目立つコバルト華ができます。

名前の由来　学名は、コバルトを含む化学組成に由来します。コバルトは、「小悪魔」を意味するドイツ語からつけられました。

硫砒鉄鉱
りゅうひてっこう

● 結晶系
単斜晶系

■ 産状　熱水鉱脈、スカルン
■ 比重 ────▼──── 6.0～6.2
■ 硬度 ───▼──── 5½～6

● 分　類　：硫化鉱物
● 劈　開　：一方向に完全
● 光　沢　：金属
● 色/条痕色：銀白、鋼灰/灰黒
● 産　地　：メキシコ、ドイツ、ポルトガル、日本

● 硫砒鉄鉱（大分県尾平鉱山）

硫砒鉄鉱

▲こんなに長く伸びた結晶はめずらしい。ふつうは柱の方向より菱形面の方が大きい

←→ 95mm

◆ 亜ヒ酸の原料として採掘

　菱餅のような形や菱形柱状結晶が特徴で
ひしもち　　　　　　　　　　　　ひしがた
す。少し錆びた塊状のものは、黄鉄鉱によ
　さ
く似ています。大分県尾平鉱山から出た長
　　　　　　　　　　　　おびら
さ10cm以上にもなる菱形柱状結晶は世界
的に有名です。

◆ 名前の由来　学名は「ヒ素を含む黄鉄鉱に似た
もの」という意味です。ヒ素の語源
は、アラビア語の金色の顔料、つまり、石
黄を示すal-zarnīkだと考えられています。

輝水鉛鉱
（きすいえんこう）

● 学　名： Molybdenite
● 化学式： MoS$_2$

● 結晶系
六方晶系

■ 産状　ペグマタイト、熱水鉱脈、スカルン
■ 比重 ├──────── 4.8
■ 硬度 ├── 1½

・ 分　類　：硫化鉱物
・ 劈　開　：一方向に完全
・ 光　沢　：金属
・ 色／条痕色：鉛灰／帯青鉛灰
・ 産　地　：中国、アメリカ、オーストラリア、日本

● 輝水鉛鉱（栃木県日光市大川梁）

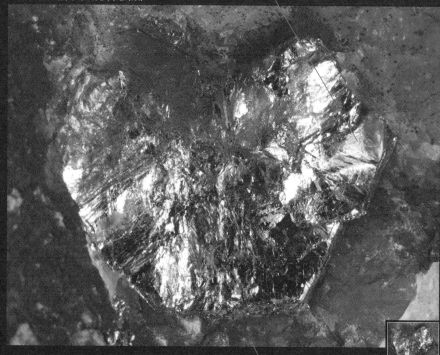

── 銀紙がはりついたように見える

── 褐鉄鉱被膜に
覆われた石英脈

50mm

💎 モリブデンの唯一の資源となる鉱物

　六方板状〜鱗片状結晶をなすことが多いです。岐阜県平瀬鉱山からは、直径50cmにも達する六角厚板状結晶が産したことがあり、世界的に有名です。触っているとすべすべした感触があり、指に鉛灰色の粉がつくほど軟らかいのが特徴です。

　石墨に似た外観ですが、それほど色が黒くないので区別は容易です。

名前の由来　学名は、方鉛鉱や金属鉛の色に似ているため、鉛を意味するギリシャ語molubdosに由来します。

硫砒銅鉱
りゅうひどうこう

●結晶系
直方晶系

●分　類　：硫化鉱物
●劈　開　：一方向に完全
●光　沢　：金属
●色/条痕色：灰黒/黒
●産　地　：アメリカ、ペルー、モロッコ、台湾

■産状 熱水鉱脈
■比重 ———— 4.4
■硬度 ———— 3

●硫砒銅鉱（北海道手稲鉱山）
ていね

端面は黄鉄鉱のような黄色のさび色となっている

55mm

柱の方向では灰黒色をしている

🔶 伸びの方向に条線が発達する板柱状結晶

　伸びの方向に条線が発達する板柱状結晶が特徴です。分解しやすく、光沢がにぶい黒くて脆い状態になります。多量に出ると銅の鉱石として採掘されますが、日本では産地は多いものの、産出量は少ないです。
もろ

名前の由来

劈開が顕著なことから、学名は「明瞭な」という意味のギリシャ語enargesに由来します。
へきかい

安四面銅鉱
あんしめんどうこう

- 学　名： Tetrahedrite
- 化学式： $Cu_6\{Cu_4(Fe,Zn,Mn)_2\}Sb_4S_{13}$

- ●結晶系
  立方晶系

- ■産状　熱水鉱脈、変成岩、スカルン
- ■比重 —————— 5.1
- ■硬度 —————— 3½

- 分　類 ：硫化鉱物
- 劈　開 ：なし
- 光　沢 ：金属
- 色/条痕色：灰、黒/黒、褐
- 産　地 ：スイス、ドイツ、ペルー、メキシコ

●安四面銅鉱 (石川県倉谷鉱山)

薄いピンク色をした菱マンガン鉱

安四面銅鉱

無色透明板状の重晶石

65mm

🔷 四面体の結晶形

　安四面銅鉱は、族の名称として、さらに系の名称としても使われます。最近、安四面銅鉱族は、安四面銅鉱系、砒四面銅鉱(tennantite)系、安銀四面銅鉱(freibergite)系、砒銀四面銅鉱(arsenofreibergite)系、安セレン四面銅鉱(hakite)系、砒セレン四面銅鉱(ciraudite)系、超銀四面銅鉱(rozhdestvenskayaite)系、系として定義されていない種(goldfieldite, stibiogoldfielditeというTeを多く含む仲間)に分類されることになりました。安四面銅鉱は、鉄の多い鉄安四面銅鉱(tetrahedrite-(Fe))、亜鉛の多い亜鉛安四面銅鉱(tetrahedrite-

（Zn））などといった種名に分けられます。亜鉛の多いものは褐色味の強い条痕となります。

アンチモンよりヒ素が多いのが砒四面銅鉱系で、こちらも種名は鉄砒四面銅鉱（tennantite-(Fe)）、亜鉛砒四面銅鉱（tennantite-(Zn)）などとなります。こちらの系では、鉄や亜鉛より銅が多いもの（銅四面砒銅鉱、tennnantite-(Cu)）や水銀の多いもの（水銀砒四面銅鉱、tennnantite-(Hg)）も知られています。

安銀四面銅鉱系も同様で、鹿児島県菱刈鉱山などでも産出する鉄安銀四面銅鉱（argentotetrahedrite：$Ag_6(Cu_4Fe_2)Sb_4S_{13}$）など4種類が知られています。

セレンが硫黄より多い種類や銀が銀四面銅鉱系よりもっと多い種は、日本ではまだ見つかっていません。

テルルの多い種は、静岡県河津鉱山などで産出しますが、河津鉱山猿喰鉱床のものを調べたところでは、安テルル四面銅鉱（stibiogoldfieldite：$Cu_6Cu_6(Sb_2Te_2)S_{13}$）でした。

安四面銅鉱族は肉眼で種類を区別することは不可能ですし、明瞭な四面体の結晶形を示さない塊状のものは、安四面銅鉱族かどうかもわからないことが多いです。

名前の由来 和名、学名とも、特徴的な結晶形態に由来します。

●亜鉛安四面銅鉱（群馬県中丸鉱山）

▲中心部に見られる灰黒色金属光沢のある塊状の亜鉛安四面銅鉱。周囲の白色部は石英、黄色部は主に黄鉄鉱。

約12mm

濃紅銀鉱
（のうこうぎんこう）

- 学　名： Pyrargyrite
- 化学式： Ag_3SbS_3

- ●結晶系
  三方晶系

- ■産状 熱水鉱脈
- ■比重 ——●—— 5.9
- ■硬度 —●—— 2½

- 分　類　：硫化鉱物
- 劈　開　：三方向に明瞭
- 光　沢　：金属
- 色/条痕色：濃赤/赤
- 産　地　：ドイツ、チェコ、メキシコ、ボリビア、
  　　　　　オーストラリア

●濃紅銀鉱（宮城県細倉鉱山）

石英

やや黒ずんでしまった
濃紅銀鉱

25mm

◆ ルビーのような赤い色

　光に長くさらされると、黒くなっていきま
す。この鉱物もアンチモンがヒ素に置換さ
れ、ヒ素の方が多い淡紅銀鉱（proustite）
（たんこうぎんこう）
になります。どちらも重要な銀の鉱石鉱物
で、**ルビー・シルバー**と呼びます。

名前の由来　学名は、火のような赤色の銀という
ことで、ギリシャ語の「火」と
「銀」に由来します。

車骨鉱
しゃこつこう

●学　名： Bournonite
●化学式： CuPbSbS$_3$

●結晶系
直方晶系

■産状 熱水鉱脈、スカルン
■比重 —————— 5.8
■硬度 ————— 2½〜3

● 分　類	：硫化鉱物
● 劈　開	：なし
● 光　沢	：金属
● 色 / 条痕色	：銅灰 / 灰黒
● 産　地	：ペルー、イギリス、ハンガリー、日本

●車骨鉱（埼玉県秩父鉱山）

←——→ 75mm

クトナホラ石

車骨鉱　　　　　　硫砒鉄鉱

第１章　◆　鉱物図鑑

◆ 車輪や歯車を思わせる

　変わった和名を持つ鉱物で、柱状結晶が繰り返して双晶（そうしょう）したため、まるで車輪や歯車を思わせる形態が特徴です。

　埼玉県秩父鉱山大黒（だいこく）鉱床は、見事な双晶を多量に産出したことで世界的に有名です。

名前の
由来
　学名はフランスの鉱物学者、J. L. de Bournonに由来します。

ブーランジェ鉱

●学 名： Boulangerite
●化学式： Pb$_5$Sb$_4$S$_{11}$

●結晶系
単斜晶系

■産状 熱水鉱脈、スカルン
■比重 ——▼—— 6.0〜6.3
■硬度 ——▼—— 2½〜3

● 分 類	：硫化鉱物
● 劈 開	：一方向に良好
● 光 沢	：金属
● 色/条痕色	：鉛灰/褐〜褐灰
● 産 地	：フランス、チェコ、メキシコ、ボリビア、オーストラリア

●ブーランジェ鉱（埼玉県秩父鉱山）

苦灰石、方解石など

晶洞中にあまり方向性を持たず
生成したブーランジェ鉱

← 26mm →

◆ 結晶が毛のように見える

　毛状の結晶集合体で産するのが特徴ですが、似た鉱物がいくつかあります。特に和名が毛鉱（jamesonite）とつけられた鉱物とは区別しにくいです。

　どちらかというと、毛鉱の結晶の方が太く、本当に毛のように見えるのはブーランジェ鉱の方です。

名前の由来　学名はフランスの鉱山技術者、C. L. Boulangerに由来します。

津軽鉱
つがるこう

● 学　名： Tsugaruite
● 化学式： Pb$_{28}$As$_{15}$S$_{50}$Cl

● 結晶系
直方晶系

■産状 熱水脈
■比重 ——————— 3.6
■硬度 ——————— 2½〜3

● 分　類	：硫化鉱物
● 劈　開	：なし
● 光　沢	：金属
● 色/条痕色	：黒〜鉛灰/鉛灰
● 産　地	：日本

● 津軽鉱（青森県湯ノ沢鉱山）

ウルツ鉱

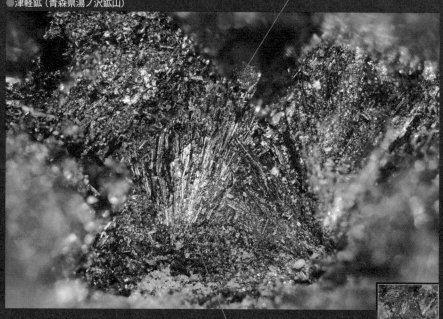

針状結晶が寄り集まり
束状になった津軽鉱

約3mm

💎 鉛、ヒ素、硫黄、塩素の組み合わせからなる唯一の鉱物

　青森県の湯ノ沢鉱山から、重晶石、ウルツ鉱（wurtzite）、ヨルダン鉱（jordanite）などに伴って発見された黒色針状の新鉱物です。原記載では、ヨルダン鉱と同じく鉛、ヒ素、硫黄から構成される鉱物とされていましたが、2021年に発表された結晶構造解析と再分析の結果では、少量の塩素が本質的な成分として含まれることが判明しました。しかし、構造の細部についてはまだ不明な部分もあって、塩素の量の下限と上限はわかっていません。

名前の由来　学名は原産地の湯ノ沢鉱山がある地域の旧名に由来します。

赤銅鉱
せきどうこう

● 学　名： Cuprite
● 化学式： Cu_2O

● 結晶系
立方晶系

● 分　類　：酸化鉱物
● 劈　開　：なし
● 光　沢　：ダイヤモンド・亜金属
● 色/条痕色：暗赤/褐赤
● 産　地　：ロシア、ナミビア、コンゴ民主共和国、フランス

■産状 変成岩、スカルン、酸化帯
■比重 ────────6.2
■硬度 ────────3½～4

● 塊状の赤銅鉱（山口県大和鉱山）

石榴石などを含む母岩のスカルン ── 珪孔雀石 ── 赤銅鉱

← 68mm →

🔷 自然銅と共に産出

主に銅鉱床の酸化帯に、自然銅などと共に産します。六面体、八面体結晶がふつうですが、稀に毛状結晶も見られます。そのほか、塊状、皮膜状、樹枝状でもよく産します。新鮮な結晶は透明感があります。

名前の由来 学名は銅を示すラテン語に由来します。

●赤銅鉱の結晶（栃木県日光鉱山）

立方体の面を伴う赤銅鉱の八面体結晶　　　　自然銅の結晶

23mm

●赤銅鉱（毛状結晶：愛知県新城市瓶割峠）

緑マンガン鉱

●学　名：Manganosite
●化学式：MnO

●結晶系
立方晶系

■産状 変成岩
■比重 ━━▼━━ 5.4
■硬度 ━━━▼━ 5½

* 分　類　：酸化鉱物
* 劈　開　：なし
* 光　沢　：ガラス
* 色／条痕色：エメラルド緑／褐
* 産　地　：アメリカ、スウェーデン、日本

●緑マンガン鉱（長野県浜横川鉱山）

菱マンガン鉱など

細かい緑マンガン鉱の結晶の集合

◆ 変成マンガン鉱床から産出

　塊状のものは、新鮮なときは美しい緑色ですが、すぐに黒褐色に変わります。結晶粒が大きい場合は、かなり長く緑色を保ちます。

　おそらく、塊状のものはマンガンと酸素の比が1：1ではなく、マンガンが少し不足しているため、分解しやすいのでしょう。

　日本の多くの変成マンガン鉱床には、量は少ないものの、ふつうに産します。

名前の由来　学名は化学成分に由来します。

84

コランダム

●結晶系
三方晶系

分　類	：酸化鉱物
劈　開	：なし
光　沢	：ガラス
色/条痕色	：無、白、灰/白
産　地	：カナダ、ロシア、インド、ノルウェー

■産状　火成岩、ペグマタイト、変成岩
■比重 ━━━━ 4.0
■硬度 ━━━━ 9

●コランダム（岐阜県飛騨市羽根谷）

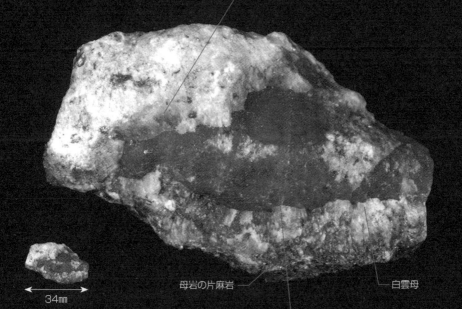

クロムを少し含んだ淡緑色の白雲母

母岩の片麻岩

34mm

白雲母

淡いピンク色をした樽型のコランダム

◆ 耐火物や研磨材などの原料

　主にケイ酸分に乏しいアルカリ深成岩（霞石閃長岩など）やアルミニウムに富む源岩からできた変成岩（片麻岩、結晶質石灰岩、ホルンフェルスなど）に産します。

　六角板状〜柱状結晶、紡錘状結晶がよく見られます。色のよくないものは、耐火物や研磨材などの原料にしかなりません。

　アルミナと呼ばれる研磨材と同じですが、いまではボーキサイトを原料とした合成品がたくさん使われています。

名前の由来　学名は、ルビーを意味するインドのタミール語やテルグ語に由来すると考えられています。

［ルビー／サファイア］

英　名： Ruby/Sapphire

- 産地：ルビー：ミャンマー、スリランカ、タイ、タンザニア、インド
  サファイア：スリランカ、インド、ミャンマー、オーストラリア

●ルビー（スリランカ）

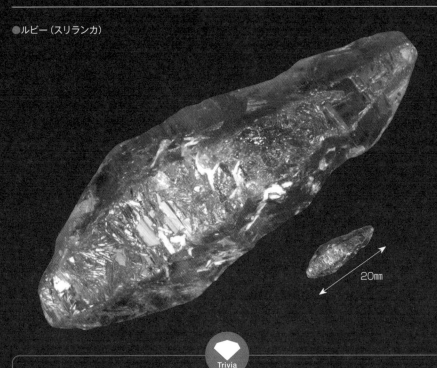

20mm

Trivia

ギリシャ語起源のラテン語に由来

　コランダムのうち、美しいものや包有物でスターが出るものが宝石となります。ルビーは少量のクロムを含むために赤色になった変種で、「赤色」を意味するラテン語に由来します。ルビーの合成は、すでに1900年から行われていて、宝石用以外にも時計や精密機器の軸受け、レーザーに使われています。

●ルビー（ミャンマー）

●サファイア（スリランカ）

15mm

●サファイア（熊本県宇城市松橋）

Trivia

いまでは青くなくてもサファイア

サファイアは「青色」を意味するギリシャ語起源のラテン語に由来しているので、本来は青色の宝石コランダムに使われていました。しかし、いまでは青色以外（赤色を除く）のものも、頭に色の種類を冠して、例えば、ピンク・サファイア（ルビーほど赤色が濃くないもの）といったように呼びます。青色は、鉄やチタンが含まれているための発色です。

●サファイア（スリランカ）

赤鉄鉱
せきてっこう

●結晶系
三方晶系

■産状 火成岩、ペグマタイト、熱水鉱脈、
　　　堆積物・堆積岩、変成岩、
　　　スカルン、酸化帯

■比重 ━━━▼━━━ 5.3

■硬度 ━━━━▼━ 5～6

● 学　名：Hematite

● 化学式：Fe_2O_3

• 分　類	：酸化鉱物
• 劈　開	：なし
• 光　沢	：金属、土状
• 色/条痕色	：銅灰、黒、赤/赤～赤褐
• 産　地	：カナダ、アメリカ、ウクライナ、インド、オーストラリア、ブラジル

●土状の赤鉄鉱（群馬県沼田市数坂峠〈かつさか〉）

石英

70mm

赤鉄鉱（赤い顔料をなすりつけたよう）

🔷 鉄の最も重要な鉱石鉱物

　産状は多様です。特に、先カンブリア紀の海に沈積した含鉄堆積物〈がんてつ〉を源にする、赤鉄鉱を含む地層（縞状鉄鉱層〈しまじょう〉）が世界の大陸に広く分布していて、これが赤鉄鉱のほとんどの供給源となっています。

　多くは塊状〈かいじょう〉、土状〈どじょう〉ですが、六角板状、菱面体〈たい〉などの結晶形を示し、亜平行連晶して薔薇の花弁状集合体（**鉄の薔薇のニックネームがある**）にもなります。日本の赤鉄鉱は、変成してできたスカルン鉱床から主に採掘されました。

●縞状鉄鉱（オーストラリア）／切断して研磨したもの

47mm

主に赤鉄鉱から
なる部分

名前の由来 学名は、「血」を意味するギリシャ語haimatitisに由来しています。

Trivia

よく輝く結晶面

　岩手県仙人鉱山（和賀仙人鉱山）、新潟県赤谷鉱山などが有名です。火山噴気に関連してできた赤鉄鉱は、量は少ないですが、きれいな板〜板柱状の結晶がよく見られます。結晶面がよく輝くので、鏡鉄鉱とも呼ばれます。

　酸化帯では、鉱石や周囲の岩石の割れ目が、赤色に塗られたようになっていることがあります。赤鉄鉱の超微細な結晶の土状

集合体で、赤色の顔料として知られるベンガラと同じものです。

▲赤鉄鉱の結晶（鏡鉄鉱）（福島県郡山市石筵）

灰チタン石
かい　チタン　せき

● 学　名：Perovskite
● 化学式：CaTiO$_3$

●結晶系
直方晶系

● 分　類　：酸化鉱物
● 劈　開　：なし
● 光　沢　：ダイヤモンド、金属
● 色／条痕色：黒、褐、黄／灰
● 産　地　：アメリカ、カナダ、デンマーク、イタリア、ロシア

■産状 火成岩、ペグマタイト、スカルン
■比重 ━━━━ 4.0
■硬度 ━━━▼━ 5〜5½

●灰チタン石（岡山県高梁市布賀）
たかはし　ふか

方解石

灰チタン石

24mm

◆ ニオブやセリウムなどの副成分を含む

　六面体や八面体の結晶形を示し、立方晶系のように見えます。下部マントルでは、灰チタン石と同じ原子配列を持つ(Mg,Fe)SiO$_3$の相（2014年に**ブリッジマン石**とい

う鉱物名がついた）が安定と考えられています。

名前の由来　学名はロシアの鉱物学者、L．A．Perovskiに由来します。

チタン鉄鉱

<ruby>鉄鉱<rt>てっこう</rt></ruby>

● 学　名 ： Ilmenite
● 化学式 ： $FeTiO_3$

● 結晶系
三方晶系

● 分　類 ： 酸化鉱物
● 劈　開 ： なし
● 光　沢 ： 金属〜亜金属
● 色/条痕色 ： 黒/黒
● 産　地 ： カナダ、アメリカ、スイス、ノルウェー

■ 産状 火成岩、ペグマタイト、変成岩、
　　　　堆積物・堆積岩
■ 比重 —————▼——— 4.7
■ 硬度 —————▼—— 5〜6

● チタン鉄鉱（岩手県遠野市附馬牛）

カリ長石

石英

チタン鉄鉱

← 43mm →

◆ チタンの重要な鉱石鉱物

　多様な産状を持ち、世界中に広く産します。特に苦鉄質火成岩や変成岩中には、副成分として必ず入っています。また、砂鉄中にもよく含まれます。板状結晶のほか、粒状、塊状になります。似た赤鉄鉱とは色/条痕色の違いで、磁鉄鉱とは磁性の違いで区別できます。

名前の由来　学名は、原産地のあるロシア・ウラルのIlmenskie山地に由来します。

ルチル

●学　名： Rutile
●化学式： TiO$_2$

●結晶系
正方晶系

● 分　類	：酸化鉱物
● 劈　開	：なし
● 光　沢	：ダイヤモンド、金属
● 色／条痕色	：赤、黒、褐／黄褐
● 産　地	：アメリカ、ブラジル、パキスタン、イタリア、スイス

■産状 火成岩、ペグマタイト、熱水鉱脈、変成岩、堆積物
■比重 ━━━ 4.2
■硬度 ━━━ 6〜6½

●ルチル（アメリカ・ノースカロライナ州）

← 40mm →

ルチル ——

—— 白雲母

◆「太陽ルチル」と呼ばれる放射状のルチル

　二酸化チタンの鉱物は、ルチルのほかに、鋭錐石と板チタン石があります。それぞれ

特徴的な形態があるので、肉眼での区別は比較的容易です。

ルチルは正方柱状結晶に、鋭錐石は尖った正方両錐状に、板チタン石は板状になります。合成した純粋なものは、無〜白色ですが、天然のものは鉄などが入っていて、赤〜褐〜黄色系になります。

　ルチルの針状〜毛状結晶が石英に包有されるものは、装飾用として使われます。赤鉄鉱の上に成長した放射状のルチルは、太陽ルチルと呼ばれて人気があります。

●太陽ルチル（ブラジル）

赤鉄鉱

ルチル

34mm

●水晶中のルチル（ブラジル）

名前の由来　学名は「赤っぽい」という意味のラテン語、rutilusに由来します。

第1章 ◆ 鉱物図鑑

錫石
すずいし

●学　名：Cassiterite
●化学式：SnO_2

●結晶系
正方晶系

■産状　ペグマタイト、熱水鉱脈、スカルン、
　　　　堆積物
■比重 ————▼———— 7.0
■硬度 ————▼———— 6½

● 分　類　：酸化鉱物
● 劈　開　：なし
● 光　沢　：ダイヤモンド、金属
● 色/条痕色：褐～黒/淡黄
● 産　地　：ポルトガル、ボリビア、ブラジル、
　　　　　　オーストラリア

●錫石（茨城県城里町錫高野）

錫石

▲砂錫をとっていた場所が地名となって残っている。

石英

70mm

🔷 スズをとるための唯一の鉱石鉱物

　スズをとるためのほぼ唯一の鉱石鉱物で、古代から使われてきました。ルチルと同じ原子配列をしていて、鉄、ニオブ、タンタルなどを含みます。

　特に熱水鉱脈や接触交代鉱床で産出し、風化にも強いので、砂鉱としてもたまります。粒状、繊維状集合体のほか、正方短柱状、正方錐状結晶やそれらが双晶したものも見られます。

> **名前の由来**　学名は、「スズ」を意味するギリシャ語、kassiterosに由来します。

94

鋭錐石
えいすいせき

●学　名： Anatase
●化学式： TiO$_2$

●結晶系
正方晶系

■産状 火成岩、ペグマタイト、熱水鉱脈、
　　　変成岩、堆積物
■比重 ———————— 3.9
■硬度 ———◤—— 5½〜6

分　類	：酸化鉱物
劈　開	：二方向に完全
光　沢	：ダイヤモンド、金属
色/条痕色	：黒、褐、濃藍/白〜淡黄
産　地	：アメリカ、ブラジル、フランス、スイス、
	マダガスカル

●鋭錐石（長野県川上村湯沼）
ゆぬま

鋭錐石 ——————　　—— 石英

3mm

◆ 錐面には条線がよく発達

　鋭錐石は、ルチルとは異なる原子配列の正方晶系です。尖った正方両錐状になるのが多いのですが、先端が平らな面の厚板状になることもあります。

　色は赤〜黄褐色系ばかりでなく、濃い藍色のものも見られます。

名前の由来　学名は、錐面が鋭く伸びている場合が多いので、その意味のギリシャ語、anataisに由来します。

板チタン石

● 結晶系
直方晶系

● 学　名：Brookite
● 化学式：TiO_2

■産状 火成岩、ペグマタイト、熱水鉱脈、
　　　 変成岩、堆積物
■比重 ━━━━━ 4.1
■硬度 ┣━━━━▼━ 5½〜6

分　類	：酸化鉱物
劈　開	：なし
光　沢	：ダイヤモンド、金属
色／条痕色	：褐、赤、黒／白〜淡黄
産　地	：イギリス、スイス、フランス、オーストリア、パキスタン

● 板チタン石（パキスタン）

板チタン石

85mm

石英（水晶）

🔻 多形のルチルや鋭錐石と共存

　柱状あるいは板状結晶として産します。主に変成岩を切る熱水脈やペグマタイトなどに見られます。多形鉱物間では、生成の温度圧力が異なることが多いので、あまり共存はしないのですが、TiO_2鉱物に限っては別のようです。

名前の由来 学名は、イギリスの結晶・鉱物学者、H. J. Brookeに由来します。

水滑石
すいかっせき

- 学 名： Brucite
- 化学式： Mg(OH)$_2$

- ●結晶系
  三方晶系

- ■産状 熱水鉱脈、変成岩
- ■比重 ▼━━━━━ 2.4
- ■硬度 ━━━▼━━ 2½

- 分 類 ：酸化鉱物
- 劈 開 ：一方向に完全
- 光 沢 ：ガラス、脂肪、真珠
- 色／条痕色：白、灰、黄、淡緑／白
- 産 地 ：アメリカ、イタリア、ロシア、南アフリカ

●水滑石（福岡県飯塚市古屋敷）

水滑石

88mm

母岩である蛇紋岩

◆ 白雲母に似た板状結晶
しろうんも

主に蛇紋岩、緑泥石片岩、結晶質石灰岩などの中に脈状、葉片状、繊維状の集合体で見られます。

苦灰岩や石灰岩が変成作用を受けると、**ペリクレース石**(MgO)ができますが、水に対して不安定で、水滑石に変質していることがよくあります。

名前の由来　学名は、最初に記載したアメリカの鉱物学者、A. Bruceに由来します。

針鉄鉱
しんてっこう

●学　名： Goethite
●化学式： FeO(OH)

●結晶系
直方晶系

●分　類	：	酸化鉱物
●劈　開	：	一方向に完全
●光　沢	：	ダイヤモンド～金属、絹糸、土状
●色/条痕色	：	黄褐、黒褐/黄褐
●産　地	：	アメリカ、イギリス、フランス、ドイツ、ロシア

■産状　熱水鉱脈、堆積物・堆積岩、酸化帯
■比重 ──▼──── 4.3
■硬度 ────▼── 5½

●針鉄鉱（岐阜県神岡鉱山）
かみおか

▲水晶の表面に成長した針鉄鉱の鉱物群。

針鉄鉱

←──→ 12mm

🔶 地表近くで鉄分がある所にできる鉱物

　褐鉄鉱といわれる鉱物の中で、最もよく
かってっこう
出てくるのが針鉄鉱です。名前どおりの針
状結晶は稀で、ふつうは塊状、土状で産し
はり　　　　　　　　　　　　　　　かいじょう　どじょう
ます。

　世界中、地表近くで鉄分がある所なら、

どこにでもできる鉱物です。

> 名前の
> 由来
> 　学名は、鉱物学に造詣が深かった
> 文豪ゲーテ、J. W. von Goetheに
> 由来します。

98

●針鉄鉱（高師小僧）（愛知県豊橋市高師ヶ原）

53mm

中心の空洞は植物の根があったところ。根の周
囲に鉄の水酸化物が沈着してできた

●針鉄鉱（インド）

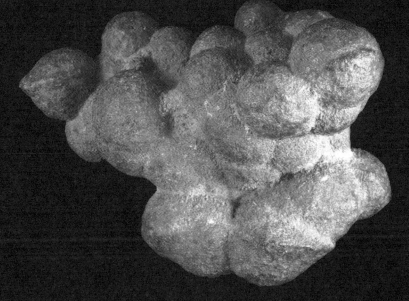

スピネル（尖晶石）

●学　名：Spinel
●化学式：MgAl$_2$O$_4$

●結晶系
立方晶系

■産状 深成岩、変成岩、スカルン、堆積物
■比重 ————————— 3.6
■硬度 ————————— 7½〜8

分　類	：酸化鉱物
劈　開	：なし
光　沢	：ガラス
色/条痕色	：無、黄、橙、赤、青/白
産　地	：ミャンマー、パキスタン、アフガニスタン、インド、カナダ

●スピネル（ミャンマー）

▲漂砂鉱床から集められたもの。大きなものは宝石としてカットされる。

スピネルの八面体結晶

3mm

◆ 八面体の結晶形、先端が尖って見える

スピネルはひとつの鉱物名でもあり、族（グループ）名でもあります。この族には22種類が含まれますが、スピネル、磁鉄鉱、クロム鉄鉱、クロム苦土鉱がよく出てくる鉱物です。スピネルは、超苦鉄質深成岩（レールゾライトなど）の中には造岩鉱物のひとつとして含まれています。

●スピネル（埼玉県秩父市石灰沢）

スカルン中の淡青色のスピネル

ベスブ石、
クリントン雲母など

← 20mm →

名前の由来

宝石質のものは、変成岩（特に結晶質石灰岩）中に産します。八面体の結晶形が特徴で、先端が尖って見えるところから、「トゲ」を意味するラテン語spinellaから命名されています。和名はそれを漢字で表現したものです。

Trivia

宝石質のスピネル

　赤色をした宝石質のスピネルは、少量のクロムを含んでいます。代表的な産地のひとつがミャンマーです。石灰質岩が変成を受けてできた石灰質片麻岩中に産しますが、その岩石が風化し、水に対して抵抗力のあるスピネルは、礫として河床に堆積します。ミャンマーではこのような堆積物からルビーもスピネルと一緒に採掘され、かつては赤いスピネルとルビーが混同されていたこともあったようです。イギリス王室の「**黒太子のルビー**」も実はスピネルであることがわかっています。

磁鉄鉱
（じてっこう）

● 学　名：Magnetite
● 化学式：$Fe^{2+}Fe_2^{3+}O_4$

● 結晶系
　立方晶系

■ 産状　火成岩、ペグマタイト、熱水鉱脈、
　　　　変成岩、スカルン、堆積物・堆積岩
■ 比重　—▼— 5.2
■ 硬度　———▼— 5½〜6

● 分　類　：酸化鉱物
● 劈　開　：なし
● 光　沢　：金属
● 色／条痕色：黒／黒
● 産　地　：アメリカ、ブラジル、スウェーデン、
　　　　　　南アフリカ

● 磁鉄鉱（長崎県西海市鳥加郷）
（さいかい）（とりかごう）

35mm

▲強い磁性が特徴。

磁鉄鉱の八面体結晶

🔷 赤鉄鉱に次いで重要な鉄の鉱石鉱物

　ほぼあらゆる産状を持ち、世界中に広く分布しています。砂鉄の主成分として、どこの河原や砂浜でも見られます。強い磁性が特徴で、磁石を使って簡単に集めることができます。しかし、磁鉄鉱を多く含む岩石（玄武岩など）に近づくと、磁石が狂うということなので、方向を見失う危険性があ（げんぶがん）ります。立方体、八面体、十二面体などの結晶がよく見られます。

名前の由来

学名は、羊飼いのマグヌスが気づいたというギリシャの伝説から命名されています。

クロム鉄鉱
<ruby>鉄鉱<rt>てっこう</rt></ruby>

● 学　名：Chromite
● 化学式：$FeCr_2O_4$

● 結晶系
立方晶系

■ 産状 火成岩、変成岩、堆積物
■ 比重 ▼———— 5.1
■ 硬度 ———▼— 5½

● 分　類 ：酸化鉱物
● 劈　開 ：なし
● 光　沢 ：金属
● 色／条痕色：黒／黒褐
● 産　地 ：ロシア、パキスタン、南アフリカ、フィリピン

● クロム鉄鉱（フィリピン）

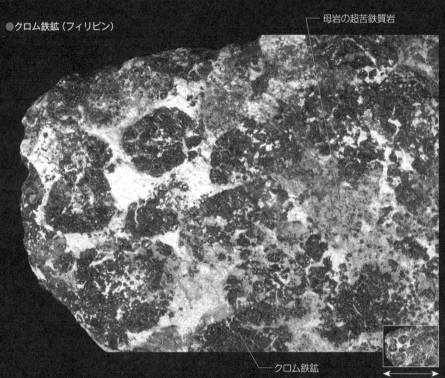

母岩の超苦鉄質岩

クロム鉄鉱

53mm

◆ イオンが多彩な色を示す

　クロムの重要な鉱石鉱物で、鉄とマグネシウムが置換し合って、マグネシウムが多いクロム苦土鉱（<ruby>苦土鉱<rt>くどこう</rt></ruby>）に化学組成が連続します。クロム鉄鉱の色／条痕色（<ruby>条痕色<rt>じょうこんしょく</rt></ruby>）は黒ですが、マグネシウムが多くなると褐色味が出てきます。

　超苦鉄質岩（ダナイトなど）やそれらが変成を受けてできた蛇紋岩（<ruby>蛇紋岩<rt>じゃもんがん</rt></ruby>）中によく見られます。塊状（<ruby>塊状<rt>かいじょう</rt></ruby>）、粒状（<ruby>粒状<rt>りゅうじょう</rt></ruby>）が多いですが、八面体結晶も稀（<ruby>稀<rt>まれ</rt></ruby>）に見つかることがあります。

名前の
由来

クロムは、そのイオンが多彩な色を示すので、「色」を意味するギリシャ語に由来します。

ハウスマン鉱

● 学　名： Hausmannite
● 化学式： $Mn^{2+}Mn_2^{3+}O_4$

● 結晶系
正方晶系

■ 産状　熱水鉱脈、変成岩
■ 比重 —————— 4.8
■ 硬度 —————— 5½

・分　類 ：酸化鉱物
・劈　開 ：一方向にほぼ完全
・光　沢 ：亜金属、土状
・色/条痕色 ：黒、褐/褐
・産　地 ：アメリカ、ドイツ、スウェーデン、南アフリカ

● ハウスマン鉱（宮崎県秋元鉱山）

テフロ石

105mm

ハウスマン鉱　　菱マンガン鉱　　ハウスマン鉱

🔷 マンガンの重要な鉱石鉱物のひとつ

　八面体の結晶形をすることもありますが、多くは塊状で産します。日本では、変成マンガン鉱床中によく出てきますが、チョコレート色をした塊状の場合がふつうです。

　テフロ石や菱マンガン鉱とよく共生しますが、石英や薔薇輝石とは隣り合って産しません。

名前の由来　学名は、ドイツの鉱物学者、J. F. L. Hausmannに由来します。

クリソベリル

●学　名： Chrysoberyl
●化学式： BeAl$_2$O$_4$

●結晶系
直方晶系

- ■産状 ペグマタイト、変成岩、堆積物
- ■比重 ━━━━━ 3.8
- ■硬度 ━━━━━ 8½

- 分　類 ：酸化鉱物
- 劈　開 ：一方向に明瞭
- 光　沢 ：ガラス
- 色/条痕色：黄、緑、緑褐/白
- 産　地 ：ロシア、インド、スリランカ、ブラジル

●クリソベリルの双晶（ブラジル）

←→ 25mm

◆ 光源で変色し、一条の光彩を放つ

　宝石に用いられる鉱物で、黄～緑色系のものは鉱物名と同じクリソベリル（**金緑石**<ruby>きんりょくせき</ruby>ともいう）、光源で変色するものを**アレキサンドライト**（**アレキサンドル石**）、包有物で一条の光彩を放つものを**クリソベリル・キャッツアイ**（**キャッツアイ**）と呼びます。

　主にペグマタイトや結晶片岩中に産します。ハート型や算盤玉型<ruby>そろばんだまがた</ruby>の双晶<ruby>そうしょう</ruby>が有名です。

名前の由来　学名は黄金のベリルというギリシャ語に由来します。

［アレキサンドル石］

• 産地：ロシア、スリランカ、ブラジル、ミャンマー、ジンバブエ

●アレキサンドル石（ジンバブエ）

28mm

クリソベリル（アレキサンドル石型）

◆ 光源によって違った色に見える

　19世紀半ばにロシアで発見された宝石です。光源によって違った色に見えるという不思議な石です。クリソベリルに少量のクロムが入って起こる現象で、赤色の波長が強い電灯下では赤紫色に、青色の波長が強い太陽光下では緑色に見えます。

名前の由来　発見当時の皇帝、アレクサンドル2世に献上されたことで、名前がつけられました。

Trivia

様々な色合いを示すクロム

　クロムが少量入った宝石鉱物は、様々な色合いを示すのが特徴です。それもそのはず、クロムという元素名は、「色」という意味のギリシャ語に由来するのです。特に金緑石に入ると、面白いことに、波長の長い方の赤色と短い方の緑色の部分を残して他の色の部分を吸収してしまいます。そこで、光源が赤色側に偏った電球で見ると赤色に、青色側に強い太陽光で見ると緑色に見えることになります。この現象を持つ金緑石を**アレキサンドル石**と呼びますが、稀には石榴石や電気石などでもこのような現象が起こることが知られています。

岩塩
がんえん

● 学　名：Halite
● 化学式：NaCl

● 結晶系
立方晶系

■ 産状 蒸発岩
■ 比重 ▼ ──── 2.2
■ 硬度 ├─▼─── 2½

● 分　類　：ハロゲン化鉱物
● 劈　開　：三方向に完全
● 光　沢　：ガラス
● 色/条痕色：無色、青/白
● 産　地　：アメリカ、ドイツ、イギリス

● 岩塩（アメリカ・カリフォルニア州）

▲立方体の結晶面と平行に劈開。

── 岩塩

48mm

💎 微量の不純物や結晶構造の欠陥で色が変わる

　地質作用によりできた塩の結晶を岩塩と呼び、食用にも用いられます。かつて塩湖や内海だった場所が干上がると大規模な鉱床が形成されます。

　岩塩は水に溶けるため、水を通さない粘土層に覆われているか、乾燥地帯でないと、鉱床として残りません。結晶は無色〜白色の立方体として産出し、他の結晶面が大きく発達することは稀です。

　微量の不純物を含むとオレンジ色やピンク色などになるほか、結晶構造の欠陥によって濃い青色や紫色を呈することもあります。

角銀鉱
かくぎんこう

●学　名： Chlorargyrite
●化学式： AgCl

●結晶系
立方晶系

●分　類　：ハロゲン化鉱物
●劈　開　：なし
●光　沢　：ダイヤモンド～樹脂
●色/条痕色：無色、淡黄、淡緑/白
●産　地　：アメリカ、チリ、ドイツ

■産状 酸化帯
■比重 ━━━▼━━━ 5.6
■硬度 ▼━━━━━ 1½～2½

●角銀鉱（アメリカ・アリゾナ州）

光沢の強い粒状結晶

5mm

◆ 塩化銀と同じ物質

　銀鉱床の酸化帯に産出する二次鉱物です。自形結晶は立方体や八面体を呈し、石英の晶洞中などに見られます。写真のフィルムなどに用いられる塩化銀と同じ物質なので、新鮮な結晶は無色から淡い色合いですが、強い光にさらすと黒っぽくなります。塩素を臭素に置き換えた臭銀鉱と同一の結晶構造を持ちます。国内では福島県高玉鉱山などから産出しました。

蛍石
ほたるいし

- ●結晶系
  立方晶系

■産状 ペグマタイト、熱水鉱脈、スカルン

■硬度 —————— 4

- ●学　名：Fluorite
- ●化学式：CaF_2

- ●分　類　：ハロゲン化鉱物
- ●劈　開　：四方向に完全
- ●光　沢　：ガラス
- ●色/条痕色：無、緑、青、ピンク、黄/白
- ●産　地　：イギリス、中国、オーストラリア、ドイツ

●蛍石（イギリス）

← 133mm →

▲劈開により八面体に割れる。

―― 立方体の結晶

◆ 暗がりで加熱すると青白く光る

　紫外線によって蛍光（フローレッセンス）を発することも多く、蛍石の学名がフローレッセンスの語源になりました。微量元素や結晶構造の欠陥の影響で様々な色になります。鉄やアルミニウムの精錬の際の融剤として用いられます。

　通常の光学ガラスにはない光の分散特性があるので、昔は無色透明な天然の結晶が顕微鏡用の光学レンズとして使用されました。現在では、光学レンズ用に大型の結晶が合成されています。

アタカマ石

● 学　名：Atacamite
● 化学式：Cu₂Cl(OH)₃

● 結晶系
直方、三斜晶系

■ 産状　酸化帯、海岸
■ 比重 ━━━━ 3.8
■ 硬度 ━━━━ 3〜3½

● 分　類　：ハロゲン化鉱物
● 劈　開　：一方向に完全
● 光　沢　：ガラス
● 色/条痕色：緑/緑
● 産　地　：チリ、ペルー

● アタカマ石（チリ）

▲酸に溶解する。

アタカマ石

5mm

💎 銅鉱床が海水と反応する場所にできる

　原産地はチリのアタカマ砂漠です。乾燥地帯や海岸付近の銅鉱床が海水と反応する場所にできる二次鉱物です。火山の噴気口に見られることもあります。

　アタカマ石と同一組成で結晶構造が異なる鉱物として、バラアタカマ石、単斜アタカマ石、ボタラック石があり、いずれも外観が似ていて、産状も共通しています。複数種類が混ざり合って産出することもあり、そのような場合には肉眼での区別は困難ですが、結晶の形が明瞭な場合は、形で見当がつきます。

伊予石

いよせき

●学　名：Iyoite
●化学式：MnCuCl(OH)$_3$

●結晶系
単斜晶系

■産状 酸化帯
■比重 ━▼━━━━━ 3.2
■硬度 ├━▼━━━━┤ 2

・分　類　：ハロゲン化鉱物
・劈　開　：一方向に良好
・光　沢　：ガラス
・色/条痕色：緑/淡緑
・産　地　：日本

●伊予石（愛媛県佐多岬半島）

三崎石

伊予石

約3.5mm

第1章 ◆ 鉱物図鑑

◆ 銅とマンガンが海水と反応してできる

　愛媛県佐田岬半島の海岸から発見された緑色針状の新鉱物です。海岸には自然銅を含むマンガン鉱石が散在しており、それが海水中の塩素と反応して生成しました。銅鉱物が海水と反応するとアタカマ石などが生じますが、伊予石はアタカマ石族のボタラック石（botallackite）中の銅の半分をマンガンに置き換えたものに相当します。伊予石と一緒に、類縁の組成と結晶構造を持つ新種がもうひとつ見つかり、三崎石（misakiite）と名づけられました。

名前の由来　学名は、佐田岬半島が面している海、伊予灘（北側）と三崎灘（南側）に由来します。

111

氷晶石
ひょうしょうせき

●学 名：Cryolite
●化学式：Na$_3$AlF$_6$

●結晶系
単斜晶系

●分 類　：ハロゲン化鉱物
●劈 開　：なし
●光 沢　：ガラス
●色/条痕色：白、灰、無/白
●産 地　：デンマーク（グリーンランド）

■産状 ペグマタイト
■比重 ━━━ 3.0
■硬度 ━━━ 2½

●氷晶石（グリーンランド）

菱鉄鉱

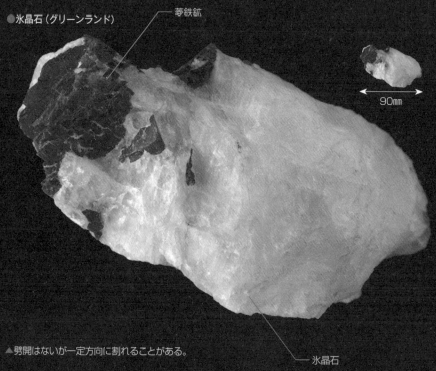

90mm

氷晶石

▲劈開はないが一定方向に割れることがある。

◆ グリーンランドで発見された氷に似ている鉱物

　花崗岩ペグマタイト中や流紋岩の
末期の晶出鉱物として産出し、自形
結晶は擬立方体や擬八面体を呈しま
す。昔は、アルミニウムの精錬の際に
使う融剤として重要な鉱石でしたが、
資源の枯渇と安価な代替品の登場に
より、現在では使われていません。

Trivia

氷に似ている

　グリーンランドから発見され、外観が
氷に似ていることから「氷の石」を意味するギリ
シャ語にちなんで命名されました。実際、屈折率
が非常に低いため、透明な結晶片を水中に入れ
ると輪郭が見えにくくなります。

112

方解石
ほうかいせき

● 結晶系
三方晶系

■産状　火成岩、ペグマタイト、熱水鉱脈、
　　　　変成岩、堆積岩

■比重　　　　　　2.7
■硬度　　　　　　3

● 分　類　：炭酸塩鉱物
● 劈　開　：三方向に完全
● 光　沢　：ガラス
● 色/条痕色：無、白、黄、ピンク、淡青/白
● 産　地　：アイスランド、アメリカ、メキシコ、
　　　　　　イギリス、ドイツ

● 方解石（東京都奥多摩町氷川 ひかわ）

76mm

▲石灰岩の空隙には、しばしば大きな方解石の結晶が見られる。
　少し鉄を含んで黄褐色になったもの。

◆ 変化に富んだ結晶形

方解石は、ひとつの鉱物種であると共に、族の名前でもあります。地殻では、長石、石英に次いで多く、産状も多様なことから、世界中に産します。セメントの原料となる石灰岩は、ほぼ方解石でできています。

熱水鉱脈では、金属鉱物の脈石としてもよく見られます。方解石が主成分の火山岩は、**カーボナタイト**と呼びます。ニオブやジルコニウムなどのレアメタル鉱物を含んでいます。犬牙状結晶をはじめ、変化に富んだ結晶形が知られています。

わかりやすい教材

Trivia

方解石の透明結晶を通すと、下の字や絵が二重に見えるという複屈折、割ると菱形劈開片ができる、塩酸をかけると炭酸ガスが出るなど、簡単な実験でなじみ深い鉱物です。学名は、「石灰」を意味するラテン語、calxに由来します。

●方解石（劈開片と複屈折）（中国）

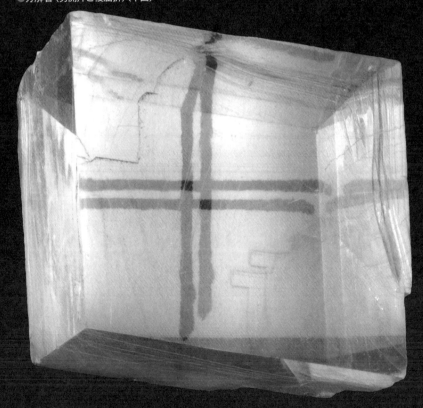

菱鉄鉱
りょうてっこう

●結晶系
三方晶系

●学　名：Siderite
●化学式：FeCO$_3$

分　類	炭酸塩鉱物
劈　開	三方向に完全
光　沢	ガラス、真珠
色／条痕色	黄、黄褐／淡黄褐
産　地	カナダ、デンマーク、イギリス、ドイツ、ブラジル、ボリビア

■産状 火成岩、ペグマタイト、熱水鉱脈、変成岩、堆積岩
■比重 ━━━━ 3.9
■硬度 ━━━ 4

●菱鉄鉱（埼玉県秩父鉱山）

ほぼ全体が細かい菱鉄鉱の結晶からできている

黄鉄鉱

← 46mm →

◆ 生物の関与でできた鉄鉱層の主成分ともなる

　方解石族のひとつで、鉄の資源となるほど集まることがあります。犬牙状、菱形六面体などの結晶形となるほか、塊状、土状、球状、ぶどう状などで産します。
けんがじょう　ひしがた　かいじょう　どじょう

● 名前の由来　学名は、「鉄」を意味するギリシャ語、siderosに由来します。

顕微鏡に使われる結晶

国産顕微鏡の歴史は100年を超えます。顕微鏡をはじめ、望遠鏡やカメラのレンズなどの光学機器には、鉱物やそれと等価な人工結晶が使われています。

●大きな関心を集めた蛍石レンズ

カメラや望遠鏡の愛好家にはよく知られていますが、色のにじみ（色収差）の少ない低分散レンズには、異常部分分散性（光のプリズム効果がふつうではない）を示す蛍石（フローライト）レンズが使われています。

近年では低分散のガラスが普及してきましたが、蛍石レンズを組み込んだ高級なカメラ用交換レンズや望遠鏡は、大きな関心を集めてきました。レンズに加工される単結晶には、着色のみならず、内部のヒビやゴミも許されず、このような条件を満たす天然の結晶はなかなか手に入るものではありません。口径の大きなレンズが要求される望遠鏡やカメラには、厳密な工程管理により育成した高純度フッ化カルシウム、すなわち人工蛍石の単結晶が使われています。さほど大きなレンズを必要としない顕微鏡には、天然の良質な結晶も使われたようです。

日本で顕微鏡を製造し始めた頃、ドイツの有名な光学機器メーカーは、良質で大粒の蛍石を世界中に求め、日本からは九州の尾平産の蛍石を調達したそうです。

●方解石のニコルプリズム

鉱物の観察には欠かせない偏光顕微鏡には、光を直線偏光とするための素子が組み込まれています。光源と検体の間にひとつ（偏光子、ポラライザ、下方ポーラー）、対物レンズと接眼レンズの間には偏光方向を直交させてもうひとつ（検光子、アナライザ、上方ポーラー）配置されています。

現在は、これらの偏光板には偏光フィルターを加工して使っていますが、偏光フィルターが考案されるまでは、複屈折の著しい方解石の透明な単結晶の劈開片2枚を特定の面ではり合わせたものを、偏光板として使っていました。方解石の特性である複屈折と完璧な劈開を存分に応用して開発したのが、スコットランドの物理学者・地質学者のウィリアム・ニコル（William Nicol）で、この偏光板をニコルプリズムと呼ぶようになりました。

方解石のニコルプリズムが偏光フィルムに置き換えられた現在でも、上方ポーラーと下方ポーラーの配置状態を「開放（オープン）ニコル」、「直交（クロス）ニコル」と呼んで区別する習慣が残っています。

菱マンガン鉱

- 学　名： Rhodochrosite
- 化学式： $MnCO_3$

●結晶系
三方晶系

- ■産状　ペグマタイト、熱水鉱脈、変成岩、堆積岩
- ■比重　———— 3.7
- ■硬度　———— 3½〜4

分　類	：炭酸塩鉱物
劈　開	：三方向に完全
光　沢	：ガラス、真珠
色/条痕色	：白、灰、黄褐、ピンク、紅/白
産　地	：アメリカ、カナダ、メキシコ、ペルー、南アフリカ

●塊状の菱マンガン鉱（長野県竜島鉱山）

菱マンガン鉱 ——

65mm

◆ 装飾品にも用いられるマンガン資源

　方解石族のひとつです。マンガンの資源として、また装飾品としても用いられています。犬牙状、菱形六面体結晶をはじめ、結晶形が多様です。

　ぶどう状、鍾乳石状、葉片状など集合体も変化に富んでいます。主に、熱水鉱脈や変成マンガン鉱床中に多く産します。

名前の由来　学名は、代表的な色である「薔薇色」を意味するギリシャ語、rhodokhrosに由来します。

●菱マンガン鉱の結晶（秋田県尾去沢鉱山）

黄銅鉱

▲鉱脈の空隙に成長した菱形の
菱マンガン鉱結晶群。

菱マンガン鉱　　石英

42mm

Trivia

菱マンガン鉱の魅力

　菱マンガン鉱は、地味な灰色をしている
ものも多いのですが、濃い赤色からピンク
色をしたものに魅力があります。南アフリ
カなどから産する濃赤色透明な犬牙状結晶
は、コレクターの間で評価が高い鉱物のひ
とつです。また、結晶粒が緻密で赤色とピ
ンク色の濃淡が縞模様になった塊状のもの
は、装飾品に加工されることが多く、特に
アルゼンチンから産する**インカ・ローズ**と
呼ばれるものが有名です。

菱亜鉛鉱
りょう あ えんこう

●結晶系
三方晶系

●学　名： Smithsonite
●化学式： $ZnCO_3$

● 分　類　：炭酸塩鉱物
● 劈　開　：三方向に明瞭
● 光　沢　：ガラス
● 色/条痕色：灰、黄、緑、灰青、褐/白
● 産　地　：アメリカ、メキシコ、ドイツ、ギリシャ、
　　　　　　ナミビア

■産状 酸化帯
■比重 ▼———— 4.2
■硬度 ———▼—— 4〜4½

●菱亜鉛鉱（オーストラリア）

48mm

▲丸味を帯びた犬牙状結晶が集合している。

菱亜鉛鉱

💎 色が多彩な面白い、ぶどう状の集合体

　方解石族のひとつですが、それらとは異なり、酸化帯でのみ見られる鉱物です。色が多彩なことと、ぶどう状の集合体が面白いので、観賞用の標本として扱われます。

名前の由来　学名は、アメリカのワシントンにあるスミソニアン博物館の創立基金のために遺産を寄贈したJ. Smithsonに由来します。

119

苦灰石
（くかいせき）

●学 名：Dolomite
●化学式：CaMg(CO$_3$)$_2$

●結晶系
三方晶系

●分 類	：炭酸塩鉱物
●劈 開	：三方向に完全
●光 沢	：ガラス
●色/条痕色	：無、白、淡黄、淡褐/白
●産 地	：スペイン、イタリア、メキシコ、アルジェリア、ナミビア

■産状 熱水鉱脈、変成岩、スカルン、
　　　 堆積岩
■比重 ▼────── 2.9
■硬度 ───▼─── 3½〜4

●苦灰石（埼玉県秩父鉱山）

苦灰石（菱形の結晶形が見える）

閃亜鉛鉱

黄鉄鉱

60mm

🔶 マグネシウムの原料

　苦灰石は、方解石と菱苦土石を合わせた化学組成をしていますが、原子配列はそれらとは少し異なります。**ドロマイト**とも呼ばれ、マグネシウムの原料となるほか、鉄鋼、セラミックス、サプリメントなどにも利用されます。

　主に苦灰岩という堆積岩の主成分として産します。菱形六面体結晶が多いのですが、それらが重なり合って馬の鞍のような形になることもあります。

名前の由来

学名は、フランスの技師であり鉱物学者でもあった、D. G. S. T. G. de Dolomieuに由来します。

霰石
あられいし

● 学　名： Aragonite
● 化学式： CaCO$_3$

● 結晶系
直方晶系

● 分　類	：	炭酸塩鉱物
● 劈　開	：	一方向に明瞭
● 光　沢	：	ガラス
● 色／条痕色	：	無、白、淡紫、褐、淡青／白
● 産　地	：	スペイン、ドイツ、メキシコ、モロッコ、 ナミビア

■ 産状 火山岩、熱水鉱脈、変成岩、
　　　　堆積物・堆積岩、酸化帯

■ 比重 ├──┬──────┤ 2.9

■ 硬度 ├───┬──────┤ 3½〜4

● 双晶六角柱の霰石（モロッコ）

▲六角柱に見えるが、よく観察すると六角形の途中に
　くぼみがわかる。菱形柱が3つ双晶してできている。

◄──────►
45mm

第1章 ◆ 鉱物図鑑

◆ 方解石とは結晶系がちがう

　霰石（あられいし）と方解石は、多形関係にあります。純粋な化学組成であれば、霰石は方解石（ほうかいせき）より高圧条件でできます。

　しかし、多くは他の成分を含んでできるため、温泉沈殿物、地表の酸化帯といった低圧条件でも生成されます。

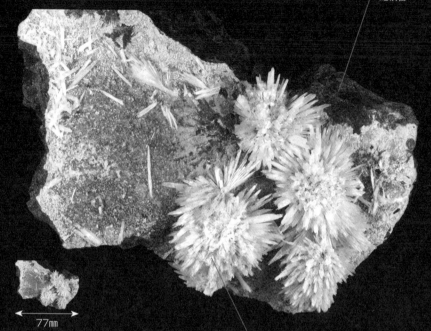

●霰石の針状結晶群 (三重県鳥羽市白木)

蛇紋岩

77mm

霰石の針状結晶が放射状に集合

 名前の由来 学名は、原産地のスペイン、Aragonに由来します。

●霰石 (福島県飯館村佐須)

 Trivia ## 結晶の集合体

　霰石相当相の炭酸カルシウムは、貝殻や真珠層のように、生命活動によってもつくられます。針状結晶が、層状、鍾乳石状、粒状などの集合体を形成します。菱形柱状結晶が3つ双晶して擬六角柱をつくることでも有名です。

●霰石 (スペイン)

白鉛鉱
<small>はくえんこう</small>

- 学　名：Cerussite
- 化学式：$PbCO_3$

- ●結晶系
  直方晶系

- 分　類　：炭酸塩鉱物
- 劈　開　：二方向に明瞭
- 光　沢　：ガラス
- 色／条痕色：無、白、灰、淡褐／白
- 産　地　：アメリカ、メキシコ、イギリス、モロッコ、ナミビア

- 産状 酸化帯
- 比重　━━━━ 6.6
- 硬度　━━━━ 3〜3½

●白鉛鉱の結晶集合体（秋田県亀山盛鉱山）　　　珪孔雀石

鉛鉱床の酸化帯にはポピュラーな鉱物、
石英とは輝きのつやが違う。

石英（水晶）　　白鉛鉱

◀──── 40mm ────▶

◆ 希塩酸をかけると泡を出して溶ける

霰石と原子配列が同じで、方鉛鉱を含む鉱床の酸化帯でのみ見られる鉱物です。板状、柱状などの結晶形をしますが、板状結晶が双晶して、雪の結晶のような形になるものがあります。

同じような産状で同じような色で出る硫酸鉛鉱とは肉眼で区別するのが難しいこともあります。しかし、希塩酸をかけると泡を出して溶けるので区別がつきます。

名前の由来　学名は、「白い鉛」を意味するラテン語、cerussaに由来します。

●白鉛鉱の双晶（モロッコ）

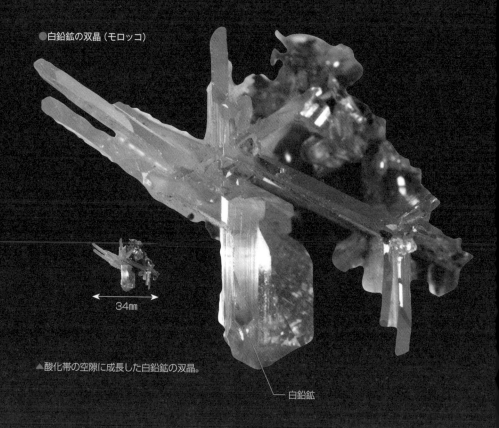

34mm

▲酸化帯の空隙に成長した白鉛鉱の双晶。

白鉛鉱

バストネス石<ruby>石<rt>せき</rt></ruby>

● 学　名：Bastnäsite-(Ce)
● 化学式：Ce(CO$_3$)F

● 結晶系
六方晶系

■ 産状　深成岩、ペグマタイト、変成岩
■ 比重 ┣━━━━ 4.7〜5.2
■ 硬度 ┣━━━ 4〜4½

● 分　類　：炭酸塩鉱物
● 劈　開　：三方向に不明瞭
● 光　沢　：ガラス、脂肪
● 色／条痕色：淡黄、淡赤褐／白
● 産　地　：スウェーデン、アメリカ、マダガスカル、
　　　　　　パキスタン、中国

● バストネス石（パキスタン）

15mm

▲六角板状結晶を真上から見たもの。

🔷 希土類元素を主成分とする鉱物

　希土類元素は、何種類もが一緒に入っている場合が多く、その中で一番多い希土類元素の元素記号を最後につけて種名を表示します。

　バストネス石の場合、最もよく出てくるのが、セリウムが多い種なので、ここでは -(Ce) という記号がつけてあります。六角板状、短柱状などの結晶形をします。

名前の由来　学名は、原産地のスウェーデン、Bastnäs鉱山に由来します。

125

水亜鉛銅鉱
すいあえんどうこう

- ●学　名： Aurichalcite
- ●化学式： $(Zn,Cu)_5(CO_3)_2(OH)_6$

- ●結晶系
  単斜晶系

- ■産状 酸化帯
- ■比重 ——→ 3.9
- ■硬度 ——→ 1～2

- ● 分　類　：炭酸塩鉱物
- ● 劈　開　：一方向に完全
- ● 光　沢　：絹糸、真珠
- ● 色/条痕色：青、青緑/白～淡青緑
- ● 産　地　：アメリカ、イタリア、ギリシャ、
  コンゴ民主共和国

●水亜鉛銅鉱（静岡県河津鉱山）

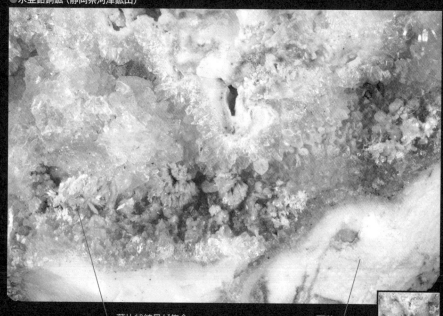

葉片状結晶が集合

石英

← 30mm →

◆ 微細な結晶が花びらのように見える

　水亜鉛銅鉱は、黄銅鉱や閃亜鉛鉱を含む
鉱床の酸化帯に生成される鉱物です。微細
な葉片状～針状結晶が放射状に集まって花
びらのように見えることがあります。色が
薄くなっていくと、銅が入らない白い皮膜
状の水亜鉛土になります。

● 名前の由来

　学名は18世紀につけられていて、
命名理由はよくわかっていません
が、銅と亜鉛が含まれていることから、
「山の真鍮（しんちゅう）」を意味するギ
リシャ語に由来するという説があります。

126

藍銅鉱

らんどうこう

●結晶系
単斜晶系

●学　名：Azurite
●化学式：$Cu_3(CO_3)_2(OH)_2$

■産状 酸化帯
■比重 — 3.8
■硬度 — 3½〜4

- 分　類　：炭酸塩鉱物
- 劈　開　：一方向に完全
- 光　沢　：ガラス
- 色/条痕色：藍/青
- 産　地　：アメリカ、メキシコ、イギリス、モロッコ、
　　　　　　ナミビア、オーストラリア

●藍銅鉱の板状結晶（静岡県河津鉱山）

藍銅鉱　　　　　　　　　石英（水晶）

10mm

◆ 銅鉱床の酸化帯に生成される鉱物

藍銅鉱は、孔雀石と共に、銅鉱床の酸化帯に生成される最もポピュラーな鉱物です。濃い藍色が特徴で、青色の顔料に使われます。同じような酸化帯で出てくる青鉛鉱は、藍銅鉱より明るい青色をしているので区別できます。

藍銅鉱は空気中でやや不安定なため、形を残したまま孔雀石に変化している場合があります。板状、柱状の結晶形を示すほか、鍾乳石状、球状、ぶどう状の集合体をつくります。

名前の由来 学名は、「青色」を意味するペルシャ語、lazhwardに由来します。

●藍銅鉱の結晶集合体 (中国)

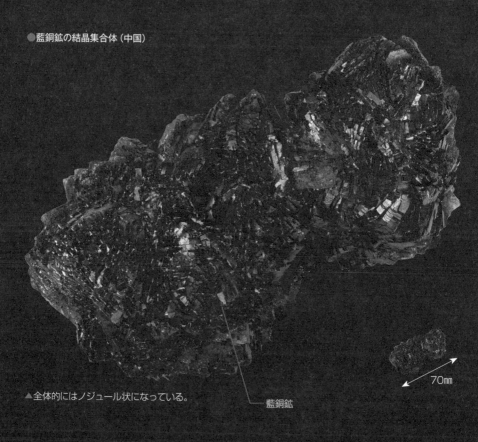

▲全体的にはノジュール状になっている。

藍銅鉱

70mm

孔雀石
（くじゃくいし）

● 学　名：Malachite
● 化学式：$Cu_2(CO_3)(OH)_2$

● 結晶系
単斜晶系

■産状 酸化帯
比重 ▽ —— 4.0
硬度 ——▽— 3½〜4

分　類	：炭酸塩鉱物
劈　開	：一方向に完全
光　沢	：ダイヤモンド、絹糸、土状
色／条痕色	：緑／淡緑
産　地	：アメリカ、メキシコ、ロシア、コンゴ民主共和国、モロッコ、ナミビア、オーストラリア、中国

■塊状の孔雀石（秋田県荒川鉱山）

▲母岩の丸みを帯びた表面を覆う孔雀石。

—— 孔雀石

← 95mm →

🔶 研磨すると面白い縞模様が現れる

　孔雀石（くじゃくいし）も古くから緑色の岩絵具として使われた鉱物で、緑青（ろくしょう）と呼ばれてきました。大きな結晶で出ることはなく、針状、繊維状（せんじょう）の微細な結晶がいろいろな形の塊をつくっています。

　粒度（りゅうど）の違う結晶が層状になることで、研磨すると面白い縞模様が現れます。このようなものが装飾品としてよく使われます。

名前の由来　色の特徴から、学名は植物の「ゼニアオイ」を意味するギリシャ語、malakheに由来します。

●孔雀石（研磨）（コンゴ民主共和国）

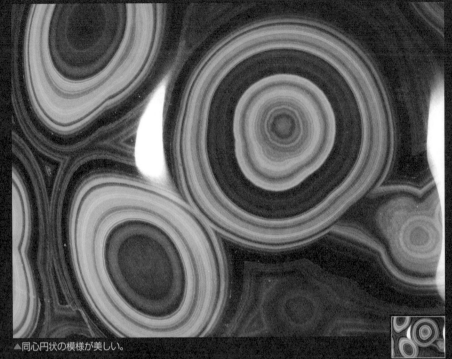

▲同心円状の模様が美しい。

48mm

Trivia

鉱山に取り残されたお宝

　日本のマンガン鉱山は小規模で数が多いのが特徴でしたが、その廃墟には、きれいな薔薇輝石（ばらきせき）がたくさん見られることがあります。薔薇輝石はマンガンのケイ酸塩鉱物で、新鮮な破面はきれいな薔薇色をしています。

　マンガンの鉱石は主に酸化物（軟マンガン鉱、ハウスマン鉱など）や炭酸塩（菱マンガン鉱など）がターゲットです。鉄鋼製造のときに使われる脱酸素材（シリコマンガン）の原料となるケイ酸塩鉱石（いわゆる

ケイマン）のうち、マンガン分の多いテフロ石（オリーブ石の仲間）は役立ちますが、それよりマンガン分の少ない薔薇輝石は捨てられることが多かったのです。

　しかし、薔薇輝石はきれいなばかりではなく、その中にバナジウムを主成分とする緑色で珍しい鉱物（原田石、鈴木石ほか）などを含むことがあります。役立たなかったせいで山に残され、いまの私たちを楽しませてくれるありがたい石なのです。

スティヒト石
せき

- ●学 名： Stichtite
- ●化学式： $Mg_6Cr_2(CO_3)(OH)_{16}\cdot4H_2O$

●結晶系
三方晶系

●分　類	：炭酸塩鉱物
●劈　開	：一方向に完全
●光　沢	：ガラス、脂肪
●色／条痕色	：紫、ピンク／白〜淡紫
●産　地	：カナダ、南アフリカ、オーストラリア

■産状 変成岩
■比重 ━━━━ 2.2
■硬度 ━━━ 1½〜2

●スティヒト石（オーストラリア・タスマニア）

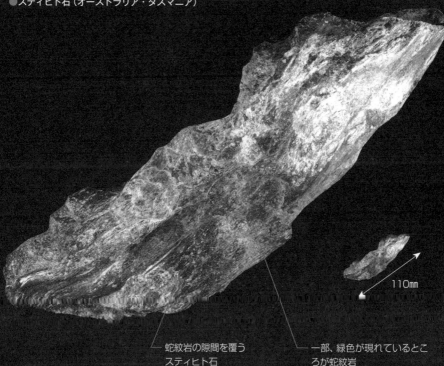

110mm

━ 蛇紋岩の隙間を覆う
スティヒト石

━ 一部、緑色が現れているとこ
ろが蛇紋岩

🔻 鮮やかな紫色の微細結晶

蛇紋岩中に、鮮やかな紫色の微細結晶が
じゃもんがん
鱗片状、葉片状、繊維状となって産します。
りんぺんじょう ようへんじょう
蛇紋岩のもとになった超苦鉄質岩に含まれ
ていたクロム鉄鉱の一部が分解して、クロ
ムが3価のイオンとなって放出されました。

それを取り込んでできたものがスティヒ

ト石で、紫色はクロムによります。オースト
ラリアのタスマニアが原産地です。

> 💎 **名前の由来**　学名は、タスマニアにあった鉱山会
> 社の総支配人、R. Stichtに由来し
> ます。

131

逸見石
へんみせき

● 学　名：Henmilite
● 化学式：$Ca_2Cu[B(OH)_4]_2(OH)_4$

● 結晶系
三斜晶系

● 分　類　：ホウ酸塩鉱物
● 劈　開　：なし
● 光　沢　：ガラス
● 色/条痕色：濃青～青紫/淡青
● 産　地　：日本（岡山県）

■ 産状 スカルン
■ 比重 ├─────── 2.5
■ 硬度 ├───── 1½～2

● 逸見石（岡山県布賀鉱山）

▲小さな結晶は透明感のある鮮青色。

逸見石

25㎜

🔷 美しい結晶の群晶

　岡山県高梁市布賀は高温スカルンで有名な鉱物産地です。また、坑道堀の石灰岩鉱山の一部にホウ素が濃集した部分があり、多数のホウ酸塩鉱物が産出しました。

　逸見石は、最初に発見された結晶は非常に微細でしたが、その後、数mm（ミリ）大の美しい結晶の群晶が見つかりました。

名前の由来　岡山大学で二代にわたって鉱物学の研究をされていた逸見吉之助・千代子親子にちなんで命名されました。

ウレックス石<ruby>石<rt>せき</rt></ruby>

- 学　名：Ulexite
- 化学式：$NaCaB_5O_6(OH)_6 \cdot 5H_2O$

- ●結晶系
  三斜晶系

- ■産状 蒸発岩
- ■比重 ━━━━ 2.0
- ■硬度 ▼━━━ 2½

- 分　類　：ホウ酸塩鉱物
- 劈　開　：一方向に完全
- 光　沢　：ガラス〜絹糸
- 色/条痕色　：白、灰、無/白
- 産　地　：アメリカ、ドイツ、チリ

●ウレックス石（アメリカ・カリフォルニア州）

← 84㎜ →

▲繊維状結晶の集合体。

ウレックス石

◆ 光が屈曲しながら伝わる

　塩湖の蒸発により生成した蒸発岩中に産出し、その化学組成から、曹灰硼石（そうかいほうせき）の和名もあります。一部の産地では、白色繊維状結晶の平行集合体として産出し、そのような標本では、光ファイバーのように、繊維の一端から入った光が繊維中を屈曲しながら伝わります。

> **名前の由来**　繊維に垂直な板状に切って磨き、文字を書いた紙の上に置くと、文字が石の表面に書かれているように見えることから、テレビ石と呼ばれています。

133

重晶石／砂漠の薔薇
じゅうしょうせき　　さばく　　ばら

●学　名：Baryte(Barite)
●化学式：BaSO$_4$

●結晶系
直方晶系

■産状 熱水鉱脈、堆積物
■比重 ▽——— 4.5
■硬度 —▽——— 3〜3½

●分　類　：硫酸塩鉱物
●劈　開　：一方向に完全
●光　沢　：ガラス
●色／条痕色：無、白、黄、茶／白
●産　地　：モロッコ、アメリカ、中国

●重晶石（アメリカ・アリゾナ州）

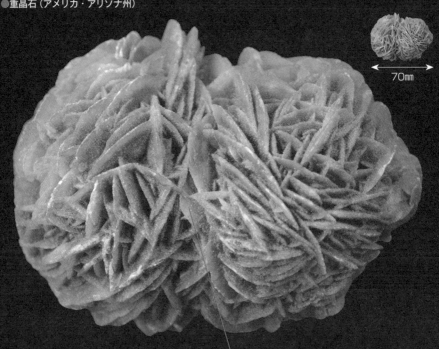

70mm

▲板状結晶は板に垂直に劈開。

重晶石の板状結晶集合体
（砂漠の薔薇）

🔷 花弁状の結晶集合体

　かつて塩湖だった場所が蒸発した砂漠地帯に見られます。蒸発や地下水の加減など、特定の環境下で結晶が成長すると花弁状の結晶集合体になるようですが、詳しいことはわかっていません。

　石膏でできた砂漠の薔薇もあり、こちらも成因は同じです。硫酸バリウムが多い場所では重晶石、硫酸カルシウムが多い場所では石膏の砂漠の薔薇になります。結晶の表面は、砂がついているので赤茶けています。

天青石
てんせいせき

● 学 名： Celestine
● 化学式： SrSO$_4$

● 結晶系
直方晶系

■産状 堆積岩、熱水鉱脈
■比重 ━━▼━━ 4.0
■硬度 ━▼━ 3〜3½

● 分 類 ：硫酸塩鉱物
● 劈 開 ：一方向に完全
● 光 沢 ：ガラス
● 色／条痕色：淡青、無、白、淡黄／白
● 産 地 ：マダガスカル、アメリカ

● 天青石（マダガスカル）

天青石

▲淡青色の結晶が多いが、色は同定の決め手にならない。

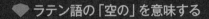

←→ 150mm

◆ ラテン語の「空の」を意味する

重晶石のバリウムをストロンチウムに置き換えた構造を持つ鉱物です。青味を帯びていることが多く、学名もラテン語の「空の」を意味する言葉に由来します。

主に堆積岩中や熱水鉱床に産します。マダガスカル北西部の堆積岩中に産する大型の天青石ノジュールは特に有名です。日本では、黒鉱中の石膏に伴う繊維状や粒状の産状などが知られています。

硬石膏
こうせっこう

● 学　名： Anhydrite
● 化学式： CaSO₄

■ ●結晶系
直方晶系

■産状 熱水鉱脈、堆積岩
■比重 ▽————— 3.0
■硬度 ———▽— 3〜3½

分　類	：硫酸塩鉱物
劈　開	：二方向に完全
光　沢	：ガラス
色/条痕色	：無、白、淡青、淡灰/白
産　地	：メキシコ、ドイツ、アメリカ

●硬石膏（秋田県花岡鉱山）
はなおか

←→ 130mm

▲劈開が三方向に直交し、そのうち二方向は完全。

└─ 硬石膏

◆ 石膏とは結晶構造が異なる

　石膏に含まれる結晶水を完全になくした物質に相当し、学名も「無水物」を意味する語に由来します。石膏とは結晶構造がまったく異なるので、水に触れても石膏に戻ることはありません。

　産状は石膏に似ており、海水の蒸発によりできる蒸発岩、熱水鉱床のほか、火山岩中の副成分鉱物としても産します。
じょうはつがん

石膏／砂漠の薔薇
せっこう／さばくのばら

- 学　名： Gypsum
- 化学式： $CaSO_4 \cdot 2H_2O$

- ●結晶系
  単斜晶系

- 産状　熱水鉱脈、酸化帯
- 比重　2.3
- 硬度　2

- 分　類　：硫酸塩鉱物
- 劈　開　：一方向に完全
- 光　沢　：ガラス
- 色/条痕色：無、白/白
- 産　地　：メキシコ、スペイン、モロッコ、アメリカ

●石膏（東京都父島）

石膏

98mm

▲劈開と平行な面が大きく発達した板柱状結晶。

●石膏／砂漠の薔薇（アルジェリア）

▲砂漠の薔薇では劈開面と大きく発達する面とが
異なる。

◆ 人の背丈を超える石膏もある

　塩湖の蒸発でできる蒸発岩や熱水鉱床、黒鉱鉱床、熱水変質を受けた岩石や粘土、火山昇華物など、様々な条件でごくふつうに産出します。

　メキシコのナイカ鉱山では、最長10mを超える石膏の結晶で満たされた巨大な洞窟が見つかり、有名になりました。サハラ砂漠では、人の背丈を超えるほどの砂漠の薔薇が産出します。

胆礬
たんばん

● 学　名： Chalcanthite
● 化学式： CuSO$_4$・5H$_2$O

● 結晶系
三斜晶系

● 分　類　：硫酸塩鉱物
● 劈　開　：一方向に不完全
● 光　沢　：ガラス
● 色／条痕色：青／白
● 産　地　：チリ、アメリカ、日本

■ 産状 酸化帯
■ 比重 ├─────── 2.3
■ 硬度 ├──── 2½

● 胆礬（岩手県土畑鉱山）
つちけた

◀ 水に溶けやすく、丸みを帯びた形態のことが多い。

── 胆礬

💎 水によく溶ける水溶性の結晶

　銅鉱物の酸化分解により生成される二次鉱物です。鉱山の坑道内に鍾乳石状の塊として見られることが多く、形の整った自形結晶は稀です。水にとてもよく溶ける水溶性の結晶なので、少し濡れるだけでも溶けて変形します。一方、乾燥させすぎても結晶水が抜け、白濁してしまうことが多く、保管の難しい鉱物です。

名前の由来：学名はギリシャ語で「銅」の「化」の意味です。

ブロシャン銅鉱

ブロシャン銅鉱（どうこう）

● 学　名： Brochantite
● 化学式： Cu₄SO₄(OH)₆

●結晶系
単斜晶系

● 分　類	：硫酸塩鉱物
● 劈　開	：一方向に完全
● 光　沢	：ガラス
● 色／条痕色	：濃緑〜淡緑／緑
● 産　地	：モロッコ、チリ、アメリカ、ロシア

■産状 酸化帯
■比重 ├─▼──────┤ 4.0
■硬度 ├──▼──┤ 2½〜4

●ブロシャン銅鉱（静岡県河津鉱山）

▲酸に発泡せずに溶ける。

ブロシャン銅鉱の針状結晶群

← 45mm →

◆ しばしば放射状集合体になる結晶

　銅鉱床の酸化帯に産出する二次鉱物です。結晶は針状や毛状のことが多く、しばしば放射状集合体になります。また、柱状、板状の結晶になることもあります。

　色合い、形態、産状共に、孔雀石（くじゃくいし）に非常によく似ています。孔雀石は塩酸に対して発泡して溶けるのに対し、ブロシャン銅鉱は発泡せずに溶けることで区別できます。

139

明礬石

<ruby>明礬石<rt>みょうばんせき</rt></ruby>

- 学 名：Alunite
- 化学式：$KAl_3(SO_4)_2(OH)_6$

- 結晶系
三方晶系

- 産状 火山岩、酸化帯
- 比重 ▼————— 2.6～2.9
- 硬度 ————▼— 3½～4

- 分 類 ：硫酸塩鉱物
- 劈 開 ：一方向に良好
- 光 沢 ：ガラス
- 色/条痕色：無、白、灰、黄、茶/白
- 産 地 ：イタリア、台湾、チリ、アメリカ

●明礬石（静岡県宇久須鉱山）

← 68mm →

▲鱗片状の結晶集合体。

—— 明礬石

💎 水に溶けない、明礬とは別の物質

　明礬とは、1価と3価の陽イオンの硫酸塩の複塩（2種類以上の塩が結合してできた塩）のことです。たんに明礬というと、染色や調理などに用いられる硫酸カリウムアルミ ニウム12水和物を指すことが多いのですが、明礬石はまったく別の物質で、水に溶けません。火山の噴気ガスなど硫酸酸性のガスや熱水による変質作用により生成します。

鉄明礬石
てつみょうばんせき

●学　名：Jarosite
●化学式：$KFe_3^{3+}(SO_4)_2(OH)_6$

●結晶系
三方晶系

●分　類：硫酸塩鉱物
●劈　開：一方向に良好
●光　沢：亜ダイヤモンド～ガラス
●色/条痕色：黄、茶/白
●産　地：ギリシャ、スペイン、オーストラリア

■産状 火山岩、熱水鉱脈、酸化帯
■比重　2.9～3.3
■硬度　3½～4

●鉄明礬石（福島県猪苗代町沼尻）
いなわしろ　ぬまじり

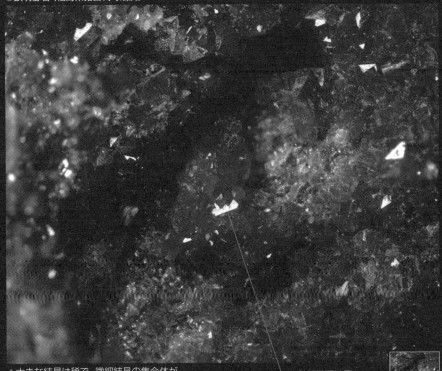

▲大きな結晶は稀で、微細結晶の集合体が
チカチカと輝いて見える。

——鉄明礬石結晶

←→ 5mm

第１章 ◆ 鉱物図鑑

💎 鉱床は硫化鉄を多く含む酸化帯

　鉄明礬石の組成と結晶構造は、明礬石の
アルミニウムを鉄に置き換えたものに相当
します。硫化鉄を多く含む鉱床の酸化帯、
温泉沈殿物などとして産します。

　黄褐色の土状、塊状集合体が多いです
が、葉片状結晶の集合体や稀に六角板状や
擬切頭八面体などの形になります。

141

大阪石
おおさかせき

● 学　名：Osakaite
● 化学式：$Zn_4(SO_4)(OH)_6 \cdot 5H_2O$

● 結晶系
三斜晶系

● 分　類：硫酸塩鉱物
● 劈　開：一方向に完全
● 光　沢：ガラス
● 色/条痕色：淡青〜無/白
● 産　地：日本、ギリシャ、イタリア

■ 産状　酸化帯
■ 比重 ―――――― 2.7
■ 硬度 ―――――― 1

● 大阪石（大阪府平尾旧坑）

約1.7mm

◆ 亜鉛を含む地下水から析出

　大阪府箕面市の廃坑より、水亜鉛土や菱亜鉛鉱などの亜鉛の二次鉱物に伴って発見された新鉱物です。シート状に配列した亜鉛原子の層間を硫酸イオンと水分子がつないだ結晶構造をしており、同様の結晶構造を持つナミュー石（namuwite）やラーンシュタイン石（lahnsteinite）よりも層間の水分子が多く層間が広がった鉱物に相当します。層間の水分子は室温付近でも可逆的に出入りし、乾燥大気中では約35℃で脱水してナミュー石に変化しますが、常温の水に浸すと大阪石に戻ります。

箕面石
みのおせき

●学　名： Minohlite
●化学式： $(Cu,Zn)_7(SO_4)_2(OH)_{10}\cdot 8H_2O$

●結晶系
六方晶系

■産状 酸化帯
■比重 ——————— 3.4
■硬度 ——— 1～2

分　類	：硫酸塩鉱物
劈　開	：一方向に完全
光　沢	：ガラス
色/条痕色	：青緑/淡緑
産　地	：日本

●箕面石（大阪府平尾旧坑）

約1.7mm

◆ 亜鉛の二次鉱物と共生

　大阪石と同じく大阪府箕面市の廃坑より発見された新鉱物です。六角板状結晶が少しずつ方位を変えながら成長することで、特徴的な球状の集合体になります。外見はシューレンベルグ石（schulenbergite）と似ており、肉眼的な区別は困難です。化学組成もシューレンベルグ石に水分子を足したものに相当します。銅と亜鉛の両方が含まれますが、結晶構造が解かれていないため、両方が必須成分であるのか、それとも主成分の銅の一部を亜鉛が置き換えているのかはわかっていません。

手稲石
ていねせき

●学　名： Teineite
●化学式： $CuTeO_3 \cdot 2H_2O$

●結晶系
直方晶系

■産状 酸化帯
■比重 ━━━━ 3.8
■硬度 ━━━━ 2½

- 分　類 ： 亜テルル酸塩鉱物
- 劈　開 ： 一方向に良好
- 光　沢 ： ガラス
- 色/条痕色 ： 濃青/青
- 産　地 ： 日本、アメリカ、メキシコ

●手稲石（北海道手稲鉱山）
ていね

石英脈

手稲石　　　淡い緑色はテルルの二次鉱物

15mm

🔹 青色は銅による発色

　北海道札幌市の手稲鉱山から1939年に発見された、テルルを主成分とする珍しい鉱物です。自然テルルと四面銅鉱、あるいはゴールドフィールド鉱（テルルを主成分とする四面銅鉱の仲間）の酸化分解によって生成されたと思われます。

　青色は銅による発色です。針状結晶が放射状になり、皮膜状の集合をつくっています。手稲鉱山のほか、日本では静岡県河津鉱山、和歌山県岩出市の旧採石場から産出しています。

紅鉛鉱
こうえんこう

● 学　名： Crocoite
● 化学式： PbCrO₄

● 結晶系
単斜晶系

● 分　類　：クロム酸塩鉱物
● 劈　開　：一方向に明瞭
● 光　沢　：ガラス、ダイヤモンド
● 色/条痕色：赤、橙/黄～橙
● 産　地　：ロシア、オーストラリア、ブラジル、ジンバブエ

■ 産状 酸化帯
■ 比重 ━━━━ 6.0
■ 硬度 ━━━ 2½～3

● 紅鉛鉱（オーストラリア・タスマニア）

紅鉛鉱　　　　褐鉄鉱化した母岩

48mm

◆ サフラン色の美しい鉱物

　クロム鉄鉱を含む超苦鉄質岩に伴う鉛鉱床の酸化帯でできる美しい鉱物です。18世紀、ロシアのウラル山脈から産出したこの鉱物から新元素クロムが発見されました。この鉱物中のクロムは、6価のイオンとなっています。

　6価クロムは有害ですが、標本として保管するぶんには何の危険もありません。クロム・イエローという顔料として使われました。

名前の由来

　学名は、「サフラン色（濃い黄色）」を意味するギリシャ語、krokoeisに由来します。

紫石
むらさきいし

● 学　名： Purpurite
● 化学式： $(Mn^{3+},Fe^{3+})PO_4$

● 結晶系
直方晶系

● 産状　酸化帯
■ 比重 —————— 3.2～3.3
■ 硬度 —————— 4～4½

● 分　類　：リン酸塩鉱物
● 劈　開　：一方向に明瞭
● 光　沢　：土状
● 色/条痕色：赤紫/紫
● 産　地　：アメリカ、ポルトガル、フランス、
　　　　　　オーストラリア、ナミビア

● 紫石（ナミビア）

薄皮のように鉄-マンガンのリン酸塩鉱物の分解した部分に生成している

→ 55mm ←

🔷 酸化帯で産する珍しい鉱物

　リン酸塩鉱物を主とするペグマタイトの酸化帯で産する珍しい鉱物です。結晶形を見せることはなく、ほぼ塊状、土状で産します。

　マンガンにより紫色に発色しています

が、鉄が増加すると黒っぽくなります。鉄の多いヘテロス石は黒褐色です。

名前の由来　学名は、「紫色」を意味するラテン語、purpuraに由来しています。

モナズ石
せき

● 学　名：Monazite-(Ce)
● 化学式：$CePO_4$

● 結晶系
単斜晶系

● 分　類	：リン酸塩鉱物
● 劈　開	：一方向に明瞭
● 光　沢	：ガラス、脂肪
● 色/条痕色	：黄～赤褐/白～淡褐
● 産　地	：アイスランド、ノルウェー、ブラジル、スリランカ

■産状 深成岩、ペグマタイト、変成岩、堆積物
■比重 ━━▼━━ 5.1
■硬度 ━━━━▼━ 5

● モナズ石（福島県石川町塩沢）

25㎜

モナズ石の厚板状結晶

◆ 希土類元素を主成分とするリン酸塩鉱物

微細な結晶は珪長質火成岩や変成岩にはたいてい含まれていますが、大きな結晶は板柱状の結晶形を示し、ペグマタイトから産します。

セリウムを多く含むものがふつうに出てきますが、ウランやトリウムを含むこともあるため、微弱な放射性があります。

名前の由来　最初の産地では稀だったため、学名は「孤独」を意味するギリシャ語、monazeinに由来します。

ゼノタイム

● 学　名：Xenotime-(Y)
● 化学式：YPO₄

● 結晶系
正方晶系

■産状 深成岩、ペグマタイト、変成岩、堆積物
■比重 ━━▼━━ 4.4〜5.1
■硬度 ━━▼━━ 4〜5

分　類	リン酸塩鉱物
劈　開	なし
光　沢	ガラス、樹脂
色/条痕色	白、黄、赤褐、淡緑/黄〜淡褐
産　地	アメリカ、カナダ、ドイツ、インド、ブラジル

● ゼノタイム（福島県石川町塩沢）　　　　ゼノタイム　　黒雲母

└ 分解しかかっているカリ長石

30mm

◆ イオン半径の小さな希土類元素を含む

花崗岩、片麻岩、ペグマタイトなどにふつうに出てくる鉱物で、世界中に産します。モナズ石と異なり、イットリウムなどのイオン半径の小さな希土類元素を含みます。

四角両錐状、四角柱状結晶をしますが、ジルコンと平行連晶をすることもよくあります。

名前の由来　学名は、この鉱物に入っているイットリウムを新元素だと思っていたのが間違いだったため、学名は「むなしい名誉」を意味するギリシャ語、kenos timē に由来します。

●ゼノタイム（福島県石川町新屋敷）

ゼノタイムの正方錐状結晶

10mm

Trivia

宇宙から来た緑の石

ほとんどの鉱物名は語尾に「ite」がつけられますが、古典的なものなど、そうでないものもいくつかあります。そのひとつがkosmochlorです。メキシコに落ちたトルカ隕石中に発見された鉱物で、1897年に「宇宙と緑色」という意味のギリシャ語から命名されました。

まだ地球の岩石中には見つかっていなかった1960年代後半の頃のことですが、京都にある益富地学会館の創設者であった益富壽之助先生が、糸魚川市の姫川から採集されたという緑色の石を調べたことがあ

りました。

その結果、kosmochlorではないかと判断されたのですが、1個きりの試料であり、ご自分が採集したわけでもないので、もっと見つかるまではと慎重に構えてその発表をひかえておられたそうです。ところが、1980年代、ミャンマーの翡翠から地球の岩石中に初めて発見されたという論文が発表されました。ちょっと残念なことでしたが、いまでも姫川から緑色鮮やかなkosmochlorがときどき採集されています。

燐灰ウラン石
りんかいせき

- 学　名： Autunite
- 化学式： Ca(UO$_2$)$_2$(PO$_4$)$_2$·10-12H$_2$O

- 結晶系
  正方晶系

- 産状　ペグマタイト、堆積岩、酸化帯
- 比重 ━━━━ 3.1
- 硬度 ━━━ 2～2½

- 分　類　：リン酸塩鉱物
- 劈　開　：一方向に完全
- 光　沢　：ガラス、真珠
- 色 / 条痕色：黄～淡緑 / 淡黄
- 産　地　：アメリカ、イギリス、フランス、インド

● 燐灰ウラン石（岡山県人形峠鉱山）

燐灰ウラン石
（やや厚みのある部分は黄色でわかりやすい）

花崗岩

52mm

燐灰ウラン石
（非常に薄い皮膜の部分はよくわからない）

◆ 紫外線で強い緑色の蛍光を発する

　ウラン酸（ふつうの酸は陰イオン団をつくりますが、ウラン酸は陽イオン団です）を含むカルシウムのリン酸塩鉱物です。主にペグマタイトや堆積岩から産します。ウラン酸の発する黄色が特徴で、四角薄板状、柱状の結晶形となります。

　また、皮膜状、土状でもよく見られます。放射性があり、紫外線で強い緑色の蛍光を発することも特徴です。

名前の由来　学名は、原産地のフランス、Autun に由来します。

● 燐灰ウラン石の蛍光（岡山県人形峠鉱山）

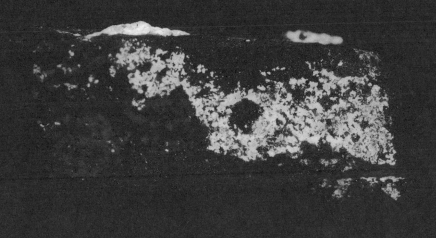

▲紫外線ランプで照射すると、わかりにくかった薄い皮膜部分の燐灰ウラン石がはっきりと見えてくる。ウランを含んでいるが、このタイプのものの放射能はあまり強くない。

Trivia

希土類鉱物の名前

希土類（レア・アース）を主成分とする鉱物は、基本鉱物名のあとに-( )がつけられ、括弧内には最も卓越する希土類の元素記号を入れることになっています。例えば、褐簾石なら、allanite-(Ce)（セリウムの卓越する種）となります。希土類は単独で含まれることは少なく、いくつかの元素がまとまって入ることが多いのです。

そのため、それらのうちどの元素が最も多いのかを表示する命名法が考案されました。イットリウム（Y）以上の原子番号が大きい希土類鉱物はこれに従い命名されてきましたが、希土類中最も原子番号が小さいスカンジウム（Sc）だけは仲間外れになっています。例えば、$ScPO_4・2H_2O$の鉱物名は、kolbeckiteであって、kolbeckite-(Sc)ではありません。スカンジウムは、メンデレーエフに存在を予測されたエカホウ素にあたり、原子の性質はアルミニウムやホウ素に似ていて、希土類に入れてもらえなかった歴史もあります。

第1章 ◆ 鉱物図鑑

151

藍鉄鉱
らんてっこう

●結晶系
単斜晶系

●学 名：Vivianite
●化学式：$Fe_3(PO_4)_2\cdot8H_2O$

- 分 類 ：リン酸塩鉱物
- 劈 開 ：一方向に完全
- 光 沢 ：ガラス、真珠、土状
- 色/条痕色：無、青、緑青/白～淡青
- 産 地 ：メキシコ、アメリカ、ドイツ、ボリビア、
  ブラジル、日本

■産状 ペグマタイト、熱水鉱脈、堆積物、
酸化帯
■比重 ━━━━ 2.7
■硬度 ━━━ 1½～2

菱鉄鉱を少し伴う

砂礫層の空隙に
できた藍鉄鉱

●藍鉄鉱の結晶（愛知県犬山市入鹿）
いるか

35mm

◆ 地表近くで生命活動に関連してできる

　鉄のリン酸塩鉱物の中で、最も広く見られる鉱物で、産状も多様です。生命体には、リンも鉄もほぼ必須成分として含まれていますが、生きているときには、体内や体表に藍鉄鉱相当の物質を持っていません。死んで分解したあとに生成されることがあります。貝殻、骨、牙、歯、葉などの化石が藍鉄鉱（てっこう）に置換されていることがあります。

　また、奇妙な形をしたノジュール状の塊が粘土層（特に多いのが、三重県、奈良県、兵庫県で**大阪層群**と呼ばれる新第三紀鮮新世末期から第四紀更新世中期あたりに堆積したもの）に出てきます。ノジュール（堆積岩に見られる周囲と成分が違う塊（かたまり）のこと）の中身は、藍鉄鉱の葉片状結晶（ようへんじょうけっしょう）の集合体です。

●藍鉄鉱（楕円球）（大分県姫島村）

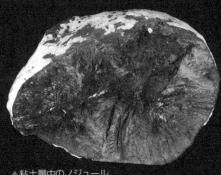

▲粘土層中のノジュール。

●藍鉄鉱（小球状集合体）（三重県桑名市 鯏（いかるが）浦）

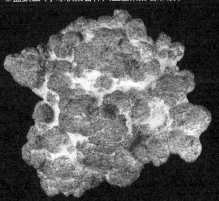

◆ 空気中では緑がかった藍色へ

　元は何か獣類の糞（ふん）のような感じもします。琵琶湖のような現世の湖の堆積物中や古い湖性堆積層中（例えば、愛知県犬山市や岐阜県土岐市（とき））にも藍鉄鉱ができています。これらの源は明らかに生命体からです。無機的なものとしては、鉄やマンガンを主成分とするリン酸塩ペグマタイト中のものがあります。ペグマタイト末期の生成物として、あるいは、のちの酸化作用で藍鉄鉱

がつくられたと思われます。結晶は石膏に似た切り出し小刀のような形をします。採集時はほぼ無色ですが、空気中ですぐに酸化が始まって、どんどん青くなり、最後は暗い藍から緑がかった藍色になります。

名前の由来　学名は、この鉱物を発見したイギリスの鉱物学者、J. G. Vivianに由来します。

第1章　◆　鉱物図鑑

燐灰石
（りんかいせき）

- ●学 名： Apatite
- ●化学式： $Ca_5(PO_4)_3(F,OH,Cl)$

- ●結晶系
  六方晶系

- ■産状 火成岩、ペグマタイト、熱水鉱脈、変成岩、スカルン、堆積岩
- ■比重 ━━━ 3.1〜3.2
- ■硬度 ━━━ 5

- ●分 類 ：リン酸塩鉱物
- ●劈 開 ：なし
- ●光 沢 ：ガラス
- ●色/条痕色：白、黄、褐、緑、青、赤/白
- ●産 地 ：メキシコ、アメリカ、カナダ、ロシア、ポルトガル、ナミビア

●燐灰石（神奈川県山北町玄倉〈くろくら〉）

石英（水晶）

緑泥石

燐灰石

▲ペグマタイトの晶洞に現れた燐灰石と水晶。

46㎜

🔷 リン肥料の原料となるリン酸塩鉱物

　ほぼあらゆる産状で出る最もふつうのリン酸塩鉱物です。フッ素に富むものが多く、六角厚板状〜柱状の結晶形をします。哺乳類動物の歯や骨の主成分は、水酸基の多い燐灰石（ヒドロキシルアパタイト）に相当します。まとまって産出するとリン肥料の原料となります。

燐灰石は、大きなグループの名前でもあります。燐灰石超族といって、48種類が該当します。中でも、緑鉛鉱など11種類は燐灰石族に分類されます。

名前の由来　学名は、似た鉱物が多いため、「惑わす」を意味するギリシャ語、apateに由来します。

●燐灰石（栃木県足尾鉱山）

▲鉱脈の空隙中に成長した六角板状結晶群。

└ 燐灰石

48mm

●燐灰石（メキシコ）　　　　　●燐灰石（ロシア）

緑鉛鉱
りょくえんこう

●結晶系
六方晶系

■産状 酸化帯
■比重 ▼━━━ 7.0
■硬度 ▼━━━ 3½

●学　名：Pyromorphite
●化学式：$Pb_5(PO_4)_3Cl$

- 分　類：リン酸塩鉱物
- 劈　開：なし
- 光　沢：樹脂
- 色/条痕色：緑、褐、黄/白
- 産　地：アメリカ、カナダ、メキシコ、ドイツ、
　　　　　オーストラリア、中国

●緑鉛鉱（岐阜県飛騨市神岡町）

▲典型的な色をした緑鉛鉱。

褐鉄鉱化した母岩

25mm

💎 方鉛鉱を含む鉱床の酸化帯のみで産出

　緑色系統が多いので和名に緑がついてい
ますが、褐色系のものもときどき現れます。
リンをヒ素が置換したものは、**ミメット鉱**
（**黄鉛鉱**）と呼ばれ、中間成分のものや累帯
構造をしたものもあります。

> **名前の由来**
> 学名は、熱で溶けて球状になり、冷えて結晶の形になる性質から、「火」と「形」を意味するギリシャ語、pyroとmorpheに由来します。

●緑鉛鉱（石川県尾小屋鉱山）

▲褐色をしていても緑鉛鉱。

緑鉛鉱の六角柱状結晶

25mm

Trivia

リンはどこから来たのか

　緑鉛鉱の主成分のひとつがリンです。方鉛鉱を含む鉱床の酸化帯でよく見られる鉱物なのですが、リンがどこから来たのか（もとの鉱物は何だったのか）はっきりわからない場合が多いです。

　方鉛鉱を主とする鉱石中に燐灰石が多く含まれているわけでもないので、鉱床生成末期の熱水に含まれていたであろう「リン」や「塩素」が分解された方鉛鉱起源の鉛と反応して、緑鉛鉱をつくったのかもしれません。同じ仲間の褐鉛鉱の主成分であるバナジウムの起源もやはりよくわかりません。ひょっとしたら両方とも生物が生成に関わっている可能性も考えられます。

トルコ石

●学　名：Turquoise
●化学式：$CuAl_6(PO_4)_4(OH)_8 \cdot 4H_2O$

●結晶系
三斜晶系

分　類：リン酸塩鉱物

劈　開：一方向に完全

光　沢：ガラス、樹脂

色／条痕色：青、青緑／白～淡緑

■産状 変成岩、堆積岩、酸化帯
■比重 ———————— 2.9
■硬度 ———————— 5～6

産　地：アメリカ、イラン、ベルギー、
　　　　オーストラリア、エジプト、チリ

●トルコ石（アメリカ・アリゾナ州）

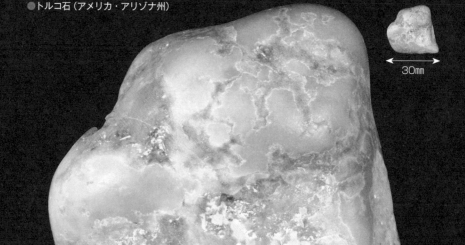

30mm

▲トルコ石だけの大きな塊は少ない。石英など他の鉱物を伴う。

└トルコ石

└石英など

💎 結晶の形は肉眼では見えない

　青色塊状で産するリン酸塩鉱物で、鉄が入ってくると緑色味が出てきます。黄銅鉱を含む鉱床の酸化帯や有機物に富む堆積岩中に見られます。結晶の形はほとんど肉眼では見えませんが、電子顕微鏡では菱形板柱状の結晶が観察されます。

　装飾品として用いられますが、染色品、模造品もよく出回っています。

●トルコ石の電子顕微鏡写真（栃木県日光市文挟）

▲銅鉱床の酸化帯に、脈状、皮膜状で産したものを約4500倍で見たもの。

●トルコ石（栃木県日光市文挟）

名前の由来　昔、トルコを経由してヨーロッパに入ったので、「トルコ石」という名前がついたといわれていますが、産地はペルシャと考えられています。

銀星石
ぎんせいせき

● 学　名： Wavellite
● 化学式： $Al_3(PO_4)_2(OH,F)_3 \cdot 5H_2O$

● 結晶系
直方晶系

■ 産状 熱水鉱脈、変成岩、堆積岩、酸化帯
■ 比重 ——▼—— 2.4
■ 硬度 ——▼—— 3½〜4

・ 分　類　：リン酸塩鉱物
・ 劈　開　：二方向に完全
・ 光　沢　：ガラス、真珠
・ 色/条痕色：無、白、黄緑/白
・ 産　地　：アメリカ、ボリビア、イギリス、ドイツ、
　　　　　　オーストラリア

● 銀星石（アメリカ・アーカンソー州）

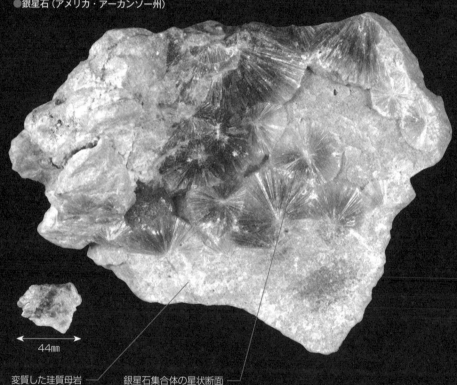

44mm

変質した珪質母岩　　　　銀星石集合体の星状断面

◆ 星の光彩のように見える断面

　主に低温の熱水鉱脈、リンに富んだ堆積岩や変成岩、それらの酸化帯で産するリン酸塩鉱物です。本来は無〜白色ですが、鉄などが入って緑〜黄褐色系になります。

●銀星石（高知県高知市豊田）

母岩のチャート

日本産のものはほぼ
無〜白色で産出

35mm

●銀星石（アメリカ・アーカンソー州）

◆名前の由来　針状結晶が放射状に集合して球をつくることが多く、その断面は星の光彩のように見えることから和名がつけられました。学名は、この鉱物を発見したイギリスの物理学者、W. Wavellに由来します。

コバルト華 <ruby>華<rt>か</rt></ruby>

- 学 名： Erythrite
- 化学式： $Co_3(AsO_4)_2 \cdot 8H_2O$

● 結晶系
単斜晶系

- ■ 産状 酸化帯
- ■ 比重 ——▼——— 3.1
- ■ 硬度 ——▼——— 1½〜2½

● 分　類	：ヒ酸塩鉱物
● 劈　開	：一方向に完全
● 光　沢	：ガラス、真珠
● 色／条痕色	：赤紫、ピンク／淡赤
● 産　地	：カナダ、フランス、ドイツ、モロッコ、オーストラリア

● コバルト華（和歌山県大勝鉱山）

輝コバルト鉱など

針状結晶が放射状になって小球をつくっている

25mm

🔷 藍鉄鉱と同じ原子配列

　輝コバルト鉱などを含む鉱床の酸化帯にのみできる鉱物です。コバルトの発色による鮮やかな赤〜ピンク色が特徴です。針状結晶が集合して、放射状、球状、皮膜状などをしています。

　<ruby>藍鉄鉱<rt>らんてっこう</rt></ruby>と同じ原子配列ですが、藍鉄鉱ほど大きな結晶はつくりません。

> **名前の由来**　学名は、「赤色」を意味するギリシャ語、eruthrosに由来します。

162

ニッケル華<ruby>華<rt>か</rt></ruby>

● 学　名：Annabergite
● 化学式：$Ni_3(AsO_4)_2 \cdot 8H_2O$

● 結晶系
単斜晶系

産状 酸化帯
比重 ———— 3.2
硬度 ———— 1½〜2

分　類	：	ヒ酸塩鉱物
劈　開	：	一方向に完全
光　沢	：	ガラス、真珠
色/条痕色	：	緑、黄緑/白〜淡緑
産　地	：	アメリカ、カナダ、オーストリア、ドイツ、ギリシャ

ニッケル華（静岡県静岡市口坂本<rt>くちさかもと</rt>）

ニッケル華の結晶群

非常に薄い板状結晶が集合して「まりも」のようになっている。

10mm

◆ 結晶が肉眼で見えるのは稀

　紅砒<rt>こうひ</rt>ニッケル鉱やゲルスドルフ鉱などを含む鉱床の酸化帯でのみ産する鉱物です。コバルト華<rt>か</rt>と同じ原子配列をしていますので、中間成分に近いものも存在します。

　また、マグネシウムが置換する場合もあります。コバルト華に比べてさらに結晶は小さく、肉眼で見えるようなものは非常に稀<rt>まれ</rt>です。

名前の由来 学名は、原産地であるドイツのAnnabergに由来します。

163

ミメット鉱

● 学　名： Mimetite
● 化学式： $Pb_5 (AsO_4)_3Cl$

●結晶系
六方晶系

● 分　類	：ヒ酸塩鉱物
● 劈　開	：なし
● 光　沢	：樹脂
● 色/条痕色	：緑、黄橙、白/白
● 産　地	：アメリカ、イギリス、フランス、ドイツ、ギリシャ

■産状 酸化帯
■比重 ——▼—— 7.3
■硬度 ——▼—— 3½～4

●ミメット鉱 (岐阜県洞戸鉱山)

褐鉄鉱化した母岩

針状結晶が集合したミメット鉱

二酸化マンガンの皮膜

25mm

💎 緑鉛鉱によく似ている

　燐灰石と同じ原子配列をしていて、六角柱状結晶をつくります。そのほか、ぶどう状、球状、皮膜状の集合体として産します。緑鉛鉱との中間成分に近いものも存在しますので、肉眼での区別は難しいことがあります。

名前の由来

学名は、緑鉛鉱によく似ているため、「模造者」を意味するギリシャ語、mimētēsに由来します。

レグランド石

- 学　名： Legrandite
- 化学式： $Zn_2(AsO_4)(OH) \cdot H_2O$

- 結晶系
  単斜晶系

- 産状 酸化帯
- 比重　▼——— 4.0
- 硬度　———▼— 4½

- 分　類　：ヒ酸塩鉱物
- 劈　開　：なし
- 光　沢　：ガラス
- 色／条痕色：淡黄／白
- 産　地　：メキシコ、ナミビア、日本

● レグランド石（宮崎県土呂久鉱山）

15mm

レグランド石

第1章　◆　鉱物図鑑

🔶 世界的に稀な鉱物

閃亜鉛鉱や硫砒鉄鉱などを含む鉱床の酸化帯に黄色の柱状〜短柱状結晶として見られます。メキシコにはオハエラ鉱山などいくつかの産地がありますが、世界的に稀な鉱物です。日本では、宮崎県土呂久鉱山と岡山県扇平鉱山で産しました。

> **名前の由来**　学名は、この鉱物を所有していたベルギーの鉱山技師、Legrandに由来します。

葉銅鉱
ようどうこう

●学　名： Chalcophyllite
●化学式： $Cu_9Al(OH)_{12}(SO_4)_{1.5}(AsO_4)_2 \cdot 18H_2O$

●結晶系
三方晶系

■産状 酸化帯
■比重 ▼———— 2.7
■硬度 —▼— 2

- 分　類　：ヒ酸塩鉱物
- 劈　開　：一方向に完全
- 光　沢　：ガラス、真珠
- 色／条痕色：青緑、緑／淡緑
- 産　地　：アメリカ、イギリス、ドイツ、ナミビア、チリ

●葉銅鉱（栃木県日光鉱山）

六角葉片状結晶が
集合した葉銅鉱
◀———▶
20mm

🔻 緑色の雲母のように見える

　硫砒銅鉱などを含む鉱床の酸化帯にのみできる、硫酸基を持つやや珍しいヒ酸塩鉱物です。六角板状や葉片状結晶、鱗片状の集合体として産します。緑色の雲母のように見えることもあります。

🔻 名前の由来　学名は、「銅」と「葉」を意味するギリシャ語、khalkosphullonに由来します。

166

アダム石

せき

- 学 名： Adamite
- 化学式： $Zn_2(AsO_4)(OH)$

- 結晶系
  直方晶系

- 産状 酸化帯
- 比重 ┣━━━━━ 4.4
- 硬度 ┣━━━━ 3½

- 分 類 ：ヒ酸塩鉱物
- 劈 開 ：一方向に良好
- 光 沢 ：ガラス
- 色/条痕色 ：黄、淡緑、淡ピンク/白
- 産 地 ：メキシコ、フランス、ドイツ、ギリシャ、ナミビア

● アダム石（メキシコ）

40mm

アダム石／菱形柱の結晶 ─────   褐鉄鉱化した母岩 ───

◆ 紫外線で鮮やかな黄緑色の蛍光を発する

せん あ えんこう りゅう ひ てっこう
閃亜鉛鉱や硫砒鉄鉱などを含む鉱床の酸
化帯にのみできる鉱物です。銅を含むもの
は緑色味が、コバルトを含むものはピンク
色味が強くなります。

名前の
由来

学名は、この鉱物に最初に気づい
たフランスの鉱物学者、G. J.
Adamに由来します。

167

モットラム石

●学　名：Mottramite
●化学式：PbCu(VO₄)(OH)

●結晶系
直方晶系

- 分　類　：バナジン酸塩鉱物
- 劈　開　：一方向に完全
- 光　沢　：脂肪、土状
- 色/条痕色：草緑、黄/黄
- 産　地　：アメリカ、イギリス、ザンビア、ナミビア

■産状 酸化帯
■比重 —▼—— 5.9
■硬度 —▼—— 3〜3½

●モットラム石（栃木県万寿鉱山）

苔のように岩の表面や割れ目を覆う非常に細かい結晶の集合で、黄色土といった感じ。

←→ 112mm

◆ 銅、鉛、亜鉛などを含む鉱床の酸化帯にできる鉱物

　周囲に鉱脈が見あたらない凝灰岩や砂岩中にも見られます。バナジウムの源となる鉱物はよくわかりませんが、生物起源のバナジウムの可能性もあります。銅は亜鉛と置換し合います。亜鉛の多いものは、デ

クロワゾー石（descloizite）と呼びます。

> 名前の由来　学名は、原産地のイギリス、Mottram St Andrewに由来します。

168

褐鉛鉱
かつえんこう

- ●結晶系
  六方晶系

- ■産状 酸化帯
- ■比重 ———————— 6.9
- ■硬度 ———————— 2½〜3

- ●学　名：Vanadinite
- ●化学式：$Pb_5(VO_4)_3Cl$

- ●分　類　：バナジン酸塩鉱物
- ●劈　開　：なし
- ●光　沢　：亜樹脂
- ●色／条痕色：橙赤、赤、褐黄／淡黄
- ●産　地　：アメリカ、メキシコ、イギリス、モロッコ、
  ナミビア

●褐鉛鉱（モロッコ）

褐鉛鉱

46mm

▲軟らかく脆いので磨いて宝石にはならない。そのままで美しい結晶のひとつ。

◆ 鉛鉱床の酸化帯に産出

　燐灰石と同じ原子配列をしていて、六角針状〜柱状、板状結晶をつくります。鉛鉱床の酸化帯に産し、緑鉛鉱やミメット鉱などと累帯構造をして出てくる場合もあります。きれいな結晶は、アメリカのアリゾナ州やニューメキシコ州、それとモロッコに多産します。

名前の由来　学名は、化学組成に由来します。

東京石
とうきょうせき

●学　名：Tokyoite
●化学式：$Ba_2Mn^{3+}(VO_4)_2OH$

●結晶系
単斜晶系

■産状　マンガン鉱床
■比重 —————— 4.6
■硬度 —————— 4〜4½

- 分　類　：バナジン酸塩鉱物
- 劈　開　：なし
- 光　沢　：ガラス
- 色/条痕色：赤黒/暗赤褐
- 産　地　：日本、イタリア

●東京石（鹿児島県大和鉱山）

東京石 ————

← 約7.5mm →

◆ マンガン鉱物に伴うあずき色の小さな粒

　東京都奥多摩町白丸鉱山のマンガン鉱石中に発見された新鉱物です。ガマガラ石（gamagarite）という鉱物中の鉄をマンガンで置き換えた鉱物に相当します。ブラウン鉱中に点在して、あるいはブラウン鉱を切る長石の細脈中に多摩石（tamaite）、ガノフィル石（ganophyllite）などを伴って産出します。白丸鉱山の標本は粒が小さいですが、後に鹿児島県の大和鉱山から、原産地より粒が大きく明瞭な標本が見つかりました。

170

マンガン重石

ふりがな：じゅうせき

● 結晶系
単斜晶系

■産状 熱水鉱脈、ペグマタイト
■比重 ━━━▽━━━ 7.1～7.2
■硬度 ━━▽━━━ 4～4½

● 学　名： Hübnerite
● 化学式： $(Mn^{2+}, Fe^{2+})WO_4$

● 分　類 ： タングステン酸塩鉱物
● 劈　開 ： 一方向に完全
● 光　沢 ： ダイヤモンド、樹脂、亜金属
● 色／条痕色： 黄褐～茶褐／黄～褐
● 産　地 ： ペルー、中国、アメリカ

● マンガン重石（北海道国光鉱山）　　　　　石英

▲板に垂直に劈開がある。

マンガン重石の結晶が放射状に集合

← 37mm →

💎 強い光に透ける濃い赤色が特徴的

　マンガンと鉄は、任意の比率で混ざり合い、鉄の割合が多くなると鉄重石になります。大きな結晶は一見真っ黒ですが、強い光に透かすと濃い赤色を呈します。

　鉄の含有量が増えるに従って黒さが増し、不透明になります。肉眼では鉄重石（てつじゅうせき）との区別は困難なので、両者をまとめて**鉄マンガン重石**（wolframite）と呼ぶこともあります。マンガン鉱床に伴う石英脈中などに産出します。

鉄重石

● 結晶系
単斜晶系

■産状 熱水鉱脈、ペグマタイト
■比重 ━━━ 7.6
■硬度 ━━━ 4～4½

● 学　名：Ferberite
● 化学式：$(Fe^{2+},Mn^{2+})WO_4$

● 分　類　：タングステン酸塩鉱物
● 劈　開　：一方向に完全
● 光　沢　：ダイヤモンド～亜金属
● 色/条痕色：黒～黒褐/黒～黒褐
● 産　地　：中国、ポルトガル、ボリビア

●鉄重石（山口県重徳鉱山）

80mm

酸化鉄で汚れた石英

鉄重石（真っ黒で一方向に
完全な劈開）

◆ タングステンの主要鉱石のひとつ

　短柱状から板状を呈することが多く、板
に垂直な方向に劈開があります。錫石や灰
重石をしばしば伴い、ペグマタイトや高温
熱水鉱脈に産します。
　山梨県乙女鉱山からは、灰重石の結晶外
形を残したまま鉄重石に置き換わったもの
（仮晶）が産し、**ライン鉱**という名前で呼ば
れていました。

●鉄重石（中国）

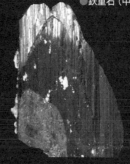

灰重石
かいじゅうせき

● 学　名 ： Scheelite
● 化学式 ： CaWO$_4$

● 結晶系
正方晶系

■産状 スカルン、ペグマタイト
■比重 ━━▼━━━━ 6.1
■硬度 ━━━━▼━━ 4½〜5

● 分　類　：タングステン酸塩鉱物
● 劈　開　：四方向に明瞭
● 光　沢　：ダイヤモンド〜ガラス
● 色/条痕色：無〜黄褐/白
● 産　地　：中国、ロシア、カナダ、ボリビア

●灰重石（山梨県乙女鉱山）：可視光

425

▲自形結晶はやや細長い八面体。

―――― 灰重石

←――→
120mm

🔶 紫外線により青白く蛍光する

　タングステンの主要鉱石のひとつで、タングステン元素はこの鉱物から発見されました。学名は、この鉱物から初めてタングステン酸の分離に成功したスウェーデンの化学者シェーレの名前にちなんでつけられました。紫外線により青白く蛍光することが多いですが、光らないものや、黄色く光る試料もあります。

173

●灰重石（山梨県乙女鉱山）：紫外線励起による蛍光の様子

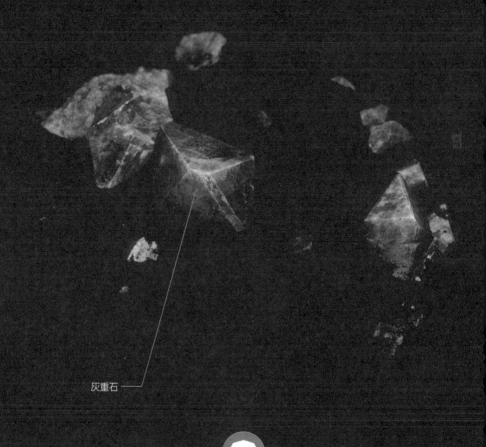

灰重石 ─

Trivia

灰重石の蛍光

　灰重石が紫外線で青白く蛍光を発することはよく知られています。市販の紫外線ランプには波長が表示されていることがあります。254nmなら短波長、365nmなら長波長の紫外線が発生します。

　ブラックライトと呼ばれるものは長波長タイプです。鉱物の中には、長短とも似たような蛍光を出すもの、どちらかに強弱があるもの、短波長にしか反応しないものなど、いろいろあります。灰重石は短波長には強い蛍光を出しますが、長波長にはほとんど反応しません。つまり、安価なブラックライトでは灰重石の蛍光は見られないということです。

水鉛鉛鉱
すいえんえんこう

● 結晶系
正方晶系

■ 産状 酸化帯
■ 比重 ——▼——— 6.5～7.5
■ 硬度 —▼——— 2½～3

● 分　類　：モリブデン酸塩鉱物
● 劈　開　：四方向に明瞭
● 光　沢　：ダイヤモンド、亜ダイヤモンド、樹脂
● 色/条痕色：黄、黄褐、赤褐/白
● 産　地　：アメリカ、メキシコ、スロベニア、中国

● 水鉛鉛鉱 (ナミビア)

水鉛鉛鉱

25mm

◆ 四角板状の結晶になりやすい

　鉛鉱床の酸化帯に産する二次鉱物です。純粋なモリブデン酸鉛は無色のはずですが、天然の水鉛鉛鉱は黄色のものが多く、モリブデンの一部をクロムが置き換えると赤みが増します。

　灰重石（かいじゅうせき）と同じ結晶構造ですが、灰重石が一般に八面体を呈するのに対し、水鉛鉛鉱は四角板状の結晶になりやすいです。

175

●水鉛鉛鉱（メキシコ）

水鉛鉛鉱

35mm

▲四角板状や偏平な八面体結晶。

●水鉛鉛鉱（兵庫県柿ノ木鉱山）

●水鉛鉛鉱（岐阜県洞戸鉱山）

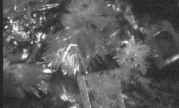

珪亜鉛鉱
けいあえんこう

● 学 名： Willemite
● 化学式： Zn$_2$SiO$_4$

● 結晶系
三方晶系

● 分　類　：ネソケイ酸塩鉱物
● 劈　開　：三方向に明瞭
● 光　沢　：ガラス〜樹脂
● 色／条痕色：無、白、淡緑、淡褐、黄、黄褐／白
● 産　地　：アメリカ、ナミビア、ポルトガル、メキシコ

■産状　変成岩、酸化帯
■比重　　　3.9〜4.2
■硬度　　　5½

●珪亜鉛鉱（アメリカ・ニュージャージー州）：可視光

ほぼ全体が珪亜鉛鉱

黒色部はフランクリン鉄鉱

85mm

◆ 紫外線により明るい緑色の蛍光を発する

　閃亜鉛鉱などが風化や熱水変質作用など
を受けてできる二次鉱物です。自形結晶は
六角柱状で、紫外線により非常に明るい緑
色の蛍光を示します。

　通常は亜鉛鉱床に伴ってごく少量産出す

るだけで、資源にはなりませんが、アメリカ
のフランクリン鉱山では、本鉱の塊が大規
模な鉱床を形成していて、紫外線で照らす
と本鉱の緑色の蛍光と、共生する方解石の
赤い蛍光のコントラストが見事です。

●珪亜鉛鉱（アメリカ・ニュージャージー州）：紫外線励起による蛍光の様子

▲紫外線で明るい緑色の蛍光を示す。

●珪亜鉛鉱の結晶（群馬県沼田市数坂峠）

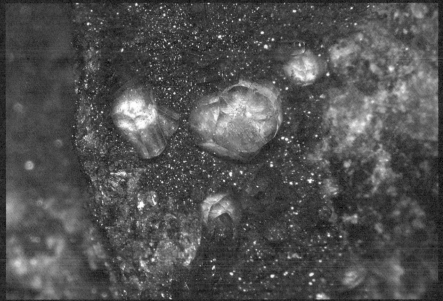

苦土オリーブ石

- 学　名：Forsterite
- 化学式：Mg_2SiO_4

- ●結晶系
  直方晶系

- ■産状　火成岩、変成岩、スカルン
- ■比重　　　　　　3.3
- ■硬度　　　　　　7

- 分　類　：ネソケイ酸塩鉱物
- 劈　開　：一方向に明瞭
- 光　沢　：ガラス
- 色/条痕色：緑～無/白
- 産　地　：アメリカ、パキスタン、メキシコ、エジプト

●苦土オリーブ石（アメリカ・アリゾナ州）

30mm

▲劈開はあまりはっきりしない。

玄武岩　　　苦土オリーブ石

◆ 宝石名は「ペリドット」

　最もありふれた造岩鉱物のひとつで、上部マントルの主要構成鉱物です。鉄をほとんど含まない結晶は無色透明ですが、苦鉄質岩中のものはマグネシウムの1割弱を鉄が置き換えたオリーブ色のものが多く、オリビン（オリーブ石）の名の由来になっています。ペリドットは宝石名です。

　鉄の割合が増えるに従い、濃い褐色から黒色に近い色になります。

［ペリドット］

●英　名： Peridot

●産地：アメリカ、中国、ミャンマー、エジプト

●ペリドット（アメリカ・アリゾナ州）

13mm

　オリーブ石（オリビン）グループの鉱物には、苦土オリーブ石のほか、鉄を主成分とする鉄オリーブ石、マンガンを主成分とするテフロ石、マグネシウムとカルシウムを主成分とするモンチチェリ石などがあります。宝石のキャッツアイやアレキサンドライトとしても知られるクリソベリルも、オリーブ石と同様の結晶構造（同形構造）を持つ鉱物です。クリソベリルは輪座双晶をなすことが多いですが、苦土オリーブ石の双晶は稀です。

> **名前の由来**　橄欖石の和名もありますが、これはかつて、オリーブの和訳として間違って「橄欖」が使われた名残で、オリーブと橄欖はまったく別の植物なので、ここではオリーブ石としました。

鉄礬石榴石
<ruby>鉄<rt>てつ</rt></ruby><ruby>礬<rt>ばん</rt></ruby><ruby>石<rt>ざく</rt></ruby><ruby>榴<rt>ろ</rt></ruby><ruby>石<rt>いし</rt></ruby>

● 学　名： Almandine
● 化学式： $Fe_3^{2+}Al_2(SiO_4)_3$

● 結晶系
　立方晶系

■産状 火成岩、ペグマタイト、変成岩
■比重 —▼— 4.3
■硬度 ———▼— 7〜7½

● 分　類 ： ネソケイ酸塩鉱物
● 劈　開 ： なし
● 光　沢 ： ガラス
● 色/条痕色： 赤、橙、黒/白
● 産　地 ： オーストラリア、ノルウェー、アメリカ

● 鉄礬石榴石（茨城県<ruby>山ノ尾<rt>やまのお</rt></ruby>）

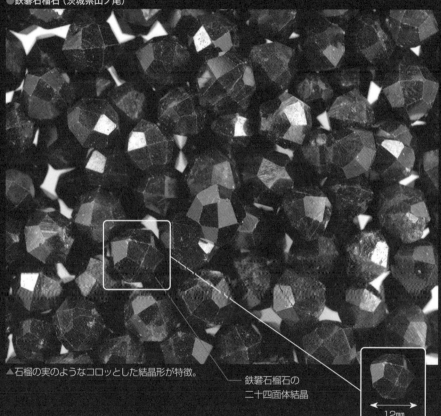

▲石榴の実のようなコロッとした結晶形が特徴。

鉄礬石榴石の
二十四面体結晶

12mm

◆ 主成分は鉄とアルミニウム

　<ruby>石榴石<rt>ざくろいし</rt></ruby>は一般組成式 $X_3Y_2(SiO_4)_3$ で表されるケイ酸塩鉱物です。狭義の石榴石グループには2015年現在、14種類が知られています。ケイ素を別の元素に置き換えた鉱物も含めると30種類以上あります。<ruby>鉄<rt>てつ</rt></ruby><ruby>礬石榴石<rt>ばんざくろいし</rt></ruby>は、鉄とアルミニウムを主成分とし、主に<ruby>花崗岩<rt>かこうがん</rt></ruby>ペグマタイトや広域変成岩などから産出します。

灰礬石榴石
かいばんざくろいし

●学　名： Grossular
●化学式： $Ca_3Al_2(SiO_4)_3$

●結晶系
立方晶系

■産状 スカルン、変成岩
■比重 ———————— 3.6
■硬度 ———————— 6½〜7

● 分　類　：ネソケイ酸塩鉱物
● 劈　開　：なし
● 光　沢　：ガラス
● 色/条痕色：茶、橙、赤、黄、淡緑、白、無/白
● 産　地　：ケニア、イタリア、スリランカ、メキシコ

●灰礬石榴石（メキシコ）

55mm

▲外見がベスブ石と似るが、形と劈開の有無で見分ける。

灰礬石榴石の
十二面体結晶

💎 主成分はカルシウムとアルミニウム

　カルシウムとアルミニウムを主成分とする石榴石で、スカルン鉱床に多産します。純粋なものは無色透明ですが、そのような結晶はむしろ珍しく、鉄が少し含まれる黄色〜褐色、緑色系のものが多いです。石榴石の結晶は十二面体、二十四面体、およびそれらの集形をなしますが、組成によって結晶の形にクセがあり、灰礬石榴石は十二面体の形をとりやすいです。

182

満礬石榴石
まんばんざくろいし

● 学　名： Spessartine
● 化学式： $Mn_3^{2+}Al_2(SiO_4)_3$

● 結晶系
立方晶系

● 産状　火成岩、ペグマタイト、変成岩
● 比重　————▼————　4.1～4.3
● 硬度　—————▼———　6½～7½

分　類	：	ネソケイ酸塩鉱物
劈　開	：	なし
光　沢	：	ガラス
色／条痕色	：	赤、橙、黄、褐／白
産　地	：	タンザニア、パキスタン、ドイツ

■ 満礬石榴石（愛知県田口鉱山）
たぐち

25mm

—— 満礬石榴石

▲ マンガン鉱床で産出する自形結晶であれば形で見分けられる。

◢ オレンジ色～赤黒色の美しい結晶

　マンガンとアルミニウムを主成分とする石榴石です。変成度の高いマンガン鉱床にごくふつうに産するほか、ペグマタイトや流紋岩の空隙などにも見られます。
りゅうもんがん　くうげき

　長野県和田峠からは流紋岩の空隙中に、鉄礬石榴石との中間的組成の赤黒色の美しい結晶が産出しました。鉄の含有量が少ないものは淡黄色です。
てつばんざくろいし

183

●満礬石榴石（愛知県豊川市久田野）

満礬石榴石

▲同系色の他の石榴石との区別は産状から類推するしかない。

石英

25mm

●満礬石榴石（中国）

●満礬石榴石（三重県大山田鉱山）

ジルコン

●学　名：Zircon
●化学式：ZrSiO$_4$

●結晶系
正方晶系

■産状　火成岩、ペグマタイト、変成岩
■比重 ━━━━━━ 4.6〜4.7
■硬度 ━━━━━━ 7½

- 分　類　：ネソケイ酸塩鉱物
- 劈　開　：なし
- 光　沢　：ダイヤモンド〜ガラス
- 色/条痕色：黄、橙、赤、褐、緑/白
- 産　地　：パキスタン、オーストラリア、カナダ、ロシア

●ジルコン（アメリカ・コロラド州）

65mm

偏平な八面体結晶、または四角短柱状結晶

🔷 年代測定にも使われる

　たいていの火成岩や変成岩中には微量含まれており、特に花崗岩や閃長岩中に多い鉱物です。風化に非常に強いため、河川の砂や堆積岩中にも含まれます。大型の結晶はペグマタイトなどに産し、屈折率が高く硬いことから、透明な結晶は宝石にもなります。

　ウランやトリウムを含むことがあり、さらに希土類元素を多く含むものに対して、苗木石や山口石などの変種名が使われることもあります。ジルコン中のウランの放射壊変を利用して年代測定に使われます。

●ジルコン（福島県郡山市愛宕山）

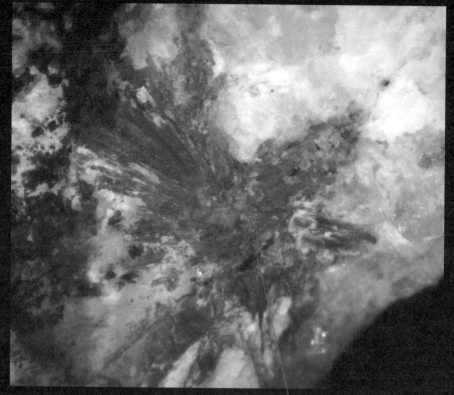

ジルコン（針状結晶の集合体）

Trivia

美しく見せるジルコン

　ジルコンには赤、橙、黄、緑、青など様々な色のものがあります。加熱処理をして変色させたり、より美しく見せることが通常行われています。

　赤褐色透明なものは風信子と呼ばれる宝石ですが、ジルコンの古い和名として風信子鉱が使われたことがありました。ジルコンには量の差はありますが、必ずトリウム

やウランが含まれ、放射線によりゆっくりと非晶質化（メタミクト化）していきます。これが、硬度、密度、屈折率などに影響し、メタミクト化が少ないものはこれらの物性の数値が高いためハイ・タイプ、メタミクト化が進んでこれらの数値が低くなったものはロー・タイプと呼ばれています。

珪線石
けいせんせき

● 学　名： Sillimanite
● 化学式： Al_2SiO_5

● 結晶系
直方晶系

■産状　変成岩
■比重　—————— 3.2〜3.3
■硬度　—————— 6½〜7½

● 分　類　：ネソケイ酸塩鉱物
● 劈　開　：一方向に完全
● 光　沢　：ガラス
● 色/条痕色：無、白、黄、褐、緑、灰/白
● 産　地　：ミャンマー、スリランカ、アメリカ

● 珪線石（南極）

淡緑色をした珪線石の結晶

▲ 「柱状結晶に平行な劈開」が見分けるポイント。

90mm

柱状から繊維状の結晶

　紅柱石、藍晶石と多形の関係にあります。
いずれも、主要な産状は、アルミニウムに
富む泥質岩起源の変成岩で、珪線石は高温
下で安定な鉱物です。より高圧側では藍晶
石が、低温低圧下では紅柱石が安定で
す。和名のとおり、細い繊維状結晶の集合
体になることもあり、ファイブロライト
（fibrolite）の変種名があります。

紅柱石
こうちゅうせき

● 学　名 : Andalusite
● 化学式 : Al_2SiO_5

● 結晶系
直方晶系

■産状	変成岩、ペグマタイト
■比重	3.1〜3.2
■硬度	6½〜7½

● 分　類	:	ネソケイ酸塩鉱物
● 劈　開	:	二方向に良好
● 光　沢	:	ガラス
● 色/条痕色	:	ピンク、白、灰、黄、無/白
● 産　地	:	オーストリア、アメリカ、ブラジル

● 紅柱石（福島県石川町南山形）
みなみやまがた

57mm

▲柱面と平行に劈開面。

—— 紅柱石

◆ 断面が四角い柱状結晶

　くすんだ紅色の四角柱状の結晶として、ホルンフェルス中によく産する鉱物です。四角柱の対角方向に石墨などの微細なインクルージョンが入り、黒い十字の模様が見られるものは**空晶石**と呼びます。透明な結
くうしょうせき
晶は多色性が強く、見る方角によって赤や緑に見えます。

名前の由来　紅色の柱状結晶をなすことに由来します。

藍晶石
らんしょうせき

●結晶系
三斜晶系

■産状 変成岩
■比重 —▼— 3.5～3.7
■硬度 —————▼— 5½～7

● 分　類 ：ネソケイ酸塩鉱物
● 劈　開 ：一方向に完全
● 光　沢 ：ガラス
● 色/条痕色：青、白、灰、黄、橙、ピンク/白
● 産　地 ：ブラジル、スイス、ロシア、オーストリア

●藍晶石（ブラジル）

135mm

▲柱面に平行な劈開で平板状に割れる。

藍晶石

🔷 方位により硬度が大きく異なる

アルミニウムに富む高圧変成岩やそれらを切る石英脈中に産します。方位により硬度が大きく異なる性質があり、**二硬石**との異名もあります。

長柱状の結晶に平行な方向には傷つきやすく、垂直方向には傷がつきにくいです。

名前の由来

藍色が最も典型的で、学名も暗青色を意味するギリシャ語に由来します。透明な結晶は、準宝石としても扱われます。

十字石
じゅうじせき

●学　名：Staurolite
●化学式：$Fe_2^{2+}Al_9Si_4O_{23}(OH)$

●結晶系
単斜晶系

■産状　変成岩
■比重　➡ 3.7〜3.8
■硬度　➡ 7〜7½

●分　類：ネソケイ酸塩鉱物
●劈　開：一方向に完全
●光　沢：ガラス
●色/条痕色：暗褐、赤褐/白〜灰
●産　地：ロシア、マダガスカル、スイス、アメリカ

●十字石（ロシア）

▲黒っぽい短柱状結晶で双晶をなすことが多い。

十字石の×字型双晶

75mm

◆ 十字の形を呈する鉱物

　主に角閃岩相の泥質岩起源変成岩中に産
かくせんがんそう　　でいしつがん
出します。双晶をなすことが多く、しばしば
そうしょう
十字の形を呈することから、ギリシャ語で
十字を意味するstaurosにちなんで命名さ
れました。

　双晶には2種類あり、ひとつは2本の柱
状結晶が十字に直交するタイプ、もうひと
つはXの形で斜めに斜交するタイプです。
Xタイプの方がやや産出が多く、双晶の繰
り返しにより3本の柱状結晶が互いに約
120°で交差する場合もあります。

トパーズ

● 学　名： Topaz
● 化学式： $Al_2SiO_4F_2$

● 結晶系
直方晶系

● 分　類	：	ネソケイ酸塩鉱物
● 劈　開	：	一方向に完全
● 光　沢	：	ガラス
● 色/条痕色	：	無、淡褐、ピンク、淡青/白
● 産　地	：	パキスタン、アメリカ、ブラジル、メキシコ

■産状　ペグマタイト、熱水鉱脈、火山岩
■比重 ━━━━ 3.4～3.6
■硬度 ━━━━ 8

● トパーズ（岐阜県中津川市）

53mm

柱面に平行な条線と、柱に垂直な劈開が特徴

●トパーズ（アメリカ・ユタ州）

35mm

▲石英より硬度が高い。

トパーズ

🔷 硬度が高く、比重も大きい

　花崗岩や流紋岩、グライゼンなど、比較的高温で揮発性成分に富んだ条件で産出します。硬度が高く比重も大きいため、漂砂鉱床をつくることもあります。

　柱と垂直方向に壁開があることと、条線が柱面に平行に発達することで、形がいびつな水晶と区別できます。無色や淡い色合いのことが多く、宝石市場に出回っている色の濃い**ブルートパーズ**は放射線処理により着色したものです。

●トパーズ（滋賀県大津市田上山）

チタン石
<ruby>石<rt>せき</rt></ruby>

● 学　名：Titanite
● 化学式：$CaTiSiO_5$

● 結晶系
単斜晶系

■産状 火成岩、ペグマタイト、変成岩、
　　　スカルン

■比重 ————— 3.5〜3.6
■硬度 ——— 5〜5½

● 分　類	：ネソケイ酸塩鉱物
● 劈　開	：二方向に良好
● 光　沢	：ガラス
● 色/条痕色	：無、褐、緑、黄、赤、黒/白
● 産　地	：モロッコ、ポルトガル、パキスタン、ブラジル

● チタン石（オーストリア）

14mm

くさびのような尖った形が特徴

💎 光の分散が非常に大きい

　結晶の形がくさびに似ているので**くさび石**（sphene）とも呼びます。花崗岩質から閃緑岩質の深成岩、変成岩などに広く副成分鉱物として含まれるほか、ペグマタイトやスカルンにも産します。光の分散が非常に大きいので、透明な結晶は準宝石としても扱われます。多色性も強い鉱物です。

糸魚川石
（いといがわせき）

●学 名： Itoigawaite
●化学式： $SrAl_2Si_2O_7(OH)_2 \cdot H_2O$

●結晶系
直方晶系

●分 類	：ソロケイ酸塩鉱物
●劈 開	：二方向に良好
●光 沢	：ガラス
●色／条痕色	：青紫／白
●産 地	：日本（新潟県、鳥取県）

■産状 変成岩
■比重 ▼━━━3.4
■硬度 ━━▼━━5〜5½

●糸魚川石（新潟県糸魚川市）

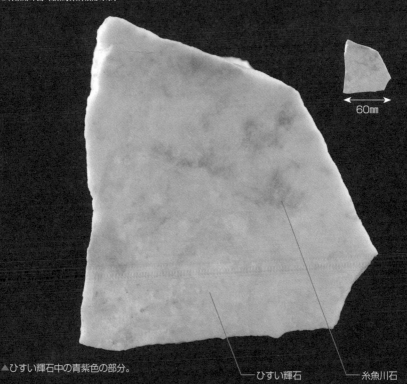

60mm

▲ひすい輝石中の青紫色の部分。

ひすい輝石

糸魚川石

◆ 翡翠に伴って発見された青色の新鉱物

　新潟県糸魚川市青海（おうみ）から発見された新鉱物です。翡翠（ひすい）とは、ひすい輝石を主体とする岩石の一種です。ひすい輝石のほかにも様々な鉱物が含まれます。地元では、その翡翠中に青色の部分があることが知られていましたが、長年、青いひすい輝石であると思われていました。**ローソン石**という鉱物のカルシウムをストロンチウムに置換した組成を持ちます。

194

異極鉱

<small>い きょくこう</small>

● 学　名： Hemimorphite
● 化学式： $Zn_4Si_2O_7(OH)_2 \cdot H_2O$

● 結晶系
直方晶系

■ 産状　酸化帯
比重 ▼────── 3.5
硬度 ────▼──── 4½〜5

● 分　類　：ソロケイ酸塩鉱物
● 劈　開　：二方向に完全
● 光　沢　：ダイヤモンド〜ガラス
● 色/条痕色：無、白、淡青、淡緑、灰、褐/白
● 産　地　：メキシコ、中国、アメリカ、イラン

異極鉱（静岡県河津鉱山）

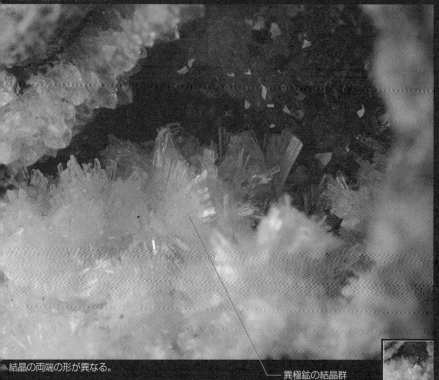

結晶の両端の形が異なる。

異極鉱の結晶群

←──→ 15mm

◆ 結晶の両端が異なる形

　亜鉛鉱床の酸化帯に産する二次鉱物で
す。細長い板状結晶は両端で形が著しく異
なり、たいてい、一端は平ら、もう一端は
尖っています。

　このように両端で形が異なる対称性を異
極像といい、名前の由来になっています。
　しばしば、放射球状やぶどう状の集合体
をなし、不純物によって美しい水色を呈す
ることもあります。

●異極鉱（大分県木浦鉱山）

25mm

褐鉄鉱

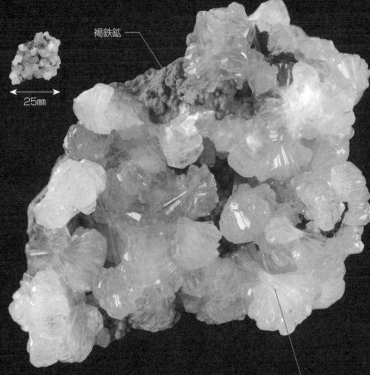

▲板状結晶の束状集合体や半球状集合体になることも多い。

異極鉱

●異極鉱（岐阜県神岡鉱山）

斧石 <ruby>斧<rt>お</rt></ruby><ruby>石<rt>の</rt></ruby><ruby><rt>いし</rt></ruby>

●結晶系
三斜晶系

■産状 変成岩、スカルン
■比重 ▼——— 3.3
■硬度 ———▼ 6½〜7

● 学　名：Axinite
● 化学式：$(Ca,Mn)_2(Fe,Mg,Mn)Al_2BSi_4O_{15}OH$

● 分　類　：ソロケイ酸塩鉱物
● 劈　開　：一方向に良好
● 光　沢　：ガラス
● 色/条痕色：褐、紫、灰青、黄、黒/白
● 産　地　：日本、ロシア、タンザニア、アメリカ

●マンガン斧石（大分県尾平鉱山）

斧石結晶群

80mm

▲斧のように薄く尖った結晶の集合体。

◆ 結晶の形が斧のよう

　成分により鉄斧石、苦土斧石、マンガン斧石、チンゼン斧石に分けられます。鉄斧石は、スカルンや片麻岩、変質玄武岩などに、マンガン斧石はスカルンや変成マンガン鉱床に産します。チンゼン斧石はマンガン斧石よりさらにマンガンが多く、カルシウムの半分以上をマンガンで置き換えたものです。

名前の由来　学名は結晶の形を斧に見立てて命名されました。

褐簾石
かつれんせき

●結晶系
単斜晶系

- ●学　名：Allanite-(Ce)
- ●化学式：$CaCeAl_2Fe^{2+}(Si_2O_7)(SiO_4)O(OH)$

- ■分　類　：ソロケイ酸塩鉱物
- ■劈　開　：一方向に不完全
- ■光　沢　：ガラス～樹脂
- ■色/条痕色：褐～黒/淡褐
- ■産　地　：アメリカ、カナダ、マダガスカル、日本

- ■産状 火成岩、ペグマタイト、変成岩、スカルン
- ■比重 —▼——— 3.5～4.2
- ■硬度 ———▼— 5½～6

●褐簾石（茨城県高萩市下大能）
しもおの

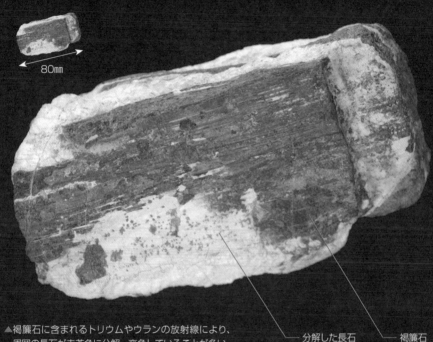

80mm

▲褐簾石に含まれるトリウムやウランの放射線により、
周囲の長石が赤茶色に分解・変色していることが多い。

分解した長石　　　　褐簾石

◆ 希土類元素を含む緑簾石族の鉱物

　火成岩の副成分鉱物として広く産出するほか、大型の結晶はペグマタイトやスカルンなどに見られます。希土類元素の中で一番多く含まれる元素によって、さらに細か

く種が分かれます。トリウムやウランを含むこともあり、その放射線によりメタミクト化（結晶構造が破壊され非晶質化）していることもあります。

緑簾石
りょくれんせき

●学　名： Epidote
●化学式： $Ca_2Fe^{3+}Al_2(Si_2O_7)(SiO_4)O(OH)$

●結晶系
単斜晶系

■産状 変成岩、スカルン、熱水鉱脈、
　　　ペグマタイト

■比重 ━━━━━ 3.4～3.5
■硬度 ━━━━━ 6

●分　類　：ソロケイ酸塩鉱物
●劈　開　：一方向に完全
●光　沢　：ガラス
●色／条痕色：黄緑、緑、緑褐／白
●産　地　：アメリカ、カナダ、パキスタン、日本

●緑簾石（長野県上田市武石）
たけし

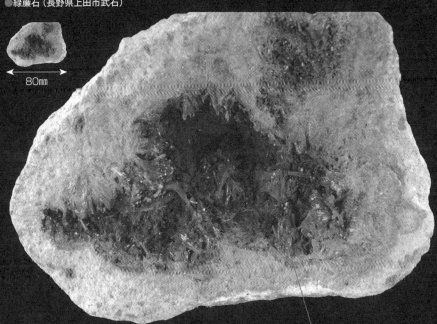

80mm

▲柱面に平行に条線が発達したり、平行連晶をなすことが多い。

緑簾石の針状結晶群

◆ 鉄による緑色の色彩

　柱状結晶に平行な深い条線が発達するため、それを簾に見立てて和名がつけられました。スカルンや広域変成岩中に多産するほか、ペグマタイトや火山岩、凝灰岩中にも見られます。

　長野県上田市では、熱水変質を受けた安山岩に球顆状の緑簾石が含まれ、**焼き餅石**の俗称で知られています。焼き餅石の中心にはしばしば空隙があって自形結晶が見られます。

紅簾石
こうれんせき

● 学　名： Piemontite
● 化学式： $Ca_2Mn^{3+}Al_2(Si_2O_7)(SiO_4)O(OH)$

● 結晶系
単斜晶系

■産状 変成岩
■比重 ▼───── 3.4～3.5
■硬度 ───▼── 6～6½

● 分　類 ：ソロケイ酸塩鉱物
● 劈　開 ：一方向に完全
● 光　沢 ：ガラス
● 色/条痕色：紅、赤、赤褐、赤黒/淡紅
● 産　地 ：アメリカ、イタリア、スイス、日本

●紅簾石 (高知県長岡郡本山町瓜生野桑ノ川)
もとやまちょううりゅうのくわのがわ

石英・白雲母

76mm

紅簾石

◆ マンガンによる紅色の色彩

　緑簾石の鉄をマンガンに置換した組成を
りょくれんせき
持ち、結晶片岩や変成マンガン鉱床から石
英と共に産します。肉眼的サイズの結晶に
なることは稀です。マンガンによる紅色の
まれ

色彩が鑑定のポイントです。肉眼的に紅簾
石とされる鉱物の中には、マンガンの含有
量が少なく、実際にはマンガンを含む緑簾
石であるものも多くあります。

灰簾石
かいれんせき

● 学　名： Zoisite
● 化学式： $Ca_2Al_3(Si_2O_7)(SiO_4)O(OH)$

● 結晶系
直方晶系

■ 産状 変成岩
■ 比重 ━━━━━━ 3.2～3.4
■ 硬度 ━━━━━ 6～7

● 分　類　：ソロケイ酸塩鉱物
● 劈　開　：一方向に完全
● 光　沢　：ガラス
● 色/条痕色：無、青紫、灰、黄褐、ピンク、緑/白
● 産　地　：タンザニア、パキスタン、インド

● 灰簾石（チェコ）

▲長石に似るが劈開の角度が異なる。

60mm

灰簾石

［タンザナイト］

●英 名：Tanzanite

● 産地：タンザニア、ノルウェー

◆ 向きによって色合いが変化する結晶

　広域変成岩中に広く産出し、微量成分により様々な色を呈します。特に、タンザニアからはバナジウムを含んだ青紫色の美しい結晶が産出し、タンザナイトの名で宝石として珍重されています。

　また、**アニョライト**と呼ばれる変成岩は、クロムを含んだ緑色の灰簾石とルビーと角閃石から構成されます。透明な結晶では、向きによって色合いが変化して見える多色性が強く現れます。

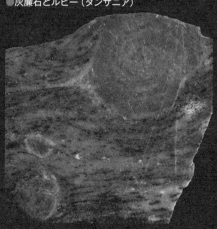

●灰簾石とルビー（タンザニア）

●タンザナイト（タンザニア）

← 15mm →

ベスブ石
<ruby>石<rt>せき</rt></ruby>

- 学　名： Vesuvianite
- 化学式： $(Ca,Na)_{19}(Al,Mg,Fe)_{13}(SiO_4)_{10}(Si_2O_7)_4(OH,F,O)_{10}$

- ●結晶系
正方晶系

- ■産状 スカルン
- ■比重 ├─▼──────┤ 3.3〜3.4
- ■硬度 ├──────▼─┤ 6½

- 分　類　：ソロケイ酸塩鉱物
- 劈　開　：二方向に不明瞭
- 光　沢　：ガラス
- 色/条痕色：茶褐、黒褐、黄、緑、白、赤、
　　　　　　ピンク、紫、青紫/白
- 産　地　：イタリア、カナダ、メキシコ、パキスタン

●ベスブ石（長野県<ruby>甲武信<rt>こぶし</rt></ruby>鉱山）

▲石榴石に似た断口。　　塊状のベスブ石　　　　ベスブ石の柱状結晶

86mm

◆ ベスビオ火山から最初に発見

　イタリアのベスビオ火山から最初に発見されたため、この名前がつきました。スカルンに多い鉱物で、<ruby>灰礬石榴石<rt>かいばんざくろいし</rt></ruby>とよく共生します。

　<ruby>錐面<rt>すいめん</rt></ruby>を持つ四角短柱状や柱面のほとんどない四角両錐状結晶をなします。結晶外形が明瞭でない場合は、質感が<ruby>石榴石<rt>ざくろいし</rt></ruby>に似ています。マンガンや銅を含み、鮮やかな紅色や青色になることもあります。

豊石
ぶんのせき

● 学　名：Bunnoite
● 化学式：$Mn^{2+}_6AlSi_6O_{18}(OH)_3$

● 結晶系
　三斜晶系

● 分　類：ケイ酸塩鉱物
● 劈　開：一方向に完全
● 光　沢：ガラス
● 色／条痕色：深緑～黄緑／深緑
● 産　地：日本

■産状 マンガン鉱床
■比重 ▬▬▬▬ 3.6
■硬度 ▬▬▬▬ 5½

● 豊石（高知県加茂山）

約18mm

🔶 色あいの違いが発見のきっかけ

　高知県吾川郡いの町のマンガン鉱床から産出し、当初はアカトレ石（akatoreite）と思われましたが、その後の研究により新鉱物とわかりました。石英や赤鉄鉱からなる黒い石の中に脈状をなして産出します。アカトレ石が褐色から赤系の色であるのに対して、豊石は一見黒っぽい色あいで、劈開により薄く割れた部分の黄緑色が特徴的です。

> **名前の由来**　産業技術総合研究所地質標本館の元館長で長年にわたり鉱物の研究をされている豊遙秋博士にちなんで命名されました。

翠銅鉱
すいどうこう

●学　名： Dioptase
●化学式： CuSiO$_3$·H$_2$O

●結晶系 三方晶系	●分　類	：シクロケイ酸塩鉱物
	●劈　開	：三方向に完全
	●光　沢	：ガラス
■産状 酸化帯	●色/条痕色	：緑/緑
■比重 ──▼───3.3〜3.4	●産　地	：カザフスタン、ロシア、ナミビア
■硬度 ───▼──5		

●翠銅鉱（ロシア）

エメラルドグリーンの粒状結晶

18mm

◆ 特徴的な深いエメラルドグリーン

　比較的産出の稀な銅の二次鉱物で、深いエメラルドグリーンの色が特徴的です。18世紀にカザフスタンからこの鉱物が最初に発見されたときには、その色合いからエメラルドと間違われましたが、硬度が5しか

ないことから、すぐに別種であることが判明しました。

　方解石、石英、珪孔雀石などと共生します。ナミビアのツメブ鉱山から美しい結晶が多産し、標本市場に流通しています。

205

緑柱石
りょくちゅうせき

● 学　名： Beryl
● 化学式： $Be_3Al_2Si_6O_{18}$

● 結晶系
六方晶系

■産状　ペグマタイト、変成岩、火山岩
■比重　　　　　　　　2.6～2.9
■硬度　　　　　　　　7½～8

・分　類　：シクロケイ酸塩鉱物
・劈　開　：なし
・光　沢　：ガラス
・色/条痕色：緑、青、黄、ピンク、無/白
・産　地　：コロンビア、ブラジル、アフガニスタン、
　　　　　　マダガスカル

●緑柱石（岐阜県福岡鉱山）

35mm

劈開のない六角柱状結晶

◆ ベリリウムの主要鉱石

　主にペグマタイトや結晶片岩に産出する、ベリリウムの主要鉱石です。和名は、薄緑で六角柱状を呈することが多いことにちなみますが、赤や黄色の緑柱石、板状の緑柱石もあります。

　国内では福島県石川町や岐阜県中津川市、佐賀県杉山などから産出し、アクアマリンと呼べるくらい透明度の高い結晶も見つかっています。

●緑柱石（アメリカ・ユタ州）

流紋岩

ピンク色の緑柱石

10mm

［エメラルド／アクアマリン］

● 英　名：Emerald/Aquamarine

■ 産状　熱水鉱脈、ペグマタイト、変成岩　　● 産　地：コロンビア、ブラジル、アフガニスタン、マダガスカル

● エメラルド（コロンビア）

母岩の泥質岩

190mm

方解石　　エメラルド

宝石質の緑柱石のうち、濃い緑色のものをエメラルド、水色のものをアクアマリンと呼びます。エメラルドは、微量のクロムやバナジウムによる発色、水色は微量の鉄による発色です。

エメラルドは、主に黒雲母片岩中に産しますが、透明度が低い結晶が多いため、上質のエメラルドは非常に高価です。アクアマリンは、主にペグマタイトの晶洞中に産し、透明度の高い結晶が多産します。

●アクアマリン（ナミビア）

30mm

アクアマリン

鉄気石

▲柱状結晶の端面は、稀に尖っていることもあるが、平坦であることが多い。

Trivia

緑色の秘密

エメラルドの濃い緑色は、クロムあるいはバナジウムを含んでいることが原因となっています。アクアマリンは、鉄が含まれているために青〜青緑色になります。鉄が結晶内で2価の状態だけにあると青緑色になりますが、2価と3価の組み合わせになると青色が強く出るようになります。どちらかというと、青色の方に人気があるようです。さらに鉄が3価だけの状態では黄緑色になり、これをヘリオドールと呼びます。

董青石

きんせいせき

●結晶系
直方晶系

■産状 変成岩
■比重 ━━━━ 2.6～2.7
■硬度 ━━━━ 7～7½

学　名：Cordierite
化学式：$Mg_2Al_4Si_5O_{18}$

分　類：シクロケイ酸塩鉱物
劈　開：三方向に不完全
光　沢：ガラス
色/条痕色：灰、青紫、黄、茶/白
産　地：インド、スリランカ、ミャンマー、マダガスカル

●董青石（宮城県柴田郡川崎町安達）

あだち

└─ 四角柱状または双晶による六角柱状の結晶

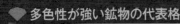

←── 14mm ──→

💎 多色性が強い鉱物の代表格

　ホルンフェルスや泥質岩起源の片麻岩な
どに多く見られます。柱状結晶の端面の方
角からは濃い董色から青色に、柱面の方角
からは薄い青色や灰色、黄色がかった色に
見えます。

　透明な結晶は**アイオライト**の名前で宝石
にもなります。同一組成で董青石より高温
で安定な鉱物に**インド石**（indialite）があり
ます。両者は結晶の対称性が異なりますが、
董青石も双晶によりインド石と同じ六角柱
状になるので、肉眼での区別はつきません。

鉄電気石
てつでんきせき

● 学　名： Schorl
● 化学式： $NaFe_3^{2+}Al_6(Si_6O_{18})(BO_3)_3(OH)_3OH$

● 結晶系
三方晶系

■ 産状　ペグマタイト、変成岩、スカルン
■ 比重 ——————— 3.2
■ 硬度 ——————— 7

・ 分　類 ： シクロケイ酸塩鉱物
・ 劈　開 ： なし
・ 光　沢 ： ガラス
・ 色/条痕色 ： 緑、ピンク、黒/青白、淡褐
・ 産　地 ： ブラジル、ナミビア、パキスタン

● 鉄電気石（福島県石川町）

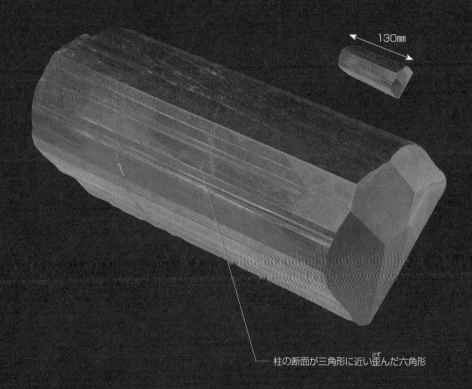

130mm

柱の断面が三角形に近い歪んだ六角形

🔷 硬いけれど脆い鉱物

　電気石は38種類の鉱物からなる超族で、その中で最もありふれた種が鉄電気石です。花崗岩やスカルンなどに産します。外観は真っ黒の柱状、硬いけれど脆い鉱物です。

　和名は、温度変化による熱膨張や機械的変形により、結晶の両端に静電気を帯びる性質にちなみます。暖炉の中で電気石を炎で加熱して冷やすと、結晶の一方の端にだけ灰を引きつけます。

リチア電気石

でんきせき

● 学　名：Elbaite
● 化学式：$Na(Al_{1.5}Li_{1.5})Al_6(Si_6O_{18})(BO_3)_3(OH)_3OH$

● 結晶系
三方晶系

■ 産状　ペグマタイト
■ 比重　▼────── 2.9～3.1
■ 硬度 ──────▼ 7½

● 分　類　：シクロケイ酸塩鉱物
● 劈　開　：なし
● 光　沢　：ガラス
● 色／条痕色：緑、ピンク、青、橙、黄、無／白
● 産　地　：ブラジル、ロシア、マダガスカル、ナミビア

● リチア電気石（岩手県崎浜）
さきはま

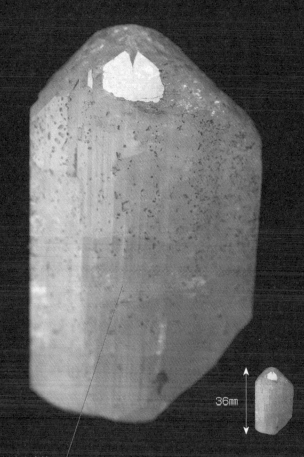

36mm

柱面に平行な条線

［ウォーターメロントルマリン］ ●英　名：Watermelon tourmaline

●産地：ブラジル、アメリカ、マダガスカル、ナミビア

◆ 様々な色合いから宝石として珍重

リチウムを含む電気石の一種で、リチウムペグマタイトに産します。マンガンを含むと紅色、鉄を含むと青、鉄とチタン、マンガンとチタンにより緑や黄色など、様々な色合いがあり、宝石としても珍重されます。

微量元素の含有量は、しばしば結晶の成長と共に変化し、柱状結晶の両端や中心と外側で色が変化します。柱の中心がピンク、外側が緑色の結晶は、その色合いをスイカに見立てて、**ウォーターメロントルマリン**と呼ばれます。

●リチア電気石（パキスタン）

●ウォーターメロントルマリン（ナミビア）

曹長石など

76mm

結晶の中心と外側で色が異なる

大隅石
おおすみせき

- ●学　名： Osumilite
- ●化学式： $(K,Na)(Fe,Mg)_2(Al_5Si_{10})O_{30}$

- ●結晶系
  六方晶系

- ■産状　火山岩
- ■比重 ————— 2.6～2.7
- ■硬度 ————— 7

分　類	：シクロケイ酸塩鉱物
劈　開	：なし
光　沢	：ガラス
色/条痕色	：濃青～黒/白～淡青白
産　地	：日本、ドイツ、イタリア

●大隅石（鹿児島県霧島市隼人）

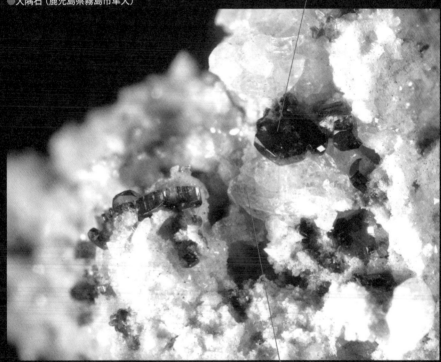

大隅石の六角板状結晶

鱗珪石

▲多色性により柱面方向から見ると色合いが薄く見える。

1mm

◆ 重青石とよく似た外見

　鹿児島県垂水市咲花平から発見された新鉱物です。流紋岩の空隙中に六角厚板状～短柱状の自形結晶として産出します。外見は菫青石によく似ており、強い多色性があ

ります。鉄とマグネシウムの比は任意に変化し、マグネシウムが卓越する種は、**苦土大隅石**と呼びます。

杉石
<ruby>杉<rt>すぎ</rt></ruby><ruby>石<rt>せき</rt></ruby>

- 学　名：Sugilite
- 化学式：$KNa_2Fe_2^{3+}(Li_3Si_{12})O_{30}$

● 結晶系	
六方晶系	

- 産状　深成岩、変成岩
- 比重 ── 2.7～2.8
- 硬度 ── 5½～6½

- 分　類：シクロケイ酸塩鉱物
- 劈　開：一方向に不明瞭
- 光　沢：ガラス
- 色/条痕色：黄褐、紅、紫/白
- 産　地：日本、南アフリカ、イタリア

杉石（愛媛県越智郡上島町）

白色部は斜長石

うぐいす色の杉石

黒色部はエジリン輝石

25mm

◆ マンガンを含むと鮮紫色に

　愛媛県岩城島の閃長岩から発見された新鉱物です。1942年に岩石学者の杉健一によって採取、研究された鉱物で、のちに杉博士の弟子でもあった村上允英博士が分析に成功し、杉博士にちなんで命名されました。大隅石と同じミラー石族に分類されます。

●杉石（南アフリカ）

└─ 杉石（劈開のはっきりしない緻密塊状）

55mm

Trivia

まったく別の種類に見える杉石

原産地標本は黄褐色ですが、マンガンを含んだ鮮紫色の結晶が南アフリカ共和国から産出し、飾り石としても用いられています。

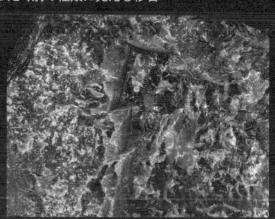

▲杉石（南アフリカ）

普通輝石
<ruby>普<rt>ふ</rt>通<rt>つう</rt>輝<rt>き</rt>石<rt>せき</rt></ruby>

●学　名：Augite
●化学式：$(Ca,Mg,Fe)_2Si_2O_6$

●結晶系
単斜晶系

●分　類：イノケイ酸塩鉱物
●劈　開：二方向に明瞭
●光　沢：ガラス
●色/条痕色：緑褐、黒、暗褐/灰緑〜褐
●産　地：日本、世界各地

■産状　火成岩、変成岩
■比重　——▼————　3.2〜3.6
■硬度　——————▼—　5½〜6

●普通輝石（新潟県柏崎市<ruby>市野新田<rt>いちのしんでん</rt></ruby>）

8mm

▲二方向の劈開がほぼ直交する。

普通輝石

火山岩や深成岩、変成岩中から産出

　<ruby>輝石<rt>きせき</rt></ruby>は造岩鉱物として重要な鉱物の超族です。その中でも産出が多いことから「普通輝石」の和名がつきました。各種火山岩や深成岩、変成岩中などに産出します。同じような産状の<ruby>角閃石<rt>かくせんせき</rt></ruby>と外観が似ていますが、二方向の劈開の交わる角度で区別することができ、輝石は約90°、角閃石は約120°で交わります。

ひすい輝石（きせき）

●学　名：Jadeite
●化学式：NaAlSi$_2$O$_6$

●結晶系
単斜晶系

- ●分　類：イノケイ酸塩鉱物
- ●劈　開：二方向に明瞭
- ●光　沢：ガラス
- ●色/条痕色：白、緑、青/白
- ●産　地：ミャンマー、アメリカ、日本

■産状 変成岩
■比重　　　　　3.2～3.4
■硬度　　　　　6～7

●ひすい輝石（新潟県糸魚川市）

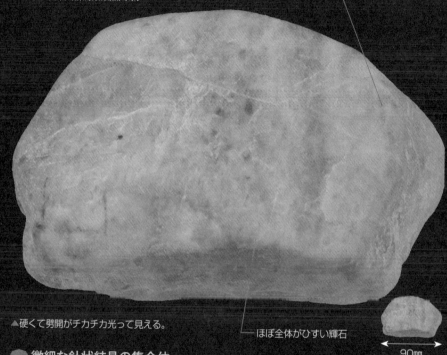

緑色部は鉄が含まれる

▲硬くて劈開がチカチカ光って見える。

ほぼ全体がひすい輝石

90mm

◆ 微細な針状結晶の集合体

　宝石としての翡翠（ひすい）は、ひすい輝石の非常に微細な針状結晶を主体とする緻密（ちみつ）な集合体です。純粋なひすい輝石は無色ですが、アルミニウムの一部を鉄やクロムが置き換えると緑色になります。

　クロムの含有量が増えるに従い、鮮緑色（せんりょくしょく）から黒色に近づき、アルミニウムよりクロムの量が多い場合は、**コスモクロア輝石**という別種になります。

　曹長石（そうちょうせき）が高圧下で分解すると石英とひすい輝石になります。ひすい輝石の産状としては、石英と共生しないことも多く、また、低圧環境でできることもあります。

珪灰石
けいかいせき

● 学　名： Wollastonite
● 化学式： CaSiO$_3$

●結晶系
三斜晶系

■産状　スカルン
■比重 ━━━━━━ 2.9〜3.1
■硬度 ━━━━━━ 4½〜5

● 分　類　：イノケイ酸塩鉱物
● 劈　開　：二方向に完全
● 光　沢　：ガラス
● 色/条痕色：白、無、灰、淡褐、ピンク/白
● 産　地　：アフガニスタン、ブラジル、アメリカ

●珪灰石（福岡県喜久鉱山）
きく

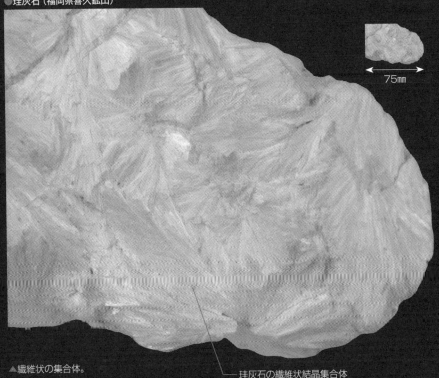

75mm

▲繊維状の集合体。

珪灰石の繊維状結晶集合体

◆ スカルンによく見られる鉱物

　白色繊維状から板柱状結晶の集合体とし
て方解石や灰礬石榴石などと共生します。
ケイ酸四面体が鎖状に一方向に連なった結
晶構造を持ちます。

　この構造は輝石に類似していますが、鎖

の周期が輝石とは異なり、同様な鎖状構造
を持つ鉱物は準輝石と呼ばれることもあり
ます。同じ珪灰石でも鎖の周期の異なる構
造（多型、ポリタイプ）が何種類も存在し
ます。

翡翠を探す

日本で、宝石になる鉱物の種類としては、コランダム、緑柱石、トパーズ、石榴石、リチア電気石、オパールなどがありますが、宝石の名にふさわしいようなものは、まったくないか、極めてわずかしかありません。

●表面は赤色、中身は緑色

翡翠は鉱物ではなく、岩石なのですが、宝石として使われます。そもそも翡翠は、中国の用語で表面は赤色（翡）、中身は緑色（翠）をしていることからつけられました。清の時代にビルマから持ち込んだ翡翠は、外側が熱帯の気候で赤土化した土壌で覆われ、翡翠の表層部が赤く染まっていたのです。翡翠は岩石で、細かい「ひすい輝石」の結晶粒が緻密に集合してできています。

もちろん、ひすい輝石以外の鉱物の細かい粒も含んでいます。そのため、互いの結晶粒の境界には、ほかの物質が染み込んでいくことができます。赤土に埋まっていた翡翠は、長年の間に、鉄の水酸化物や酸化物が染み込んで表面から赤く染まってしまったのです。

もともと純粋なひすい輝石は無色（細かくなると乱反射して白色）です。ひすい輝石そのものに色がつくのは、鉄、チタン、クロム、マンガンなどの元素が、ひすい輝石中の主にアルミニウムを置換するためです。

翡翠を代表する緑色は、鉄やクロムによって発色します。構成鉱物そのもの色と、粒間に染み込んだ物質の色とは区別しなければなりません。

つまり、染色した緑色の翡翠は、染み込みの色で、ひすい輝石が緑色になったわけではありません。また、粒間にもともと入っていた微細鉱物の色が翡翠の色となっている例もあります。黒色翡翠は、粒間にある石墨の影響なのです。

●取り残された岩塊

翡翠は変成岩のひとつですが、その源岩はよくわかっていません。しかし、変成帯に伴われる蛇紋岩に包み込まれるように、岩塊として産出します。蛇紋岩は風化しやすく、崩れやすい岩石なので、翡翠の岩塊だけ取り残されたように山の斜面や河床に見られます。

長年の間に、洪水などで下流に押し流され、やがて海に入り、波にもまれて小さくなっていきます。そのため、日本産の翡翠は赤い皮をかぶっていることはほとんどありません。

●「緑色」という先入観を捨てる

新潟県糸魚川の小滝川と青海川の流域には、天然記念物に指定された翡翠の区域があります。そこ以外では、手で拾える程度

のものは誰でもが採集できます。

　特に、姫川河口から西の富山県朝日海岸までの、海岸の波打ち際から少し沖合までの礫浜で翡翠が拾える可能性があります。翡翠は比重がふつうの石より大きいので、下の方に潜り込む場合が多く、ほんの一部だけ見せる姿を見逃さないように探すのがコツです。

　緑色という先入観を捨て、白、淡青、ラベンダー、黒色などにも注意します。また、白くても一部が鮮やかな緑色になっている場合もあります。手に持つと、ほかの石よりずっしりと重みを感じることも特徴です。

●親不知海岸の翡翠礫

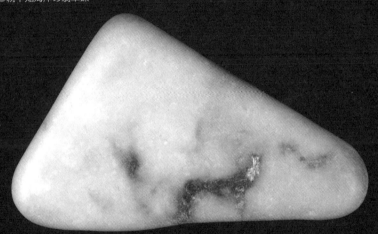

Trivia

だまされやすい石

　河原や海岸で翡翠を探していると、似たような石があってつい拾ってしまうことがあります。石英、めのう、玉髄、チャート（岩石）は白、灰、黄、淡緑、黄褐、黒褐色など様々な色を持ち、硬いので間違いやすいもののひとつです。ほぼ曹長石だけででき
た曹長岩も白い翡翠と大変よく似ていて肉眼鑑定の難しい石です。菱苦土石などの炭酸塩鉱物が主体で、ところどころに鮮やかな緑色をした部分（含クロム白雲母）がある石もうっかり拾ってしまいます。この石に、**キツネ**という俗称があるのは、昔からだまされる人が多かったからでしょう。

リチア輝石 （き せき）

● 学　名 ： Spodumene
● 化学式 ： LiAlSi$_2$O$_6$

●結晶系
単斜晶系

- 産状　ペグマタイト
- 比重 ━━━━━━ 3.0～3.2
- 硬度 ━━━━━▽━ 6½～7

- 分　類　：イノケイ酸塩鉱物
- 劈　開　：二方向に明瞭
- 光　沢　：ガラス
- 色/条痕色：ピンク、無、白、灰、水、淡緑、黄/白
- 産　地　：アフガニスタン、ブラジル、アメリカ

●リチア輝石（茨城県常陸太田市妙見山）（ひたち）（みょうけんさん）

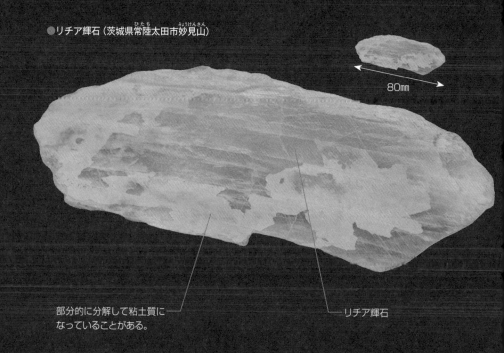

80mm

部分的に分解して粘土質に
なっていることがある。

リチア輝石

🌿 リチウムの資源としても重要な鉱物

リチウムペグマタイトに産出する輝石で、（き せき）透明な結晶は宝石になります。結晶の色によって様々な宝石名があり、ピンク色のものは**クンツァイト**、黄色のものは**トリフェイン**、緑色のものは**ヒデナイト**と呼びます。

宝石質の結晶は、アフガニスタンやブラジルなどのペグマタイトの晶洞中から、曹長石や水晶を伴って産出します。リチウム（そう）（ちょうせき）の資源としても重要な鉱物です。

［クンツァイト／ヒデナイト］

●英　名： Kunzite／Hiddenite

●産地：アフガニスタン、ブラジル、アメリカ

●クンツァイト（アメリカ・カリフォルニア州）

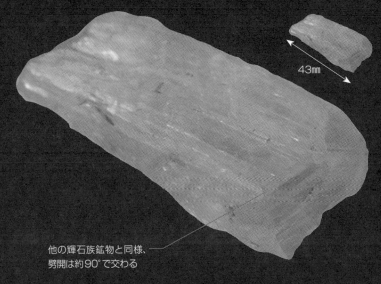

43mm

他の輝石族鉱物と同様、
劈開は約90°で交わる

●リチア輝石（アフガニスタン）

▲緑色を帯びているが、微量なクロムを含んだ本当のヒデナイトではない

原田石
<ruby>原<rt>は</rt></ruby><ruby>田<rt>ら</rt></ruby><ruby>石<rt>だ</rt></ruby><ruby><rt>せき</rt></ruby>

● 学　名： Haradaite
● 化学式： $SrV^{4+}Si_2O_7$

●結晶系	
直方晶系	

■産状 変成岩
■比重 ——————— 3.8
■硬度 ——————— 4½

● 分　類　：イノケイ酸塩鉱物
● 劈　開　：一方向に完全
● 光　沢　：ガラス
● 色/条痕色：緑/淡緑
● 産　地　：日本、イタリア

● 原田石（鹿児島県大和<rt>やまと</rt>鉱山）

30mm

緑マンガン鉱より鮮やかな緑色と完全な劈開が特徴　　　　石英・薔薇輝石

💎 鮮緑色の新鉱物

　岩手県野田玉川<rt>のだたまがわ</rt>鉱山と鹿児島県奄美<rt>あまみ</rt>大島大和<rt>やまと</rt>鉱山から産出した鮮緑色の新鉱物です。ピンク色の薔薇輝石や薔薇輝石を切る石英脈中などに板状結晶の集合体として産出します。原田石のストロンチウムをバリウムで置き換えた組成を持つ鉱物が鈴木石<rt>すずきせき</rt>です。こちらも岩手県と群馬県で発見された新鉱物です。

224

南部石
なんぶせき

- ●学　名 : Nambulite
- ●化学式 : $(Li,Na)Mn^{2+}_4Si_5O_{14}(OH)$

- ●結晶系
  三斜晶系

- ■産状 変成岩
- ■比重 ——▼———— 3.5
- ■硬度 ————▼—— 6½

- ・分　類　：イノケイ酸塩鉱物
- ・劈　開　：二方向に完全
- ・光　沢　：ガラス
- ・色/条痕色：橙、赤褐/淡黄
- ・産　地　：日本、ナミビア

●南部石（福島県御斎所鉱山）
ごさいしょ

薔薇輝石・石英・
菱マンガン鉱

特徴的なオレンジ色と
完全な劈開が特徴

50mm

ブラウン鉱

◆ 橙色がかった色合いを持つ新鉱物

　岩手県舟子沢鉱山から発見された新鉱物です。リチウム、ナトリウム、マンガンを含むケイ酸塩鉱物で、薔薇輝石、菱マンガン鉱、ブラウン鉱などと共生します。橙色がかった色合いと劈開が鑑定のポイントです。リチウムよりナトリウムが卓越する種は、岩手県田野畑鉱山から発見され、**ソーダ南部石**と命名されました。
ふなこざわ
へきかい
たのはた

薔薇輝石
ばらきせき

- ●結晶系
  三斜晶系

- ■産状 変成岩
- ■比重 —————— 3.6～3.8
- ■硬度 —————— 5½～6½

- ●学　名：Rhodonite
- ●化学式：$CaMn_4Si_5O_{15}$

- ●分　類：イノケイ酸塩鉱物
- ●劈　開：二方向に完全
- ●光　沢：ガラス
- ●色／条痕色：ピンク、赤、赤紫／白
- ●産　地：ブラジル、ペルー、オーストラリア、アメリカ

●薔薇輝石（愛知県田口鉱山）

← 88mm →

石英

薔薇輝石

◆ マンガン鉱床に産するピンク色の鉱物

　薔薇輝石は、族の名称として、また種名と
しても使われます。最近の定義により、ビッ
ティンキ薔薇輝石（vittinkiite, $Mn_5Si_5O_{15}$）、
薔薇輝石（rhodonite）、鉄薔薇輝石

（ferrorhodonite, $CaMn_3FeSi_5O_{15}$）の３種
からなる薔薇輝石族という扱いになります。
この３種は肉眼的な区別は不可能です。ま
た、ひとつの"薔薇輝石"標本中に２種類あ

るいは3種類の"薔薇輝石"が含まれている
こともあり、3種とも日本には多くの産地が
あります。緻密な塊状が一般的で、自形結
晶は稀です。ビッティンキ薔薇輝石と同じ
化学組成を持つものがパイロクスマンガン
石（pyroxmangaite, $Mn_7Si_7O_{21}$）で、外観
はほぼ同じです。パイロクスマンガン石は
パイロクスフェロ石（pyroxferroite,
$Fe_7Si_7O_{21}$）と固溶体を形成します。また、
マグネシウムを少し含むことがあります。

薔薇輝石の化学組成に近いものとして、
珪灰石族に含まれるバスタム石がありま
す。バスタム石の理想的な化学式は、
$Ca_3(Mn,Ca)_3(Si_3O_9)_2$とされ、括弧内のマン
ガンとカルシウム含有量に幅があります。
しかし、マンガンが特に多い$Mn_5Ca(Si_3O_9)_2$
はメンディヒ石（mendigite）、カルシウム
が特に多い$Ca_5Mn(Si_3O_9)_2$はダルネゴルス
キー石（dalnegorskite）と別の種名となり
ます。

●薔薇輝石（栃木県鹿沼市横根山鉱山）

▲菱マンガン鉱に色合いが似ているが、より硬度が高い。

39mm

第1章 ◆ 鉱物図鑑

● 鉄薔薇輝石（栃木県銅蔵鉱山）

▲ピンク色に見える大部分が鉄薔薇輝石と薔薇輝石の混合物。
右下部の繊維状淡灰緑色鉱物は単斜晶系の鉄末野閃石。

約30mm

Trivia

肉眼鑑定の難しい鉱物

薔薇輝石とそっくりで、専門家やかなり の経験をつんだコレクターでも肉眼鑑定 の難しい鉱物があります。それは、**パイロクスマンガン石**という名前で呼ばれています。副成分のカルシウム、マグネシウム、鉄 の入る量が両者で少し異なるものの、化学 組成はほとんど薔薇輝石と同じで、結晶構 造上のわずかな違い（SiO_4がつくる鎖状構 造の繰り返し周期が薔薇輝石ではSi_5O_{15}、 パイロクスマンガン石ではSi_7O_{21}）がある だけです。マンガン鉱石中に両者が混在す

ることもありますので、肉眼鑑定はまずお 手上げです。

▲パイロクスマンガン石（愛知県田口鉱山）

緑閃石
<ruby>緑<rt>りょく</rt>閃<rt>せん</rt>石<rt>せき</rt></ruby>

● 学　名：Actinolite
● 化学式：$Ca_2(Mg_{4.5-2.5}Fe^{2+}_{0.5-2.5})_{\Sigma5}Si_8O_{22}(OH)_2$

● 結晶系
単斜晶系

● 分　類　：イノケイ酸塩鉱物
● 劈　開　：二方向に完全
● 光　沢　：ガラス
● 色/条痕色：緑、暗緑/白
● 産　地　：ロシア、カナダ、マダガスカル、日本

■ 産状　変成岩、スカルン
■ 比重　————　3.0～3.2
■ 硬度　————　5～6

● 緑閃石（愛媛県四国中央市土居町五良津山<rt>いらづ</rt>）

▲条線の発達した緑色柱状結晶。

緑閃石

177mm

◆ カルシウムに富む角閃石超族の鉱物

　110種ほど知られる<ruby>角<rt>かく</rt>閃<rt>せん</rt>石<rt>せき</rt></ruby>超族の鉱物の中で、カルシウムに富む種です。鉄をほとんど含まない<ruby>透<rt>とう</rt>閃<rt>せん</rt>石<rt>せき</rt></ruby>、緑閃石よりさらに鉄の多い<ruby>鉄<rt>てつ</rt>緑<rt>りょく</rt>閃<rt>せん</rt>石<rt>せき</rt></ruby>との間で連続的な組成を持ちます。

　変成岩中に<ruby>滑<rt>かっ</rt>石<rt>せき</rt></ruby>や<ruby>蛇<rt>じゃ</rt>紋<rt>もん</rt>石<rt>せき</rt></ruby>などと共生し、緑色長柱状から針状の結晶としてよく見られます。<ruby>陽<rt>よう</rt>起<rt>き</rt>石<rt>せき</rt></ruby>という和名もありましたが、輝石と紛らわしいので最近では使われません。

普通角閃石

●学　名： Hornblende
●化学式： $Ca_2[(Mg,Fe^{2+})_4Al](Si_7Al)O_{22}(OH)_2$

●結晶系
単斜晶系

■産状 火成岩、変成岩
■比重 ————————— 3.1～3.3
■硬度 ————————— 5～6

● 分　類 ： イノケイ酸塩鉱物
● 劈　開 ： 二方向に完全
● 光　沢 ： ガラス
● 色/条痕色： 暗緑、緑褐、黒/灰緑
● 産　地 ： 日本、世界各地

●普通角閃石（長野県諏訪郡富士見町池袋西沢）

47mm

▲二方向の劈開は約120°で交わる。

柱状結晶の普通角閃石

短柱状でコロッとした
普通角閃石もある

🔶 重要な造岩鉱物のひとつ

　角閃石類の中で最も普遍的に見られ、重要な造岩鉱物のひとつです。マグネシウムと鉄の比率やアルミニウムを置換する3価の鉄の量などにより、苦土普通角閃石、鉄普通角閃石などに細分されます。火山岩中にしばしば黒色短柱状の斑晶として見られ、普通輝石と外観が似ていますが、劈開の交わる角度で区別できます。

230

イネス石

- 学　名： Inesite
- 化学式： $Ca_2Mn_7^{2+}Si_{10}O_{28}(OH)_2 \cdot 5H_2O$

- ●結晶系
  三斜晶系

- ■産状 熱水鉱脈、変成岩
- ■比重 —————— 3.0
- ■硬度 —————— 5½〜6

- 分　類　：イノケイ酸塩鉱物
- 劈　開　：一方向に完全
- 光　沢　：ガラス
- 色/条痕色：ピンク〜肉赤/白
- 産　地　：南アフリカ、中国、アメリカ、オーストラリア

イネス石 (高知県香美市香北町古井)

———針状から繊維状の結晶集合体

← 47mm →

◆ 屋外では表面が褐色から黒色に変化

　日本では主に熱水性金銀鉱脈に伴い、特に静岡県の河津鉱山と湯ヶ島鉱山で美しい結晶が産出しました。主成分にマンガンを含むため、屋外では容易に酸化されて表面が褐色から黒色に変化します。

名前の由来　学名は、ギリシャ語で「肉色の繊維」という意味の語に由来します。

231

チャロ石(せき)

- 学 名： Charoite
- 化学式： $(K,Sr,Ba,Mn)_{15\text{-}16}(Ca,Na)_{32}Si_{70}(O,OH)_{180}(OH,F)_4 \cdot nH_2O$

●結晶系
単斜晶系

■産状 変成岩
■比重 ▼─────2.5
■硬度 ────▼──5〜6

- 分 類 ：イノケイ酸塩鉱物
- 劈 開 ：三方向に明瞭
- 光 沢 ：ガラス〜絹糸
- 色／条痕色 ：紫／白
- 産 地 ：ロシア

●チャロ石（ロシア）

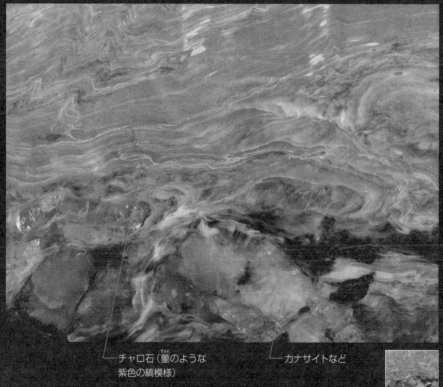

└─チャロ石(菫のような
紫色の縞模様)

└─カナサイトなど

←─────→
50mm

🔷 マンガンによる鮮やかな紫色

　ロシアのアルダン地区チャロ川流域から発見された新鉱物です。原産地以外からは見つかっていません。閃長岩と石灰岩の接触帯に産出し、黒色のエジリン輝石、緑灰色の微斜長石、淡黄色のカナサイト、淡褐色のティナクサイトなどと共生します。鮮やかな紫色はマンガンによる発色です。

カオリン石

● 学 名： Kaolinite
● 化学式： $Al_2Si_2O_5(OH)_4$

●結晶系
三斜晶系

- 分 類 ：フィロケイ酸塩鉱物
- 劈 開 ：一方向に完全
- 光 沢 ：土状
- 色/条痕色：白/白
- 産 地 ：中国、日本、イギリス、ドイツ、アメリカなど

■産状 熱水鉱脈、堆積物
■比重 ――▼―― 2.6
■硬度 ――▼―― 2〜2½

●カオリン石（栃木県関白鉱山）

90mm

塊状のカオリン石

💎 陶磁器の原料の主要な粘土鉱物

　名前は、景徳鎮近くの高嶺（高稜）に由来します。層状ケイ酸塩の一種で、ケイ素とアルミニウムの層状構造が交互に積層しており、この積層方式の違う（ポリタイプに相当の）ディック石やナクル石と共に**カオリン**と総称されます。

集合体として産することもあります。

　肉眼で観察できるような結晶には成長しませんが、電子顕微鏡では、六角板状の微細な結晶の集合体がわかります。

どに用いられます。また、製紙、ガラス繊維、プラスチック、ゴム、塗料、さらに医薬、農薬などにも使われています。

0.001mm

●カオリン石（ジョージアカオリン）：六角板状結晶の透過型電子顕微鏡写真

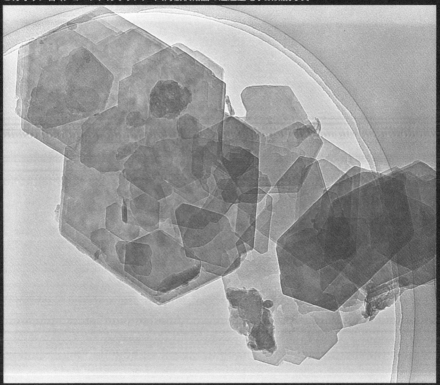

蛇紋石
じゃもんせき

●学　名：Serpentine
●化学式：$Mg_3Si_2O_5(OH)_4$

●結晶系
単斜、六方、
直方晶系

分　類	：	フィロケイ酸塩鉱物
劈　開	：	一方向に完全
光　沢	：	樹脂、油脂、絹糸、土状
色/条痕色	：	緑～白/白
産　地	：	日本、カナダ、アメリカ、ニュージーランド、ロシアなど

■産状 変成岩
■比重 ——— 2.6
■硬度 ——— 2½～3½

●蛇紋岩とクリソタイル石（石綿）（北海道山部鉱山）
やまべ

蛇紋岩

白色絹糸光沢部分
がクリソタイル石
（石綿）の脈

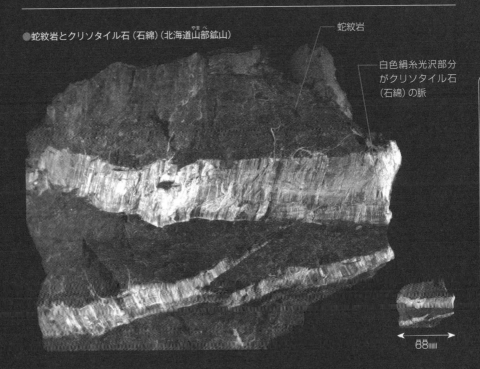

68mm

💎 地すべりとも関わる蛇紋岩の主要鉱物

　クリソタイル石、アンチゴライト、リザード石などからなる、マグネシウムを主成分とする層状ケイ酸塩鉱物の1族です。マグネシウムを鉄やマンガンなどの遷移金属で置き換えた鉱物種も見つかっています。また、層状構造で積層の異なるポリタイプが知られています。管状の**クリソタイル石**(chrysotile)、平板状の**リザード石**（lizardite）、波状にゆらぐ超構造を持つ**アンチゴライト**（antigorite）とそれぞれで結晶構造の形態に特徴があります。繊維状のクリソタイル石は、白石綿として利用されましたが、健康障害を引き起こすことが問題となり、現在では使用が禁止されています。
しろせきめん

235

滑石
（かっせき）

- ●学　名：Talc
- ●化学式：$Mg_3Si_4O_{10}(OH)_2$

●結晶系
三斜晶系、単斜晶系

- ■産状　変成岩
- ■比重　━━━ 2.8
- ■硬度　◀━━ 1

- ●分　類：フィロケイ酸塩鉱物
- ●劈　開：一方向に完全
- ●光　沢：真珠
- ●色／条痕色：白〜淡緑／白
- ●産　地：ロシア、オーストリア、スイス、フランスなど

●滑石（長崎県西海市大瀬戸町）
（さいかい　おおせ　と）

淡緑色葉片状の滑石

←→
85mm

◆ モース硬度1の指標鉱物

　雲母に似た層状構造を持つ葉蝋石・滑石族に属し、アルミニウムを主成分とする葉蝋石に対して、滑石はマグネシウムを主成分とします。軟らかい鉱物の代表ともいえ、モース硬度1の指標鉱物です。マグネシウムを置換する微量の鉄によりわずかに緑色を帯びることがあります。**タルク**とも呼ばれ、様々な工業原料に利用されます。長石の風化物など滑石ではない鉱物が漢方薬の「滑石」として処方されることもあります。

白雲母
しろうんも

● 学　名： Muscovite
● 化学式： KAl₂(Si₃Al)O₁₀(OH)₂

● 結晶系
単斜晶系

■ 産状　変成岩、深成岩、ペグマタイト
■ 比重 ——▼——— 2.8
■ 硬度 ———▼——— 2½〜4

● 分　類　：フィロケイ酸塩鉱物
● 劈　開　：一方向に完全
● 光　沢　：ガラス、真珠
● 色／条痕色：無、白、淡緑、淡黄／白
● 産　地　：ロシア、ノルウェー、ブラジル、アメリカなど

● 白雲母（福島県郡山市愛宕山）
あたごやま

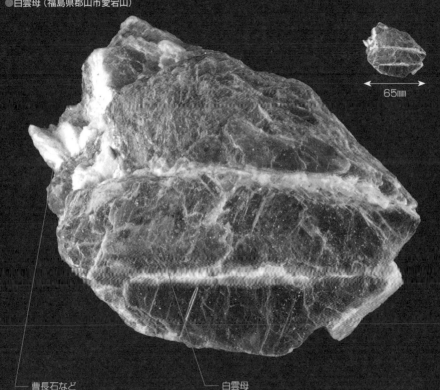

← 65㎜ →

第1章　◆　鉱物図鑑

—— 曹長石など　　　　—— 白雲母

◆ カリウムとアルミニウムの純雲母

　雲母は板状やときに柱状の自形結晶をなすフィロケイ酸塩の一群です。八面体シートを四面体シート2枚で挟んだ負電荷の層状構造が、層間に陽イオンを介して積層した結晶構造を持つことが特徴です。

　層間の陽イオンの電荷で、純雲母、脆雲母、層間欠損型雲母に大別され、全体で雲母超族を構成しています。

237

●絹雲母（島根県雲南市鍋屋鉱床）

白雲母は、代表的なカリウムとアルミニウムの純雲母で、積層に多様性があり、いくつかのポリタイプに細分されています。

アルミニウムの一部が鉄で置換された結晶は、茶褐色を帯びています。普遍的な造岩鉱物でありますが、ペグマタイトでは大きな自形結晶が成長することもあります。

板状の双晶が放射状に集まったものは、「スターマイカ」とも呼ばれ、興味深い形態を見せます。母岩の割れ目を充塡した細粒の熱水性白雲母は絹雲母（セリサイト）とも呼ばれます。

電気絶縁性、断熱性、耐熱性、耐食性などに優れ、各種機器の素材に加え、化粧品や塗料など、幅広く使われています。

●スターマイカ（ブラジル）

金雲母
きんうんも

●学　名： Phlogopite
●化学式： $KMg_3(Si_3Al)O_{10}(OH)_2$

●結晶系
単斜晶系

■産状 火成岩、変成岩、スカルン
■比重 —————— 2.8
■硬度 —————— 2~3

* 分　類　：フィロケイ酸塩鉱物
* 劈　開　：一方向に完全
* 光　沢　：真珠、亜金属
* 色/条痕色：無~黄褐、暗褐/白
* 産　地　：アメリカ、カナダ、ロシア、ノルウェーなど

●金雲母（マダガスカル）

35mm

金雲母（六角短柱状結晶）

◆ 劈開面で黄金色の反射を示す

　層間にカリウムを、八面体シートにマグネシウムを持つ純雲母です。マグネシウムの一部を鉄で置換されると黄褐色の結晶となり、劈開面で黄金色の反射を示します。鉄による置換が進むと暗色となり、鉄がマグネシウムをしのぐと鉄雲母に分類されます。鉄とマグネシウムの比率は様々で境界がなく、金雲母と鉄雲母の一連を黒雲母と呼びます。水酸化物イオンはフッ化物イオンで置き換えられていることも多く、フッ素金雲母という別種に分類され、耐熱性もより高くなります。

リチア雲母

● 結晶系
単斜晶系

■ 産状　ペグマタイト
■ 比重 ▼──────2.8
■ 硬度 ──▼──2½〜4

● 学　名：Lepidolite
● 化学式：K(Li,Al)$_3$Si$_4$O$_{10}$F$_2$

● 分　類：フィロケイ酸塩鉱物
● 劈　開：一方向に完全
● 光　沢：真珠、油脂、ガラス
● 色/条痕色：白〜紅紫/白
● 産　地：チェコ、ロシア、スウェーデン、ブラジル、インドなど

● リチア雲母（マダガスカル）　　　　リチア雲母　　　　リチア電気石

← 70mm →

🔷 リチウムの重要な資源

　層間にカリウムを持ちリチウムとアルミニウムの純雲母であるトリリチオ雲母（trilithionite）[KLi$_{1.5}$Al$_{1.5}$(Si$_3$Al)O$_{10}$F$_2$] およびポリリチオ雲母（polylithionite）(KLi$_2$AlSi$_4$O$_{10}$F$_2$）系列を総称して**リチア雲母**と呼びます。鱗雲母、紅雲母との別称もあり、後者は、微量に含まれるマンガンの発色による特徴を表したものです。リチウムの重要な資源となっています。なお、**ポリリチオ雲母**と葉鉄（**シデロフィル**）**雲母**（siderophyllite）[KFe$^{2+}_2$Al(Si$_2$Al$_2$)O$_{10}$(OH)$_2$] の系列は**チンワルド雲母**と総称されます。

緑泥石
りょくでいせき

●学　名：Chlorite
●化学式：$(Mg,Fe)_5Al(AlSi_3O_{10})(OH)_8$

●結晶系
単斜晶系

- 分　類　：フィロケイ酸塩鉱物
- 劈　開　：一方向に完全
- 光　沢　：真珠、土状
- 色/条痕色：淡緑〜暗緑、褐、菫（すみれ）/白
- 産　地　：オーストリア、イタリア、スイス、トルコなど

■産状　熱水鉱脈、変成岩
■比重 ——▼—— 2.6
■硬度 ——▼—— 2½

●緑泥石（シャモス石）（秋田県荒川鉱山）

暗緑色の放射状集合体　　　　　　　　石英

26mm

第 1 章 ◆ 鉱物図鑑

💎 緑色の粘土質の微細な結晶の集合体

　マグネシウムを主成分とするクリノクロア石（clinochlore）$[Mg_5Al(AlSi_3O_{10})(OH)_8]$、鉄を主成分とするシャモス石（chamosite）$[Fe_5Al(AlSi_3O_{10})(OH)_8]$ をはじめ、マンガンやニッケルなどの置換体が緑泥石族を構成します。雲母に似た層状構造を持ちますが、層間で陽イオンが水酸化物イオンに囲まれていることが特徴的な違いです。多くは粘土質の微細な結晶の集合体として産します

が、柱状や板状に成長することもあります。
　火山岩の主要造岩鉱物が熱水作用を受けて変質し、緑泥石に変わる（緑泥石化）ので、緑泥石の存在は、熱水変質の程度の指標となります。

名前の由来　含まれる微量の鉄で緑色の泥として産することが多く、それが名前の由来となっています。

ぶどう石

● 学　名：Prehnite
● 化学式：$Ca_2Al(Si_3Al)O_{10}(OH)_2$

● 結晶系
直方晶系

● 分　類　：フィロケイ酸塩鉱物
● 劈　開　：一方向に良好
● 光　沢　：ガラス、真珠
● 色/条痕色：無、淡緑/錫白
● 産　地　：南アフリカ、フランス、ドイツ、インドなど

■ 産状　変成岩、火成岩
■ 比重 ——▼—— 2.9
■ 硬度 ————▼— 6〜6½

● ぶどう石（島根県松江市美保関町）

変質した玄武岩

淡緑色の球状・半球状集合体

53mm

🔷 集合体の形と色が和名の由来

　自形結晶は、四角板状または針状です。微細結晶がぶどう状（球粒状）の集合体をなすことも少なくありません。微量成分の鉄に由来するマスカット様の薄緑色と相まって、和名の由来となっています。

　半透明の良質の塊状集合体は宝飾品に研磨加工され、**ケープエメラルド**の名前で知られています。ケイ酸四面体からなる網目状構造からフィロケイ酸塩に分類されますが、網目状構造は、鎖状構造が連なったものとして、イノケイ酸塩として扱われる場合もあります。

魚眼石
ぎょがんせき

● 学　名：Apophyllite
● 化学式：$KCa_4Si_8O_{20}(F,OH)\cdot8H_2O$

● 結晶系
正方晶系、直方晶系

分　類	：フィロケイ酸塩鉱物
劈　開	：一方向に完全
光　沢	：ガラス、真珠
色／条痕色	：無、白、淡黄、淡緑／白
産　地	：アイスランド、イタリア、ドイツ、 　　フィンランド、インドなど

■産状 火成岩、スカルン
■比重 ━━━ 2.4
■硬度 ━━━ 5

■魚眼石（岐阜県神岡鉱山）

魚眼石

← 35mm →

▷ 魚の眼を連想させる

　フッ化物種と水酸化物種があり、フッ化物種はさらに正方晶系と直方晶系のポリタイプに分類されます。また、直方晶系のナトリウム置換体種も岡山県山宝鉱山から見いだされています。自形結晶は四角板状や柱状で、透明な結晶は光沢もよく、劈開面（へきかいめん）

に濁りが現れると魚の眼を連想させます。

　和名の由来とは異なり、学名は、加熱による剝離（はくり）が落葉の様子にたとえられたもので、その発想の違いには興味深いものがあります。

珪孔雀石
けいくじゃくせき

● 学　名： Chrysocolla
● 化学式： $(Cu_{2-x}Al_x)H_{2-x}Si_2O_5(OH)_4 \cdot nH_2O$

● 結晶系
直方晶系

■産状 酸化帯
■比重 —— 1.9〜2.4
■硬度 —— 2〜4

・分　類　：フィロケイ酸塩鉱物
・劈　開　：なし
・光　沢　：ガラス、樹脂、土状
・色/条痕色：青、青緑、緑、緑褐/白
・産　地　：コンゴ共和国、チリ、アメリカ、ロシア

●珪孔雀石（コンゴ共和国）

└ 素焼きの陶器や樹脂のような断口

80mm

└ 珪孔雀石

🔶 ほとんど非晶質に近い結晶構造

　銅鉱床の酸化帯によく見られる、ありふれた二次鉱物です。直方晶系の結晶構造を持つと考えられていますが、ほとんど非晶質に近く、皮膜状や塊状、腎臓状など、集合体として産出します。硬度が低いため、そのままでは加工には向きませんが、アメリカでは、珪孔雀石にケイ酸分が染み込んだものが産出し、磨いて飾り石に使われます。

244

クリストバル石<ruby>石<rt>せき</rt></ruby>

● 学　名： Cristobalite
● 化学式： SiO_2

● 結晶系
正方晶系

● 分　類	：	テクトケイ酸塩鉱物
● 劈　開	：	なし
● 光　沢	：	ガラス
● 色/条痕色	：	無、白/白
● 産　地	：	フランス、ドイツ、インド、メキシコ

■ 産状　火山岩、堆積岩
■ 比重 ────── 2.3〜2.4
■ 硬度 ───── 6〜7

● クリストバル石（静岡県伊東市<ruby>払<rt>はらい</rt></ruby>）

└─ 八面体結晶

1mm

◆ 高温に安定領域を持つ鉱物

　1470℃以上の高温に安定領域を持つ鉱物です。もっと低い温度で固化した火山岩の空隙中でも、微量のアルカリ元素の影響などにより、結晶化します。黒曜岩<ruby>こくようがん<rt></rt></ruby>中にしばしば含まれる灰白色の球は、微細なクリストバル石を主体とする塊です。また、安定領域より<ruby>遥<rt>はる</rt></ruby>かに低温の堆積岩や低温熱水脈中に産出する低温タイプのクリストバル石もあります。

鱗珪石
りんけいせき

●結晶系
単斜・三斜晶系

■産状 火山岩、堆積岩
■比重 ————— 2.3
■硬度 ————— 6〜7

●学 名：Tridymite
●化学式：SiO₂

- 分 類 ：テクトケイ酸塩鉱物
- 劈 開 ：なし
- 光 沢 ：ガラス
- 色/条痕色：無、白/白
- 産 地 ：フランス、ドイツ、スロバキア、イタリア

●鱗珪石（静岡県伊豆の国市神島城山）
かみしまじょうやま

└─ 六角板状結晶

←——→
25mm

🔷 低温に安定領域を持つシリカ鉱物

　石英より高温、クリストバル石より低温の温度に安定領域を持つシリカ鉱物です。クリストバル石と同様、火山岩の空隙に自形結晶として産出するほか、低結晶度のものは低温熱水溶液からも晶出します。六角板状の自形結晶が明瞭な場合は鑑定のポイントになりますが、クリストバル石も双晶によって六角板状になることがあるので、紛らわしいといえます。

石英
せきえい

- 学 名： Quartz
- 化学式： SiO$_2$

- 結晶系
  三方晶系

- 産状 熱水鉱脈、火成岩、ペグマタイト、変成岩、スカルン
- 比重 ———————— 2.7
- 硬度 ———————— 7

- 分 類 ： テクトケイ酸塩鉱物
- 劈 開 ： なし
- 光 沢 ： ガラス
- 色/条痕色： 無、白、黒、茶褐、ピンク、紫、黄、緑/白
- 産 地 ： ブラジル、アメリカ、ウルグアイ、ロシア

水晶（先端の尖った六角柱状結晶）

●水晶（秋田県荒川鉱山）

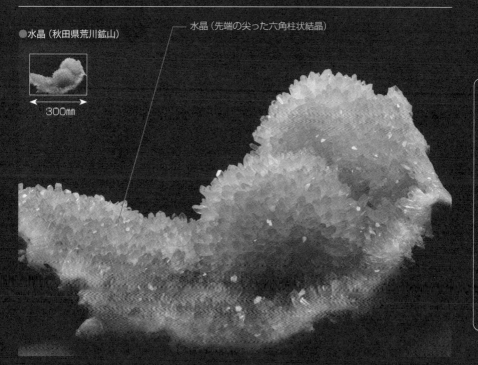

300mm

🔷 微量元素と放射線などの影響で着色する

　地殻中の元素存在量の上位2元素、酸素とケイ素から構成される鉱物で、ほとんどの岩石に含まれます。石英の中でも結晶の形がはっきりしているものを**水晶**と呼びます。微量元素と放射線などの影響で着色することがあり、代表的なものは、煙（黒）水晶、紫水晶（アメシスト）、黄水晶（シトリン）です。天然のシトリンは非常に稀ですが、アメシストを加熱処理で黄色くしたものが出回っています。

［水晶（紫水晶／黄水晶）］

すいしょう　むらさきすいしょう　きすいしょう

● 英 名： Rockcrystal
(Amethyst／
Citrine)

● 産地：ブラジル、アメリカ、ウルグアイ、ロシア

● 紫水晶（アメシスト：宮城県雨塚山）

あめつか

61mm

Trivia

紫水晶の色の変化

　紫水晶の色は結晶中に含まれる微量の鉄イオンに由来します。微量の鉄が含まれるだけでは、無色からごく淡い黄色のままなのですが、そのような水晶が放射線にさらされると、一部の鉄イオンの状態が3価から4価に変化して紫色の発色が現れます。紫外線に長時間さらしたり加熱すると、鉄イオンの状態がより安定な3価に戻ってしまうので色あせます。加熱した場合は、完全に退色する前に紫色から黄色（稀には灰色や緑色）に変化することが多く、また、加熱温度によっては鉄イオンが酸化して黄色から茶褐色の濃い色が現れます。標本商でよく売られているシトリンの群晶は、このように紫水晶を加熱加工してつくられた色であることが多いです。

［めのう／玉髄］

● 英　名：Agate/Chalcedony

■産状　火山岩、熱水鉱脈、ペグマタイト、　　● 産　地　：ブラジル、アメリカ、ウルグアイ、ロシア
　　　　スカルン

●めのう（ブラジル）

内部は微細な水晶

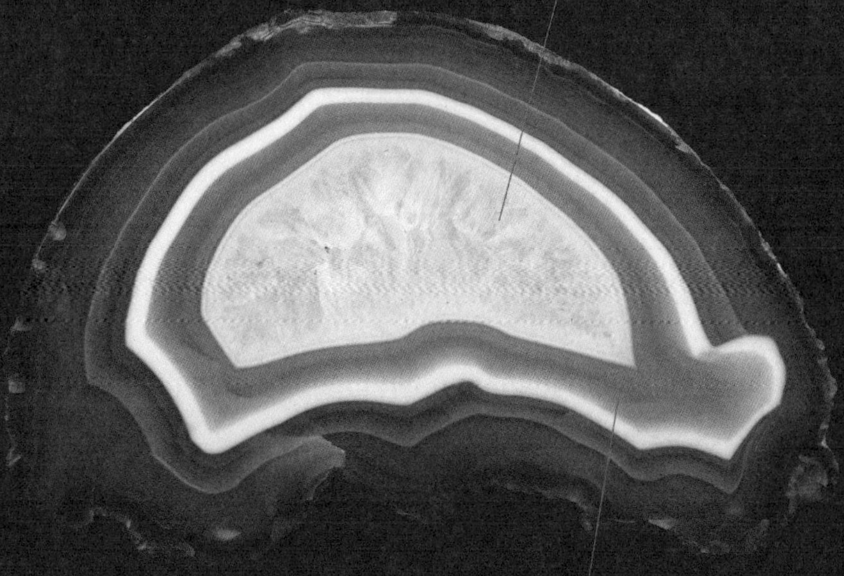

▲縞模様は結晶粒間の空隙に酸化鉄などが染みて着色したもので、
人工的に染められることもできます。

227mm

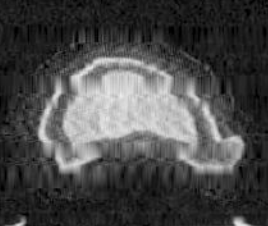

227mm

◆ 非常に細かな繊維状結晶の集合体

　石英を主体とする非常に細かな繊維状結晶の集合体を**玉髄**（カルセドニー）といいます。その中でも色や透明度の異なる部分が明瞭な縞模様をつくっているものは、**めのう**（アゲート）と呼ばれます。

　昔は純粋な石英の集合体と考えられていましたが、モガン石（mogánite）という別のシリカ鉱物が普遍的に含まれています。火山岩や堆積岩の隙間などに低温熱水溶液から晶出します。

249

●玉髄（茨城県常陸大宮市北富田）

玉髄（仏頭状の集合体）

← 86mm →

◆ Trivia

合体された人名の鉱物

　鉱物に人名がつけられることはよくあります。たいていは1人の姓（稀に姓と名の両方も）ですが、中には3人の姓が入った鉱物もあります。1970年に、armalcolite、$(Mg, Fe^{2+})Ti_2O_5$という鉱物が誕生しました。3人とは、N. A. Armstrong、E. E. Aldrin Jr、M. Collinsです。

　そう、あのアポロ11号の宇宙飛行士たちです。月面に降り立ったのは、静かな海（Tranquillity Sea）で、そこの玄武岩からチタン鉄鉱に伴って発見された新鉱物にこの名前（arm-al-col-ite）がつけられました。のちには南アフリカのキンバレー岩など、いくつかの地球の岩石中にも発見されました。

　なお、採集された玄武岩中に、armalcoliteのほかにもうひとつの新鉱物が発見され、翌1971年に産地名にちなんでtranquillitylite：$Fe_8^{2+}(Zr, Y)_2Ti_3Si_3O_{24}$と命名されました。トランキライザーは精神安定剤のことですから、この鉱物を持つと心安らぐ（？）かもしれません。

オパール

●学　名：Opal
●化学式：$SiO_2 \cdot nH_2O$

●結晶系
非晶質

●分　類	：テクトケイ酸塩鉱物
●劈　開	：なし
●光　沢	：ガラス〜樹脂
●色/条痕色	：無、白、黄、橙、赤/白
●産　地	：オーストラリア、メキシコ

■産状 堆積岩、火山岩
■比重 ―――――2.1
■硬度 ―――――6

●オパール（オーストラリア）

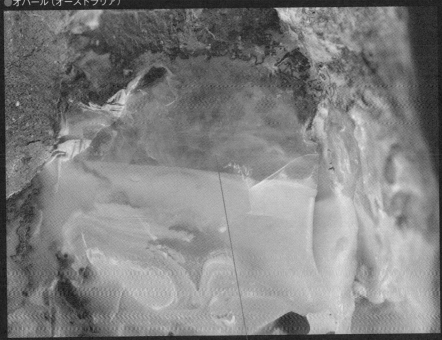

▲断口は樹脂のような質感。

└── オパール
（透明感のある遊色部分）

←――→
35mm

◆ 光の干渉による虹色の遊色

　堆積岩や火山岩の隙間などに低温熱水溶液から沈殿します。温泉沈殿物として球状のオパールができることもあり、**魚卵状珪石**と呼びます。

　球のサイズが光の波長くらい細かくなり、同じサイズの球が規則正しく並ぶと光の干渉により、オパール独特の虹色の遊色が現れます。オーストラリアでは、オパール化した貝や恐竜の化石が数多く産出しています。

●オパール（メキシコ）

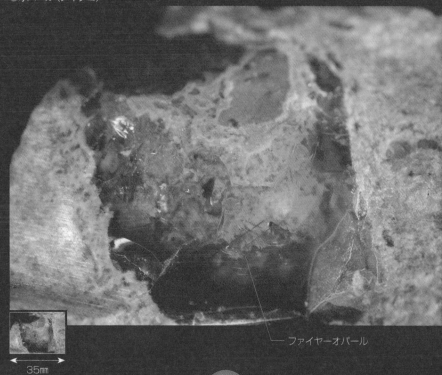

ファイヤーオパール

35mm

Trivia

天然放射性同位体と人工放射性同位体

「コバルトやストロンチウムを含む鉱物は、放射能があって怖い」と誤解している人がいますが、鉱物に含まれるコバルト（^{59}Co）やストロンチウム（^{84}Sr, ^{86}Sr, ^{87}Sr, ^{88}Sr）には放射能がありません。

医療用に使われるコバルトは原子炉で中性子を衝突させてつくった、放射性同位体の^{60}Coです。原子炉では、燃料の核分裂中に放射性ストロンチウム（^{90}Sr）が生成されることがあります。事故などで外界に放出され、それが体内に入ると、骨などをつ

くるカルシウムを置換して固定化され、長年にわたり体内被爆を引き起こすことになる危険なものです。

ここで、^{59}Coや^{84}Srなどの左肩にある数字は、原子核にある陽子と中性子を足した数で、陽子数が同じでも中性子数が違うものを互いに同位体と呼びます。鉱物に含まれるストロンチウムには放射性がなく安定同位体といいます。ウラン（^{234}U, ^{235}U, ^{238}U）のような放射性のものは放射性同位体といいます。

●オパール（北海道紋別市上藻別）

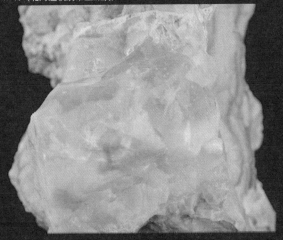

●オパール（岐阜県中津川市田原）

●オパール（岐阜県中津川市田原）

オパールは屈折率が低く、遊色を示さない乳白色のオパールは質感がゆで卵の白身に似ているため、和名は蛋白石ともいいます。火成岩の空隙に見られる粒状～半球形で透明なオパールは、しばしば紫外線により緑色の蛍光を示し、**玉滴石**と呼ばれます

━━ 玉滴石

▲紫外線による蛍光の様子。

微斜長石／
［ムーンストーン］

- 学名／英名： Microcline／Moonstone
- 化学式　　： $KAlSi_3O_8$

- 結晶系
三斜晶系

- 分　類　：テクトケイ酸塩鉱物
- 劈　開　：一方向に完全
- 光　沢　：ガラス
- 色／条痕色：無、白／白
- 産　地　：インド、ミャンマー、スリランカ、ブラジル

- 産状　火成岩、ペグマタイト、変成岩
- 比重　━▼━━━━━ 2.5～2.6
- 硬度　━━━━▼━ 6～6½

● ムーンストーン（朝鮮民主主義人民共和国）

▲ 劈開の完全な白色結晶。

ある方向から見るとムーンス
トーン特有の青白い光がわかる

6mm

💎 光の干渉で青白い光を反射

　カリウムを主成分とする長石には、微斜長石（microcline）、玻璃長石（sanidine）があり、それらをまとめて**カリ長石**と呼びます。ムーンストーンは、カリ長石、およびナトリウムを主成分とする曹長石が非常に細かく層状に繰り返したもので、光の干渉で青白い光を反射します。

　これは、マグマから結晶化する際にはカリウムとナトリウムの両方を含んでいた長石が、温度の低下に伴ってカリ長石と曹長石に分離（離溶）したものです。

灰長石／
ラブラドライト

- 学　名： Anorthite／Labradorite
- 化学式： $(Ca,Na)(Si,Al)_4O_8$

- 結晶系
三斜晶系

- 分　類： テクトケイ酸塩鉱物
- 劈　開： 一方向に完全
- 光　沢： ガラス

■産状 火成岩
- 色／条痕色： 無、白、青／白
■比重 ――――――― 2.7～2.8
- 産　地： カナダ、マダガスカル、フィンランド、ウクライナ
■硬度 ――――――― 6～6½

- ラブラドライト（マダガスカル）

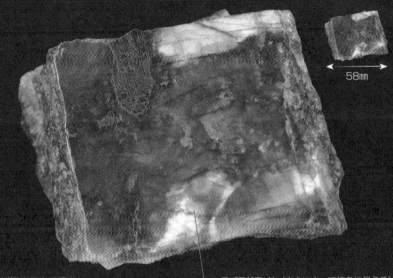

← 58mm →

▲劈開が明瞭な灰色の結晶。　　　　　　　　　　　ラブラドライト（方向によって虹色に見える）

💎 ナトリウムとカルシウムの多い部分が縞状に織りなす

　カルシウムやナトリウムに富む長石をまとめて**斜長石**といい、カルシウムが多いものは**灰長石**、ナトリウムが多いものは**曹長石**（albite）といいます。中間組成からややカルシウムに富む斜長石（例えば、ラブラドライト）では、結晶が冷え固まる過程で分離（離溶）し、ナトリウムの多い部分とカル

シウムの多い部分が縞状（層状）に繰り返すことがあります。この縞の間隔が光の波長程度になると虹色の光彩を放つようになり、最初に発見された場所（カナダのラブラドール）にちなんで、**ラブラドライト**と呼ばれます。

霞石
かすみいし

●学　名：Nepheline
●化学式：NaAlSiO$_4$

●結晶系
　六方晶系

■産状　火成岩
■比重 ────▼──── 2.6～2.7
■硬度 ────▼── 5½～6

●分　類　：テクトケイ酸塩鉱物
●劈　開　：三方向に不明瞭
●光　沢　：ガラス～樹脂
●色/条痕色：無、白、灰、淡黄/白
●産　地　：アフガニスタン、カナダ、イタリア、ドイツ、モロッコ

●霞石（島根県浜田市長浜町）

自形結晶は六角板状～柱状

2.5mm

◆ アルカリ金属やアルミニウムに富む

　長石に似ていますが、長石よりケイ酸に乏しくアルカリ金属とアルカリ土類金属やアルミニウムに富む鉱物です。そのような鉱物をまとめて準長石と呼ぶこともあります。

　ケイ酸分に乏しい閃長岩という火成岩中に見られる造岩鉱物です。日本の火成岩は、基本的にケイ酸分に富むため、霞石を含む閃長岩の産出は限られ、島根県浜田市が有名です。

ラズライト

●学　名：Lazurite
●化学式：$Na_7Ca(Al_6Si_6O_{24})(SO_4)S_3 \cdot nH_2O$

●結晶系
立方晶系

■産状 スカルン
■比重 ━━━━ 2.4
■硬度 ━━━━ 5〜5½

●分　類：テクトケイ酸塩鉱物
●劈　開：なし
●光　沢：ガラス
●色/条痕色：濃青/青
●産　地：アフガニスタン、ロシア、チリ、アルゼンチン

●ラズライト（アフガニスタン）

← 50mm →

独特の青色の色彩

◆ 青色の顔料や飾り石として用いられてきた

　一般には**ラピスラズリ**の名前で知られますが、同じような色合いの方ソーダ石やアウインもラピスラズリと呼ばれる場合があります。結晶質石灰岩中に、金色の黄鉄鉱と共生します。アフガニスタンが有名な産地で、シルクロードを通ってヨーロッパやエジプト、日本にも伝わりました。青色の発色は結晶構造中の硫黄の電子状態に由来します。

柱石
ちゅうせき

● 学　名： Scapolite
● 化学式： $(Ca,Na)_4(Si,Al)_{12}O_{24}(CO_3,SO_4,Cl)$

● 結晶系
正方晶系

■ 産状　変成岩、スカルン、火成岩
■ 比重 ――――― 2.5～2.8
■ 硬度 ――――― 5～6

・ 分　類　：テクトケイ酸塩鉱物
・ 劈　開　：四方向に明瞭
・ 光　沢　：ガラス
・ 色／条痕色：白、無、灰、ピンク、紫、黄、黄褐／白
・ 産　地　：アメリカ、イタリア、中国、タンザニア

● 曹柱石（カナダ）

条線の発達した柱状結晶

方解石

110mm

◆ スカルンから長柱状の自形結晶として産出

　カルシウムとナトリウムの比率により、**灰柱石**（meonite）と**曹柱石**（marialite）に分けられます。主にスカルンから長柱状の自形結晶として産出するほか、苦鉄質火成岩中の長石が変質作用を受けて柱石に置き換えられることもあります。紫外線により黄色く蛍光することもあります。国内では、長野県川上村の甲武信鉱山から灰鉄輝石などに伴って大型の自形結晶が産出しました。

方沸石
ほうふっせき

- 学 名： Analcime
- 化学式： $NaAlSi_2O_6 \cdot H_2O$

■結晶系
立方、正方晶系など

- 分 類 ：テクトケイ酸塩鉱物
- 劈 開 ：三方向に不明瞭
- 光 沢 ：ガラス
- 色/条痕色：白、無、灰、ピンク、帯黄、帯緑/白
- 産 地 ：カナダ、アメリカ、イタリア、日本

■産状 火山岩、ペグマタイト
■比重 ━━━━ 2.2～2.3
■硬度 ━━━ 5～5½

●方沸石（東京都父島）

▲割れ口は劈開がはっきりしない。

二十四面体の無色透明結晶

5mm

◆ アルカリイオンや水分子を含んだ構造を持つ

　ケイ酸四面体などが網目状につながってカゴ状の結晶構造をつくっており、その空隙にアルカリイオンや水分子を含んだ構造を持つ沸石（ゼオライト）科の鉱物です。火山岩の隙間やペグマタイトなどに石榴石のような二十四面体の形で産出します。同じような結晶外形を示すワイラケ沸石（wairakite）とは、肉眼的な区別が難しいですが、共生する沸石の種類から見当がつくこともあります。

触媒産業を支える鉱物「沸石」

Episode

沸石（ゼオライト）とは、結晶構造中にカゴ状やパイプ状などの比較的大きな空隙を持つアルミノケイ酸塩鉱物の科（family）です。

●「沸騰する石」

加熱すると結晶構造中に含まれる水分子が蒸発し、その際に沸騰しているように見えることから、ギリシャ語の zeo（沸騰する）と lithos（石）を合わせて命名されました。

結晶構造中の空隙には、水分子のほかにアルカリ金属やアルカリ土類金属のイオンが含まれ、それらは骨格構造を破壊することなく出し入れが可能です。一般的には、イオン半径が大きいイオンほど吸着されやすいのです。例えば、ナトリウムを含む沸石を粉末状にして、セシウムを含む溶液に入れると、セシウムが結晶構造の空隙中を通って結晶内に吸着され、代わりにナトリウムの一部が溶液中に溶け出します。

●洗濯用洗剤をチェック

このような沸石の吸着能やイオン交換能は、身近な場面で多用されています。沸石など使っていないと思う人も、まずは洗濯用洗剤をチェックしてみてください。成分にゼオライトまたはアルミノケイ酸塩などの表記がありませんか。それらは、水中のカルシウムやマグネシウムイオンを合成沸石中のナトリウムと交換して、水の硬度を下げる水質改良剤です。

水槽中のアンモニアなどを吸着する浄化剤や、猫砂にも、しばしば、合成や天然の沸石が使われます。特定のサイズの分子のみを選り分ける分子ふるいや、空隙中で分子同士を反応させる触媒としても重要な物質であり、ガソリンの精製には不可欠です。

●無尽蔵な資源量

産業用に用いられる沸石は、肉眼で見えるような大きく美しい結晶ではなく、合成の微粉末か、微細なモルデン沸石や単斜プチロル沸石を大量に含む沸石岩と呼ばれる岩石です。

沸石岩は、凝灰岩が変質作用を受けて沸石化したものです。日本国内の広範囲にわたって露出している緑色凝灰岩（グリーンタフ）も沸石岩の一種ですから、資源の量としては無尽蔵といえます。

●灰十字沸石（東京都父島）

中沸石
ちゅうふっせき

● 学　名： Mesolite
● 化学式： $Na_2Ca_2(Si_9Al_6)O_{30}\cdot 8H_2O$

● 結晶系
直方晶系

■ 産状　火山岩
■ 比重 ◀————— 2.3
■ 硬度 ———▽——— 5

● 分　類　：テクトケイ酸塩鉱物
● 劈　開　：二方向に完全
● 光　沢　：ガラス
● 色/条痕色：無、白、灰、帯黄/白
● 産　地　：インド、デンマーク、アイスランド

中沸石（長野県上田市手塚）

75mm

▲柱状結晶の集合体。

分解した安山岩

💎 針状から長柱状の結晶形態を示す

　中沸石、スコレス沸石（scolesite）、ソーダ沸石（natrolite）は、いずれも針状から長柱状の結晶形態を示し、構造的にも関連のある沸石です。ナトリウムを主成分とする**ソーダ沸石**、カルシウムを主成分とする**スコレス沸石**に対して、中間的な組成に相当

するため、学名は中間を意味するギリシャ語に由来します。これら3種が1つの標本中に共存し、結晶の根本と先端で別の種類に変わっていることもあります。インドのプーナの玄武岩晶洞中に産する標本は、特に大型で美しいことで有名です。

261

スコレス沸石
ふっせき

●学　名：Scolecite
●化学式：Ca(Si$_3$Al$_2$)O$_{10}$·3H$_2$O

●結晶系
単斜晶系

■産状 火山岩
■比重 ————————— 2.3
■硬度 ————————— 5〜5½

・分　類：テクトケイ酸塩鉱物
・劈　開：二方向に完全
・光　沢：ガラス
・色/条痕色：無/白
・産　地：インド、カナダ、アイスランド、日本

●スコレス沸石（インド マハーラーシュトラ州）

150mm

🔹 インドの標本は世界的に有名

　外見はソーダ沸石や中沸石に似ていますが、結晶系が異なるので、偏光板２枚を光が透過しない向きに重ね、その間に結晶を挟んで光の通り具合を調べると、区別することができます。結晶の向きを変えながら観察すると、スコレス沸石は結晶の伸長方向が偏光方向に対して16〜18°傾いた状態

で、ソーダ沸石は偏光方向と平行の位置で、中沸石は両者の中間的な位置で消光し（光を透過しなくなり）ます。また、ソーダ沸石と中沸石は針の断面が四角柱状なのに対し、スコレス沸石はしばしば双晶をなして断面が扁平になることも特徴です。

輝沸石

<ruby>輝<rt>き</rt></ruby><ruby>沸<rt>ふっ</rt></ruby><ruby>石<rt>せき</rt></ruby>

●結晶系
単斜晶系

■産状 火山岩
■比重 ━━━━━ 2.1～2.2
■硬度 ━━━━━ 3½～4

● 学　名：Heulandite
● 化学式：$NaCa_4(Si_{27}Al_9)O_{72} \cdot 24H_2O$

分　類	：テクトケイ酸塩鉱物
劈　開	：一方向に完全
光　沢	：ガラス～真珠
色／条痕色	：無、白、灰、帯黄／白
産　地	：インド、イタリア、アメリカ、日本

●輝沸石（東京都父島）

母岩の無人岩

▲板状結晶の底面に劈開し真珠光沢。

輝沸石

← 800mm →

◆ 特徴的な劈開面の真珠光沢

　板状から柱状結晶の集合体として火山岩の空隙（くうげき）などに産出します。劈開（へきかい）面が特徴的な真珠光沢を示します。ナトリウムの代わりにカリウム、カルシウムの代わりにバリウムやストロンチウムが多く含まれる種類もあります。微細なものは至る所に産出します。特にインドでは、束沸石（そくふっせき）や魚眼石（ぎょがんせき）と共に大型の美結晶が多産します。小笠原諸島の父島でかつて大きな結晶が産出しました。

湯河原沸石
ゆ　が　わら　ふっ　せき

●結晶系
単斜晶系

■産状 火山岩、熱水鉱脈
■比重 ▼——— 2.2
■硬度 ———▼ 4½

●学　名：Yugawaralite
●化学式：Ca(Si$_6$Al$_2$)O$_{16}$·4H$_2$O

・分　類　：ケイ酸塩鉱物
・劈　開　：なし
・光　沢　：ガラス
・色/条痕色：無〜白、淡ピンク色/白色
・産　地　：日本、アメリカ、アイスランド、
　　　　　　ニュージーランド、インドなど

●神奈川県湯河原町不動滝
ふ どうたき

35mm

◆ 日本を代表する沸石

　火山岩、特に安山岩中に脈などをなして産します。1952年、神奈川県湯河原温泉で発見され、その後は伊豆半島の土肥や下田、岩手県葛根田などの温泉地帯でも産出しました。外国でも、アメリカのイエローストンをはじめ、アイスランドやニュージーランドなどの地熱地帯から産しています。火山岩や脈の空隙に見られる結晶の形は、トランプのダイヤの尖った方を少し切り落としたような細長い六角板状をしています。

　結晶水が湯河原沸石より少し多い化学組成の沸石のひとつに剝沸石（epistilbite）があります。こちらは厚い封筒のような結晶形をしているので区別ができます。多くの沸石は希塩酸に溶けますが、湯河原沸石は溶けません。沸石の仲間は世界で100種類以上が知られていますが、日本が原産地なのは湯河原沸石と1997年に行われた沸石の定義拡大以降に沸石の仲間になったアンモニウム白榴石などです。

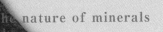

第 2 章

鉱物の化学組成と原子配列

鉱物種は、化学組成と結晶構造で定義され、これらに基づいて分類されています。しかし、2つの指標が複雑にからみ、系統分類として完全に統一される途上にあり、階層分類の標準化が進められています。

鉱物の博物学

◆化学組成

鉱物種は、何（どの元素）をどれくらい含んでいるか、で特徴づけられます。

○重量比と原子比

　鉱物種には単体と化合物があります。単体とは、単一の元素からできているもので、炭素からできているダイヤモンドや石墨が代表例です。化合物は、複数の元素が化合しているもので、ケイ素（Si）と酸素（O）が1：2で化合した二酸化ケイ素（SiO_2）の石英は、比較的単純な組成の例です。

　鉱物に限らず物質の化学組成の表示方法には、成分の重量比か原子比が使われます。重量比では、百分率（パーセント、%）表示が普通ですが、濃度が低い場合は百万分率（ppm）で表示します。一方、原子比ですが、結合する原子（イオン）の比率が一定の整数倍となるため、原子比も整数比にまとまります（化学量論）。純粋な岩塩（塩化ナトリウム、NaCl）の化学組成は、重量比ではNa 39.34%、Cl 60.66%と中途半端な数値となりますが、原子比はNa：Cl＝1：1とわかりやすい整数になります。これを利用したのが化学式です（トリビア293ページ）。

　鉱物の大きな特徴は、必ずしも薬品のような純粋な物質ではなく、多少なりとも微量成分を含んでいることです。これは、主要成分の一部が異なる成分で置き換えられたり（置換）、主要成分同士の隙間に異なる成分が入り込むためです。また、主要成分の一部が欠落すること（空孔）もあります。そのため、一見、化学量論比が保たれていないような場面にも遭遇しますが、置換などによる原子数や電荷の過不足の帳尻合わせの機構を見極めれば、そこに化学量論比を見いだすことができるのです。

○鉱物の成分表示の特徴、酸化物換算

　鉱物に特有な成分表示があります。それは、酸化物や酸素酸塩の鉱物の場合、成分を元素ではなく酸化物で、濃度を酸化物に換算した値で表示するもので、酸素を直接分析できなかった重量分析、容量分析、比色分析などの湿式分析法の伝統（名残）で、現在も分析値の表示に使われています。純粋な孔雀石[$Cu_2(CO_3)(OH)_2$]の重量比は、CuO 71.95%、CO_2 19.90%、H_2O 8.15%と表示します。ここで誤解してはいけないのは、孔雀石に炭酸ガスや水が含まれているわけではない、ということです。炭素と水素の含有量を酸化物換算で表示しているにすぎません。

◆原子配列

化学結合に基づく原子の規則的な配列は結晶構造に現れます。

○化学結合の違いは、電子の挙動と関係し、様々な物性に影響

同じ化学組成なのに、結晶構造が違うと（多形：同質異像）と、物性が著しく異なることも少なくありません（例：ダイヤモンドと石墨、共に化学式はC）。逆に、違う化学成分でも同様な結晶構造（同形）を持つ鉱物同士には、その物性に共通点や類似点が見られることもしばしばです（例えば、方解石 $Ca(CO_3)$ と菱マンガン鉱 $Mn(CO_3)$）。結晶構造が、化学組成と並んで、鉱物種の定義・分類で重要なゆえんです。

物質では、原子間に結合力が働いて特定の距離（場合によっては特定の方位）に配置されます（分子構造や配位多面体）。さらに、結晶では、その配置が立体的に組み合わさり、パターンをなして等間隔で繰り返されています（単位格子・単位胞）。この無限ともいえる繰り返しが引き起こす現象により、物性を知覚し、鉱物種を識別できるのです。

○構造式と固溶体

同じ元素でも化学種として異なる場合は区別を要します。例えば、硫黄（S）が硫化物をなしているのか、硫酸塩イオン $(SO_4)^{2-}$ として硫酸塩をなすのか、では全く別の鉱物種です（例えば、銅藍 CuS と胆礬 $Cu(SO_4)$・$5H_2O$）。水素（H）の場合も $(OH)^-$ イオン［水酸化物］か、水分子［水和物］かでは大違いです（例えば、弘三石 $Nd(CO_3)(OH)$ とネオジムランタン石 $Nd_2(CO_3)_3$・$8H_2O$）。このような化学種は、赤外吸収分光法などで分子振動の違いから判別できますが、結晶構造解析ほど確実な分析法はありません。その明示は、構造式（示性式）によってのみできるのです（トリビア293ページ）。

主成分に代わり微量成分が結晶中に入り込むこと（置換）は、鉱物ではごく普通のことです。しかし、どんな元素でも微量成分として入り込めるわけではありません。そこには、結晶中での性質（結合の長さ＝実効イオン半径や価数）の類似性が大きく影響しています。特に類似性が著しい場合は、それぞれの元素を主成分とする同形構造の鉱物種の対になることもあります。このような鉱物同士では、置換が進んでも結晶構造に変わりはないので、相互の純粋組成（端成分）間で幅広い固溶体が形成されることもあります。

◆鉱物の分類法

鉱物は、形態（見た目）や性質（硬さや重さなど）で分類されてきました。化学、結晶学、地質学などの発展により、化学組成、結晶構造、産状など、科学的観点による分類法に移り、長年にわたり改訂が続いて、今日では化学結合の様式が明瞭に現れる陰イオン原子団に基づく分類法が主流となっています。

○代表的な分類

代表的な分類としてシュツルンツの『Mineralogical Tables』（鉱物一覧表 第9版に相当）と、デーナの『New Mineralogy』（鉱物学大系 第8版に相当）があります。

鉱物は、動物や植物の系統樹のような分類が適用できません。硫酸塩の明礬石（みょうばんせき）、リン酸塩のクランダル石、ヒ酸塩のシグニット石は、明礬石超族に属する同形の鉱物ですが、化学種に基づく大分類では、硫酸塩、リン酸塩、ヒ酸塩に分類されます。

さらに、明礬石超族のスパンベルグ石やコーク石は、硫酸塩イオンとリン酸塩イオンの両方とも主成分なので、硫酸塩鉱物、リン酸塩鉱物のどちらにも分類できます。

一方で、これまで統一性のなかった分類の階層について、2009年、国際鉱物学連合の「新鉱物・命名・分類委員会」が新たな指針を示し、鉱物分類の階層を、級（class）、亜級（subclass）、科（family）、超族（supergroup）、族（group）、亜族（subgroup）または系（series）として規定しています。

●級（Class）

最も基礎となる化学種による分類です。元素鉱物、硫化物、硫塩、ハロゲン化物、酸化物、水酸化物、亜ヒ酸塩（亜硫酸塩等を含む）、炭酸塩、硝酸塩、ホウ酸塩、硫酸塩、クロム酸塩、モリブデン酸塩、タングステン酸塩、リン酸塩、ヒ酸塩、バナジン酸塩、ケイ酸塩、有機化合物に分けられます。

●鉱物分類の階層

級（class）	基礎となる化学種による分類　ケイ酸塩鉱物など
亜級（subclass）	原子団の連結様式に基づく分類　ネソケイ酸塩など
科（family）	構造・組成が類似した鉱物群　準長石など
超族（supergroup）	基本的同一構造で類似化学組成の族群　燐灰石超族など
族（group）	本質的同一構造で類似化学組成の鉱物群　カオリン族など
亜族（subgroup） 系（series）	同一構造でも類似化学組成でもない関連した鉱物群　リリアン鉱など

●シュツルンツ（Strunz）の分類

1	元素鉱物		6	ホウ酸塩
2	硫化物・硫塩		7	硫酸塩
3	ハロゲン化物		8	リン酸塩・ヒ酸塩・バナジン酸塩
4	酸化物		9	ケイ酸塩
5	炭酸塩・硝酸塩		10	有機化合物

●デーナ（Dana）の分類

1	元素・合金鉱物		24〜27	ホウ酸塩
2	硫化物（セレン化物・テルル化物）		28〜32	硫酸塩
3	硫塩		33〜34	セレン酸塩・テルル酸塩・亜セレン酸塩・亜テルル酸塩
4	単純酸化物		35〜36	クロム酸塩
5	ウラン・トリウムを含む酸化物		37〜43	リン酸塩・ヒ酸塩・バナジン酸塩
6	水酸化物		44〜46	アンチモン酸塩・亜アンチモン酸塩・亜ヒ酸塩
7	複酸化物		47	バナジウム酸化物塩
8	ニオブ・タンタル・チタンを含む複酸化物		48〜49	モリブデン酸塩・タングステン酸塩
9〜12	ハロゲン化物		50	有機化合物
13〜17	炭酸塩		51〜78	ケイ酸塩鉱物
18〜20	硝酸塩			
21〜23	コウ素酸塩			

　　『Handbook of Minerals』は第1分冊から第5分冊で構成されていますが、級（Class）による分類が反映され、それぞれ、表のように分けられて製本されています。

1	元素鉱物・硫化物・硫塩
2	ケイ酸塩
3	ハロゲン化物・水酸化物・酸化物
4	ヒ酸塩・リン酸塩・バナジン酸塩
5	ホウ酸塩・炭酸塩・硫酸塩

●亜級（Subclass）

ケイ酸塩とホウ酸塩でSiO_4やBO_4の四面体の原子団の連結様式に基づいてneso（ネソ）ー、soro（ソロ）ー、cyclo（シクロ）ー、ino（イノ）ー、phyllo（フィロ）ーおよびtekto（テクト）ーという接頭語と共に適用されています。シュツルンツの分類では、ホウ酸塩はmonoー、diー、triー、tetraborateのような重合度で分けられてきましたが、十分に結合の構造を示すことはできません。

●科（Family）

沸石（ゼオライト）や準長石のような、複数の超族（Supergroup）からなる、構造が類似した鉱物群に適用されます。化学的に類似したsupergroupからなるfamilyの例としては、pyrite-marcasite family（黄鉄鉱—白鉄鉱科）が挙げられます。

●超族（Supergroup）

基本的に同一構造で類似の化学組成を持つ複数の族（Group）から構成されます。同じclassの鉱物で構成されますが、alunite supergroup（明礬石超族）のように、硫酸塩のみならず、ヒ酸塩、リン酸塩といったclassから構成されるsupergroupもあります。

●族（Group）

分類の基本単位で、本質的に同一の構造と類似した化学組成を持つ複数の鉱物で構成されます。

●亜族（Subgroup）・系（Series）

リリアン鉱、バボン鉱のような硫塩がなす同族の系列や、輝石、角閃石、雲母のように、構造や組成の異なる複数の二次元的構造単位が組み合わされたpolysomatic seriesの鉱物群です。本質的に同一の構造や類似した化学組成を持たないため、groupとしてまとめられない分類に用います。

●ポリタイプ（Polytype）

層状の結晶構造を持つ鉱物には、同一の層状の構造単位が異なる積層方向や周期を持った複数の構造型を見せるものがあります。このような構造型の相違は、一般の多形（polymorphism）と区別され、ポリタイプ（polytype、polytypism）と呼ばれます。

◆元素鉱物

主成分（置換などにより含まれる微量成分ではなく、その鉱物の本質的な成分）が単一の元素である鉱物です。炭素（C）だけを主成分とするダイヤモンドと石墨は、元素鉱物の代表格です。

○天然の鉱物を表すための表記

元素名と同じ名前が使われる鉱物も多く知られています。人工的な物質ではなく天然の鉱物であることを表すために、自然金（Au）や自然硫黄（S）などと元素名に「自然」を冠して表記されることもあります。

自然砒（As）や自然蒼鉛（Bi）など、旧来の元素名表記が鉱物名だけに残り、現在の化学用語とは違っているものもあります。

▲ダイヤモンド（南アフリカ）

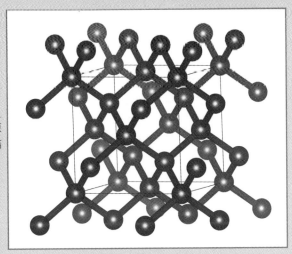

●ダイヤモンドの結晶構造 *
炭素原子が隣接する4つの炭素原子と強い共有結合で立体的に結合し、堅牢な構造をなしている。

＊…の結晶構造　本書で紹介する結晶の構造図は、結晶描画プログラム「VESTA」で作成しています。

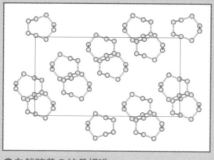

●自然硫黄の結晶構造

8つの硫黄原子が王冠型（ジグザグの環状）の
S₈分子をなしている。

▲自然硫黄（栃木県那須茶臼岳）

Trivia

元素名とは異なる名前

新たに見つかった多形の元素鉱物には、輝砒鉱（arsenolamprite：As）のように元素名とは異なる名前が与えられます。結晶構造の違いを表し、パラ輝砒鉱「pararsenolamprite：(As,Sb)」や六方鉄[hexaferrum：(Fe,Os,Ru,Ir)]と命名された元素鉱物もあります。

六方モリブデン（hexamolybdenum：Mo,Ru,Fe）は、隕石中に見いだされた元素鉱物です。一般的な金属モリブデンとは結晶構造が異なるので、あえて自然モリブデンとは命名しないで、構造の特徴を表した命名をしたようです。

元素鉱物は、人工的に精製された物質ではないので、微量成分が含まれることがふつうです。簡略化した化学式では、主成分元素を筆頭に、主成分元素を置き換える微量元素をカンマで区切って括弧内に併記します。

置換の程度は、極微量から主成分に匹敵する量まで様々ですが、化合物ではないので一定の整数比に保たれることはありません。金属の元素鉱物は、合金をなしている場合が多く見受けられます。自然金には、金（Au）と銀（Ag）の合金（Au,Ag）となっているものも少なくなく、**エレクトラム**と呼ばれます。

炭化物、窒化物、ケイ化物、リン化物などの鉱物は、元素の単体ではありませんが、それぞれをclassとして分類するのではなく、元素鉱物に準じて分類するのが一般的です。

◆硫化鉱物

硫黄と金属が結合した化合物、硫化物の鉱物です。地殻中に多様な種が存在し、局部的に濃集して鉱床をなし、金属の資源となっています。

○金属光沢と導電性を示す

一般的に、金属から亜金属の光沢を示し、半導体の特性を持つものも多くあります。黄鉄鉱 (FeS₂)、閃亜鉛鉱 (ZnS)、方鉛鉱 (PbS) などが代表的です。硫化物と性質が似ているセレン化物やテルル化物の鉱物も、硫化物に準じてこの級 (class) に含められます。なお、セレンやテルルの酸素酸塩であるセレン酸塩やテルル酸塩は、硫酸塩鉱物に近い仲間として扱われます。

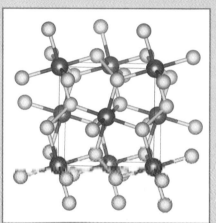

●黄鉄鉱の結晶構造

硫黄（S：黄色）が隣接の硫黄（S）と結合し、S₂原子団を構成していることが特徴。鉄（Fe：茶色）は6つの硫黄（S）と結合している。

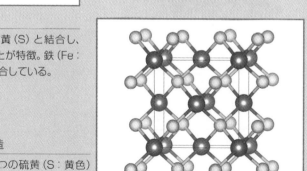

▲黄鉄鉱（福井県剣岳鉱山）

●閃亜鉛鉱の結晶構造

亜鉛（Zn：灰色）は４つの硫黄（S：黄色）と正四面体配位で結合している。

◀閃亜鉛鉱／中央の金属光沢の結晶
（埼玉県秩父鉱山）

○金属元素と複塩をなす鉱物

　硫化鉱物の中でも、ヒ素 (As)、アンチモン (Sb)、ビスマス (Bi) など半金属元素が硫黄 (S) と共有結合して $(AsS_3)^{3-}$ のような陰イオン原子団を形成し、金属元素と複塩をなす鉱物を**硫塩鉱物**と呼びます。

　安四面銅鉱 $(Cu_{12}Sb_4S_{13})$、硫砒銅鉱 (Cu_3AsS_4)、濃紅銀鉱 (Ag_3SbS_3)、車骨鉱 $(PbCuSbS_3)$、コサラ鉱(cosalite：$Pb_2Bi_2S_5$) などが金属の資源となります。

　サラバウ鉱 (sarabauite：$CaSb_{10}^{3+}O_{10}S_6$) のように、硫酸塩ではなく、酸化物であり硫化物であるものは硫化鉱物に分類されています。

●車骨鉱の結晶構造

アンチモン (Sb：茶色) と3つ硫黄 (S：黄色) からなる原子団が硫塩の特徴である。鉛 (Pb：黒) は8つの硫黄 (S：黄色) と、銅 (Cu：青色) は4つのSと、正四面体配位で結合している。

▲車骨鉱／歯車のような金属光沢の結晶
（埼玉県秩父鉱山）

◆酸化鉱物

酸素を２価の陰イオンとして他の元素の陽イオンと化合している酸化物の鉱物です。

○透明な結晶を持つ鉱物

炭酸塩、リン酸塩、ケイ酸塩など酸素酸（オキソ酸）塩の鉱物は、別途に分類されますが、水酸化物［水酸化物イオン：(OH)⁻ の化合物］の鉱物である水酸化鉱物は、酸化鉱物に含められて分類されることがあります。

多くは、透明な結晶で、硬度は比較的高く、絶縁体です。ルビーやサファイアとして知られるコランダム（鋼玉：Al_2O_3）、スピネル（尖晶石：$MgAl_2O_4$）など、宝石に加工される結晶もあります。

一方、赤鉄鉱（Fe_2O_3）、磁鉄鉱（$Fe^{2+}Fe_2^{3+}O_4$）、軟マンガン鉱（pyrolusite：MnO_2）、錫石（SnO_2）や、ボーキサイトの主要鉱物のギブス石（gibbsite：$Al(OH)_3$）、ベーム石（böhmite：$AlOOH$）、ダイアスポア（diaspore：$AlOOH$）など、資源として重要なものも少なくありません。

酸化ケイ素の石英（SiO_2）、クリストバル石（方珪石：SiO_2）、鱗珪石（SiO_2）などは、ケイ酸塩鉱物に分類されることもあります。

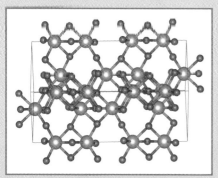

●コランダムの結晶構造

アルミニウム（Al：水色）は６つの酸素（O：赤色）と変形した八面体配位で結合し、これが立体的に連なっている。

▲コランダム／中央の灰色味を帯びた結晶（岐阜県飛騨市羽根谷）

◆ハロゲン化鉱物

　フッ素や塩素など、ハロゲンのみを陰イオンとする鉱物です。蛍石（CaF₂）や岩塩（NaCl）などが該当します。

○水に溶けるものもある

　フッ素燐灰石 [Ca₅(PO₄)₃F] や方ソーダ石（sodalite：Na₄Si₃Al₃O₁₂Cl）など、ハロゲンを主成分としていても、各種の酸素酸（オキソ酸）も主成分とした場合には、それぞれの酸素酸塩鉱物に分類します。ハロゲン化鉱物は、一般的に透明でガラス光沢があり、水に溶けるものもあります。

▲岩塩（パキスタン）

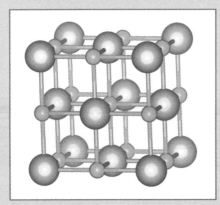
●岩塩の結晶構造
中学校の理科の教科書に掲載されている食塩の結晶模型図と同じ。ナトリウム（Na：緑色）と塩素（Cl：黄土色）が直交する方向で交互に並び、相互に６つの原子に正八面体配位で結合している。

▲蛍石（中国）

276

◆炭酸塩鉱物

　三角形の中心に炭素（C）を、3頂点に酸素（O）を配した炭酸イオン［$(CO_3)^{2-}$］からなる鉱物です。

○生物起源の典型

　石灰岩や苦灰岩などの炭酸塩岩の主要鉱物である方解石（$CaCO_3$）と苦灰石［$CaMg(CO_3)_2$］や、霰石（$CaCO_3$）などが代表例です。ケイ酸イオンも含む場合は、ケイ酸塩鉱物に分類されます。

　一般的には、結晶は透明で、塩酸に溶けて分解され炭酸ガスを発泡します。硬度は4以下と低いことが特徴です。炭酸カルシウム鉱物は生物起源の典型です。また、ニッケル（Ni）、銅（Cu）、亜鉛（Zn）、鉛（Pb）など、様々な金属の炭酸塩が地表近くで二次的に生成します。

▲方解石（メキシコ）

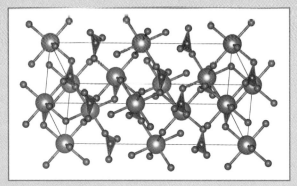

●方解石の結晶構造

炭素（C：茶色）は3つの酸素（O：赤）と結合し三角形の陰イオン原子団［$(CO_3)^{2-}$］を形成している。カルシウム（Ca：水色）はこの三角形の陰イオン［$(CO_3)^{2-}$］で立体的に結ばれている。

地質作用と生物活動のコラボレーション

　鉱物や岩石は、無機質なものです。生物活動の有無にかかわりなく生成するように思われがちですが、もし生物活動がなければ、地表に見られる鉱物の種類はずいぶんと違っていたことでしょう。

●もし生物がいなければ…

　金属鉱床の酸化帯に見られる酸化鉱物、炭酸塩鉱物、硫酸塩鉱物、リン酸塩鉱物などの二次鉱物は、酸化的な大気の影響から、初生的な硫化鉱物などが酸化分解されることで生成します。

　地球形成初期の大気組成は、二酸化炭素と窒素が主体だったと考えられています。酸素はのちに生物の光合成によってつくられました。したがって、もし生物がいなければ、酸化によってできる二次鉱物も地球上に存在しなかったかもしれません。

●生物の死骸や排泄物からできる鉱物

　もっと直接的に、生物の死骸や排泄物が地質作用を受けてできる鉱物もあります。そうした変わり種の鉱物の中に、天然ガス分子を含む**シリカ鉱物**があります。最初に見つかったのは、19世紀後半にイタリアのシチリア島から産出したメラノフロジャイトという鉱物です。火で熱すると透明な結晶が黒く変色することから、黒と火を意味するギリシャ語を組み合わせた名前がつきました。

　黒変するのは、結晶に含まれる炭素化合物が炭化するためです。当初は有機化合物がインクルージョンとして含まれていると考えられていました。しかし、のちに結晶の本質的な成分としてメタンや二酸化炭素、窒素、硫化水素などのガス分子を含むことが判明しました。

●燃える氷

　鉱物にガスが含まれるのは不思議な感じがしますが、ケイ酸四面体同士がカゴ状の骨格構造をつくっており、そのカゴの中にガス分子が1分子ずつ入った結晶構造をしています。

　この結晶構造は、「燃える氷」として知られる**メタンハイドレート**の結晶構造にそっくりです。メタンハイドレートの場合は、ケイ酸四面体の代わりに水分子が同様の形状のカゴ状構造をつくっています。このようなカゴ状構造の中に別の分子を含む物質を、**包接化合物**または**クラスレート**といい、カゴがシリカでできている物質を**シリカクラスレート**（**クラスラシル**）と呼びます。

●小さな結晶の中に保存される 天然ガス

　カゴの中に入る分子の大きさに応じて、天然ガスハイドレートの構造には、構造I型

278

のメタンハイドレートのほか、構造II型と構造H型の3種類が知られており、クラスラシル鉱物においても、最近、それらに対応する構造を持つ**千葉石**と**房総石**が相次いで発見されました。

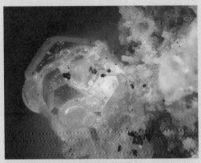

▲千葉石（千葉県南房総市荒川）

千葉石と房総石は、メタンよりも大きなエタンやプロパンなどの天然ガス分子も含んでいます。メタンガスのでき方には、堆積物中の有機物が地熱で分解されてできるものと、海底の泥の中の微生物が合成するものとがあり、クラスラシル鉱物に含まれるのは前者のタイプの天然ガスと考えられます。

▲石油入り水晶／可視光（パキスタン）

堆積物中で発生した天然ガスが鉱床として濃集するには、特殊な地質構造が必要です。通常はすべて大気中に放散されてしまうのですが、小さな結晶の中に少しだけ保存されていたというわけです。

貝や骨の化石が、その形だけを残してオパールやめのう、黄鉄鉱などに置き換わったり、鉱物中のインクルージョンとしてタールや石油などが包有されることもあります。下の写真2点はパキスタン産の石油入り水晶です。

黄色くサラサラのオイルと無色の水が相分離していることもあり、地下の石油層に熱水が入り込んだか、あるいは熱水中に石油が染み出す状況で水晶が成長したと推測されます。

▲石油入り水晶／紫外線（パキスタン）

このオイルは、紫外線により強い蛍光を示し、水晶が内側から青白く照らされて光り輝きます。こうした無機的な鉱物と有機的な生物のコラボレーションは、生命の星、地球ならではの光景です。

◆ホウ酸塩鉱物

ホウ酸イオンには、炭酸イオンと同様に三角形の3頂点にOを配した $(BO_3)^{3-}$ と、硫酸、リン酸、ケイ酸イオンなどのように四面体の4頂点にOを配した $(BO_4)^{5-}$ があります。

○大陸の乾燥地帯にある重要な鉱床

ホウ酸イオンは、2つの三角形 $(BO_3)^{3-}$ イオンが1つの頂点Oを共有した $(B_2O_5)^{4-}$ イオンなどのように、重縮合している場合もあります。ケイ酸イオンも含む場合は、ケイ酸塩鉱物に分類されます。

テレビ石の名で知られるウレックス石 [$NaCaB_5O_6(OH)_6 \cdot 5H_2O$] が代表種です。

無色、白色のものが多く、鮮やかな色を持つものは逸見石 [$Ca_2Cu[B(OH)_4]_2(OH)_4$] などCuをはじめとする遷移金属を含む種に限られます。

硼砂 [borax：$Na_2B_4O_5(OH)_4 \cdot 8H_2O$]、コールマン石 [colemanite：$CaB_3O_4(OH)_3 \cdot H_2O$]、カーン石 [kernite：$Na_2B_4O_6(OH)_2 \cdot 3H_2O$] などは、大陸の乾燥地帯に資源として重要な鉱床をなしています。

▲ウレックス石（アメリカ・カリフォルニア州）

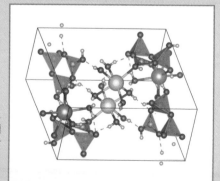

● ウレックス石の結晶構造

ホウ酸イオン [$(BO_3)^{3-}$ 1つと $(BO_4)^{5-}$ 2つの連なり：緑色]、水分子 [H_2O：赤と灰色] を介してカルシウム（Ca：水色）とナトリウム（Na：黄色）を結んでいる。

◆硫酸塩鉱物

四面体配位の硫酸イオン [$(SO_4)^{2-}$] を主成分とする鉱物です。石膏 ($CaSO_4 \cdot 2H_2O$) や重晶石 ($BaSO_4$) がその代表です。

○硫化鉱物の分解からできる

硬度は中庸で、水に溶けやすいものや、潮解 (大気中の水蒸気により溶解する現象) するものもあります。一方で、脱水して分解するものもあります。地表近くで硫化鉱物の分解によりできるものも多く知られています。

硫酸イオンの硫黄 (S) はセレン (Se) のみならず、クロム (Cr)、モリブデン (Mo)、タングステン (W) で置き換えられることがあります。その置換が進んで硫黄 (S) を上回るような化学組成のものは、別種となり、それぞれセレン酸塩、クロム酸塩、モリブデン酸塩、タングステン酸塩の鉱物に分類されます。これらも一括して硫酸塩の仲間として扱われる場合があります。

▲石膏 (東京都父島)

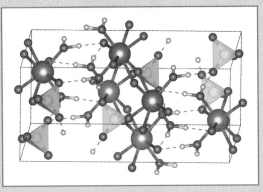

●石膏の結晶構造
硫酸イオン [$(SO_4)^{2-}$：黄色] と水分子 [H_2O：赤と灰色] がカルシウム (Ca：水色) を結んでいる。

◆リン酸塩鉱物

　フッ素燐灰石 [Ca$_5$(PO$_4$)$_3$F] に代表される四面体のリン酸イオン [(PO$_4$)$^{3-}$] を主成分とする鉱物です。

○ケイ酸塩鉱物に次ぐ数の鉱物種

　ほとんどは単独のリン酸イオンからなるオルソリン酸塩ですが、重縮合した二量体のピロリン酸イオン [(P$_2$O$_7$)$^{4-}$] を持つものもわずかに知られています。多様な化学組成があり、ケイ酸塩鉱物に次ぐ数の鉱物種が知られています。

　四面体イオンの中心のPは、しばしばヒ素（As）やバナジウム（V）に置き換えられ、ヒ酸塩鉱物やバナジン酸塩鉱物も、リン酸塩鉱物と一緒に分類されることがあります。スバブ石 [svabite：Ca$_5$(AsO$_4$)$_3$F] はフッ素燐灰石のAs置換体で、褐鉛鉱 [Pb$_5$(VO$_4$)$_3$Cl] はO以外のすべての主成分を替えたV、Pb、Cl置換体です。

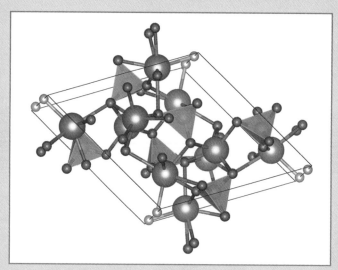

●フッ素燐灰石の結晶構造

リン（P：紫色）は4つの酸素（O：赤）と結合し四面体型の陰イオン原子団 [(PO$_4$)$^{3-}$] を形成している。この四面体型のリン酸イオンは重合することなくそれぞれ独立し、頂点のOを通じてカルシウム（Ca：水色）を立体的に結んでいる。

目立つのに気づかれなかった新鉱物

　最近の新鉱物の多くは、目立たず小さいことが特徴ですが、稀にはきれいで肉眼でもよくわかる鉱物もあります。たいてい、似た別の鉱物と思い込んでまともに調べようとはしなかったため、ずっと以前から多くの人の目に触れていたにもかかわらず、気づかれなかったのです。

　そのよい例が糸魚川石（青いひすい輝石と思われていた）です。ここ10年くらいの間でも、日本で発見された新鉱物のうち、福岡県河東鉱山から産出した宗像石がこのような例のひとつです。

　方鉛鉱や黄銅鉱を含む鉱石の酸化によってごくふつうにできる青鉛鉱に似ているので、気づかれるのが遅かったのです。宗像石にはセレンという元素が主成分で入っています。調べてみると、セレンは方鉛鉱中に少量含まれていて、これが濃集して宗像石の材料となりました。青鉛鉱を見直すと、秋田県亀山盛鉱山や静岡県河津鉱山でも宗像石が確認されたのです。

▲宗像石（福岡県河東鉱山）

◆ケイ酸塩鉱物

結晶構造の基本的要素としてケイ素 (Si) を中心とした正四面体の各頂点に酸素 (O) を配したSiO$_4$四面体を持つことが特徴です。

○抜きん出ている種類と産出

地殻では酸素 (O) とケイ素 (Si) が主要な元素です。ケイ酸塩鉱物の種類の多さと産出は他に抜きん出ています。多くのケイ酸塩鉱物がガラス光沢を示しますが、様々な化学組成と結晶構造 (結合様式) により、硬度は多様です。

SiO$_4$四面体は頂点の酸素 (O) を共有して重縮合し、環状、鎖状、層状、カゴ状など様々な骨格構造をつくります。ケイ酸塩鉱物は、SiO$_4$四面体の配列様式に基づいて細分されています。

●ネソケイ酸塩鉱物

SiO$_4$四面体が重縮合しないで (SiO$_4$)$^{4-}$イオンとして個々に独立して存在するので、ギリシャ語で「島」を意味する「ネソ」がつきます。オリーブ石族 (苦土オリーブ石：Mg$_2$SiO$_4$ など) や、石榴石超族 [鉄礬石榴石：Fe$_3^{2+}$Al$_2$(SiO$_4$)$_3$] などに代表されます。

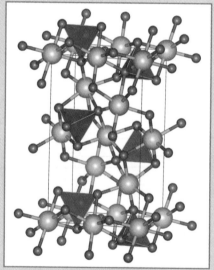

●苦土オリーブ石の結晶構造
ケイ素 (青色) は4つの酸素 (O：赤) と結合し四面体型の (SiO$_4$)$^{4-}$陰イオン原子団を形成している。この四面体型のケイ酸イオンは重合することなくそれぞれ独立し、頂点の酸素を通じてマグネシウム (Mg：緑色) を立体的に結んでいる。

▲苦土オリーブ石 (アメリカ・アリゾナ州)

●ソロケイ酸塩鉱物

SiO₄四面体2つが1つのOを共有した二量体の$(Si_2O_7)^{6-}$イオンを持つものです。ギリシャ語の「群」を意味する「ソロ」を冠します。代表的鉱物は異極鉱[$Zn_4Si_2O_7(OH)_2\cdot H_2O$]です。

緑簾石[$Ca_2Fe^{3+}Al_2(Si_2O_7)(SiO_4)O(OH)$]とその仲間の緑簾石超族の鉱物あるいは苦土パンペリー石[pumpellyite-(Mg)：$Ca_2MgAl_2(SiO_4)(Si_2O_7)(OH)_2\cdot H_2O$]とその仲間のパンペリー石族の鉱物のように、二量体の$(Si_2O_7)^{6-}$イオンに加えて単量体の$(SiO_4)^{4-}$イオンも同時に存在する場合は、重縮合度の高い方を優先して、ネソケイ酸塩ではなくソロケイ酸塩に分類されます。

三量体の$(Si_3O_{10})^{8-}$を基本的要素とするタレン石[thalénite-(Y)：$Y_3Si_3O_{10}(OH)$]なども、ソロケイ酸塩に分類されています。

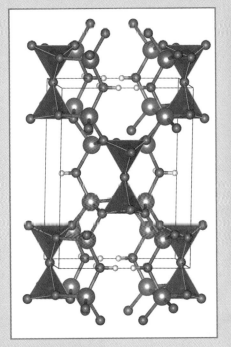

▲異極鉱の白い結晶（大分県木浦鉱山）

●異極鉱の結晶構造

2つの四面体型の$(SiO_4)^{4-}$陰イオン（青色）が1つの酸素（O：赤）を共有して$(Si_2O_7)^{6-}$原子団を形成している。亜鉛（Zn：灰色）は頂点の酸素（O）を通じて立体的に結ばれている。

●シクロケイ酸塩鉱物

　SiO$_4$四面体がそれぞれの2つの頂点Oを隣接の四面体と共有して重縮合し環状の基本的構造要素を持つケイ酸塩鉱物で、「シクロ（サイクロ）」は、「サイクル（輪）」を意味するギリシャ語に由来します。

　環状構造を構成するSiO$_4$四面体の数（員数）には3、4、6、8、9、12個などがありますが、8個以上は稀で、環状構造が歪んで扁平になっていることもあります。3員環[$(Si_3O_9)^{6-}$]、4員環[$(Si_4O_{12})^{8-}$]、6員環[$(Si_6O_{18})^{12-}$]を持つシクロケイ酸塩の例は、それぞれ、ベニト石[benitoite：BaTiSi$_3$O$_9$]、長島石[nagashimalite：Ba$_4$(V^{3+},Ti)$_4$(O,OH)$_2$(B$_2$Si$_8$O$_{27}$)Cl]、緑柱石(Be$_3$Al$_2$Si$_6$O$_{18}$)と電気石族[鉄電気石：NaFe$_3^{2+}$Al$_6$(Si$_6$O$_{18}$)(BO$_3$)$_3$(OH)$_4$な

ど]が挙げられます。

　また、2つの環状構造が結合して複環状構造となっているシクロケイ酸塩もあります[大隅石(KFe$_2^{2+}$Al$_3$(Al$_2$Si$_{10}$)O$_{30}$)など]。

▲緑柱石（岐阜県福岡鉱山）

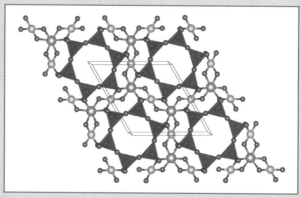

●緑柱石の結晶構造

6つの四面体型の(SiO$_4$)$^{4-}$陰イオン（青色）が酸素（O：赤）を共有して環状に6員環の原子団を形成している。この6員環は同一面内に配置され、アルミニウム（Al：水色）とベリリウム（Be：緑色）は6員環を立体的に結んでいる。

●イノケイ酸塩鉱物

SiO₄四面体がそれぞれの２つの頂点Oを隣接の四面体と共有して重縮合し鎖状の基本的構造要素をなしているケイ酸塩鉱物です。

「イノ」はギリシャ語で鎖を意味します。輝石超族（ひすい輝石：$NaAlSi_2O_6$など）や珪灰石（$CaSiO_3$）など単鎖（１本の鎖）を基本構造とするものです。さらに、角閃石超族［緑閃石：$Ca_2(Mg,Fe^{2+})_5Si_8O_{22}(OH)_2$など］やゾノトラ石［xonotlite：$Ca_6Si_6O_{17}(OH)_2$］のように二本の鎖が連なった二重鎖構造を持つイノケイ酸塩、そして三重鎖構造を持つものもあります。

三重鎖と二重鎖の両方からできている種も知られています。また、Siの一部がAlで置換されることもあります（アルミノケイ酸塩）。

▲ひすい輝石（新潟県糸魚川市）

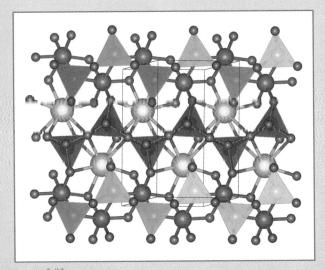

●ひすい輝石の結晶構造

四面体型の$(SiO_4)^{4-}$陰イオン（青色）が酸素（O：赤）を共有してジグザグの鎖状に伸びている。カルシウム（Ca：黄色）とアルミニウム（Al：紅色）は平行した鎖状ケイ酸の間にあって、ケイ酸の鎖を立体的に結んでいる。

●フィロケイ酸塩鉱物

　層状ケイ酸塩とも呼ばれます。SiO_4四面体が3つの頂点Oを共有して網の目の層状構造をなしていることが特徴です。「フィロ」とは、葉という意味のギリシャ語です。しばしば、ケイ素（Si）の一部がアルミニウム（Al）に置換されていることがあります（アルミノケイ酸塩）。

　フィロケイ酸塩鉱物、イノケイ酸塩鉱物の鎖状構造が無限に重合した無限重鎖と見なすこともできます。雲母超族［白雲母：$KAl_2(Si_3Al)O_{10}(OH)_2$など］や粘土鉱物［蛇紋石：$((Mg、Fe)_3Si_2O_5(OH)_4$など］のほとんどが、ここに属します。

　SiO_4四面体からなる層状構造は四面体シートと、MgやAlの6配位八面体が形成するものは八面シートと呼ばれます。2種のシートが組み合わさって層（レイヤー）を形成し、この層が積層して三次元の結晶構造となっています。

　四面体シートと八面体シートが1枚ずつで1枚の層を形成する場合（1：1型）と、1枚の八面体シートを2枚の四面体シートで挟んだ層を形成する場合（2：1型）があります。層相互が直接結合している場合のほかに、層間に陽イオンが介在しているものや、水分子も存在しているものなど、多様です。

　層間にさらにイオンや分子を挿入して層間化合物（インターカーレーション）となることもあります。層間の結合力は弱いことが多く、雲母のような完全な劈開（へきかい）の要因ともなっています。

▲白雲母（スターマイカ／ブラジル）

●白雲母（しろうんも）の結晶構造

四面体型の$(SiO_4)^{4-}$陰イオン（青色）が酸素（O：赤）を共有して6員環を平面内で繰り返し展開し、膜（シート）をなしている。アルミニウム（Al：緑色）は6配位八面体をなして別の膜（シート）をなし、2枚のケイ酸塩四面体膜（シート）で挟まれ、1組の層状の骨格構造を構成している。カリウム（K：紫）は2枚の層状の骨格構造を結び、この繰り返しにより積層構造となっている。

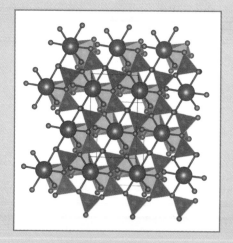

●テクトケイ酸塩鉱物

SiO$_4$四面体が4つすべての頂点Oを共有して立体的な骨格構造をなしています。ギリシャ語で立体の意味を持つ「テクト」が名前の由来です。ケイ素（Si）の一部がアルミニウム（Al）に置換されていることがあります（アルミノケイ酸塩）。

代表的なものは長石超族（微斜長石：KAlSi$_3$O$_8$など）、準長石超族（霞石：NaAlSiO$_4$など）や沸石超族（方沸石：NaAlSi$_2$O$_6$・H$_2$Oなど）です。

石英は酸化鉱物に分類することができますが、Alによる置換がないSiO$_4$四面体の立体的な骨格構造を持つテクトケイ酸塩としても扱われます。

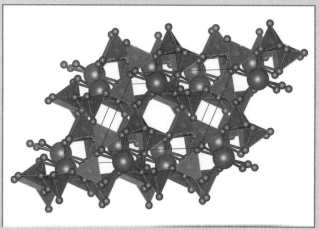

●微斜長石の結晶構造
四面体型の(SiO$_4$)$^{4-}$陰イオン（青色）では、ケイ素（Si）の一部がアルミニウム（Al）に置換され、酸素（O：赤）を共有して連結して立体的な骨格構造を形成している。カリウム（K：紫）は骨格構造の空間を占めている。

◆有機鉱物

有機化合物と無機化合物の区別の意味が曖昧になってきています。

炭素を含む化合物のうち、炭酸塩、シアン酸塩、チオシアン酸塩などの単純な無機化合物を慣例として除くもので、地質作用を受けて天然に生成した固体物質です。

ダイヤモンドや石墨は元素鉱物に分類され、有機鉱物には含まれません。炭化水素やシュウ酸塩などの鉱物がこの範疇に属します。

六次元世界の鉱物「イコサヘドライト」

オパールやネオトス石など、いくつかの非晶質鉱物を例外として除けば、鉱物は結晶です。

●新物質「準結晶」の発見

従来、結晶とは「特定の原子集団が並進秩序（周期的）で配列している物質」と定義されてきました。言い換えるなら、結晶とは原子が三次元的に規則正しく繰り返し配列した物質であり、「繰り返し」の最小単位が単位格子です。

ところが、繰り返し周期が存在しないのに、非晶質とも異なり、一定の秩序を持つ新物質である**準結晶**が1984年に発表され、科学界に一大センセーションを巻き起こしました。

最初に発見された準結晶は、ある種の合金を急冷することで作成されたのですが、非常に不安定で、そのサイズも数十nm（ナノメートル）から数μm（マイクロメートル）と、非常に小さかったため、結晶の出来損ないではないかと疑う意見もありました。

しかしその後、様々な組成の合金系において、ゆっくりと成長させることで大きな準結晶が合成できるようになり、準結晶という物質状態が間違いなくあることが示されました。

準結晶の発見者であるダン・シェヒトマン博士は、2011年にノーベル化学賞を受賞しました。そして同じ年に、自然界からも準結晶の鉱物**イコサヘドライト**が報告されています。

●ダン・シェヒトマン
イスラエル出身の化学者（1941年1月～）。

Photo by Technion - Israel Institute of Technology

▼イコサヘドライト

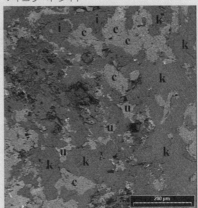

k:khatyrkite, c:cupalite, i:イコサヘドライト, u:未命名鉱物。L. Bindi et al.(2011), American Mineralogist, 96(5-6)より引用。

●理論的にあり得ない結晶構造

準結晶は、(従来の) 結晶でも非晶質でもない第三の物質状態としてだけでなく、通常の (周期的) 結晶では理論的にあり得ない、5、8、10、12回回転軸などの対称要素が存在することからも注目を集めました。

通常の結晶では2、3、4、6回回転軸以外の回転軸は理論的にあり得ません。例えば、正六角柱の結晶はありますが、正五角柱の結晶というものは存在しません。

これは、結晶が「周期的構造」であることと関係しており、正五角形で平面を隙間なく埋め尽くすことはできないことからも、理解できるでしょう。

ところが、数学者のロジャー・ペンローズは、正五角形ではなく2種類の菱形を一定の規則で隙間なく平面に敷き詰めることで、ところどころに5回回転軸を持った非周期的な平面充填が可能であることを示しました。

ペンローズ・パターンと呼ばれ、この平面充填の三次元版は、2種類の菱形六面体

●ロジャー・ペンローズ

イギリス出身の数学者、宇宙物理学者 (1931年8月〜)。

Photo by Biswarup Ganguly

を一定の規則で隙間なく並べて空間を充填すると、つくることができます。

当初、こうした空間充填は、純粋な数学の世界の話と考えられていたのですが、準結晶は、このペンローズ・パターンの各菱形の頂点に原子を置いたような構造に相当します。

そして、準結晶は周期的結晶では決してあり得ない、5回対称を持った正五角十二面体の結晶外形を呈します。

●六次元周期構造の投影としての原子配列

ペンローズ・パターンには、どこまでいっても繰り返し周期が現れませんが、規則性はあり、視点を変えると、その規則性の中にある種の周期性が隠れています。話を簡単にするため、同じく規則性はあるが周期性のない**フィボナッチ列**と呼ばれる一次元の点列を例に説明します。

フィボナッチ列の簡単な作図法として、二次元の正方格子に特定の傾きの線を引き、その線と平行な、幅一定の帯の中の格子点を線上に投影する方法があります。このとき、直線上に現れる点列がフィボナッチ列に相当し、点と点の間隔には、長短2種類の間隔 (図中のLとS) が存在します。LとSの並びが周期的に (等間隔で) 繰り返すことはありません。一次元の世界で眺めている限り、周期性のない点の並びが、二次元周期構造の投影としてとらえることができるのです。

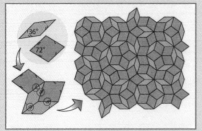

▼ペンローズ・パターン

36°
72°

提供：東北大学多元物質科学研究所 蔡安邦教授

▼亜鉛・マンガン・ジスプロシウム合金の準結晶

提供：東北大学多元物質科学研究所 蔡安邦教授

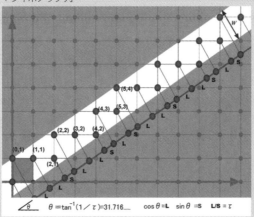

▼フィボナッチ列

$\theta = \tan^{-1}(1/\tau) = 31.716\ldots$ $\cos\theta = \mathbf{L}$ $\sin\theta = \mathbf{S}$ $\mathbf{L/S} = \tau$

提供：東北大学多元物質科学研究所 蔡安邦教授

二次元の正方格子（正方形の格子模様）の上に特定の傾きの直線を引きます。その直線と同じ傾きで一定の幅の帯（白い領域）の中に含まれる格子点を、直線上に垂直に投影すると、直線上の点は長短2種類（L と S）の間隔で分布します。この点列には、例えば、S は2回以上、L は3回以上連続して隣接しないなど、ある種の規則性はありますが、周期はありません。

　同様に次元を拡張すると、数学的には、二次元のペンローズ・パターンは五次元周期構造の平面投影として（二次元準結晶）、三次元準結晶は六次元空間からの三次元投影として記述することができます。

　準結晶の鉱物、イコサヘドライトは六次元準結晶なのですが、「六次元」の意味は、時空を超えた異世界のことではなく、数学的には六次元周期構造の投影として、その原子配列が記述できる、ということです。1991年には国際結晶学連合により「結晶」の定義が拡張され、準結晶も結晶の仲間入りを果たしました。

Trivia

五角十二面体の結晶形態

五角十二面体の結晶形態は黄鉄鉱などでよく見られる形態ですが、これは図の黄色で示した面が大きく発達したもので、正十二面体ではありません。正十二面体は通常の結晶ではあり得ず、準結晶にのみ見られる形態です。

▼黄鉄鉱の様々な結晶形態

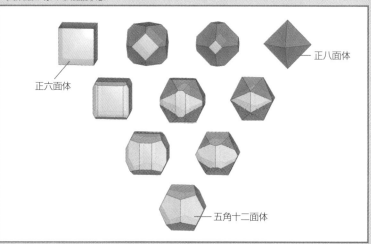

正八面体

正六面体

五角十二面体

結晶は1種類の結晶面でつくられているわけではありません。この図の一番上は黄鉄鉱が、左端の正六面体と右端の正八面体、それらの組み合わせになっていることを示しています。下段に向かって五角十二面体の面が加わっていき、最初は小さい面だったものが次第に大きくなり、最終的には五角十二面体だけになる過程を模式化したものです。

第2章 ◆ 鉱物の化学組成と原子配列

Trivia

化学式の見方

鉱物の種を特定する重要な要素のひとつが化学組成で、それを表したものが化学式です。鉱物の化学式には、主成分（必須成分）元素だけの元素記号とその含有量の比を表す添字の数字で示される**理想式**、主成分との関係を示しつつ微量成分も表示する**簡略式**、そして、分析結果から直接算出する**実験式**、があります。どの化学式も、同じ元素ごとでまとめた**組成式**か、結晶中での性格ごとにまとめた**示性式（構造式）**で表します。

例えば、コランダム（本文85ページ）の理想式は、Al_2O_3です。これは、コランダムを構成している原子全体の%がアルミニウム（Al）で、%が酸素（O）であること、つまり原子比Al：O＝2：3を意味しています。

コランダムの主成分のAlは特定の微量成分で置き換わります。ルビーではクロム（Cr）など、サファイアではチタン（Ti）と鉄（Fe）などが微量成分です。主成分のAlを置き換えていることを、簡略式でそれぞれ$(Al,Cr)_2O_3$や$(Al,Ti,Fe)_2O_3$と表現します。括弧内には主成分を最初に、それに続いてカンマで区切り微量成分を表示します。しばしば固溶体を形成する鉱物に必要な独特の化学式でもあります。

主成分と微量成分の比率は、整数比にはまずなりません。さらに、分析には多少の誤差はつきものですから、実験式は整数だけでは表示できないのです。

例えば、ルビーの分析結果は次のような小数を使った実験式で表されます。

$(Al_{1.99}Cr_{0.01})O_3$

あるいは

$(Al_{1.99}Cr_{0.01})_{\Sigma 2.00}O_3$

物質の構造（原子配列）は重要な情報です。組成式に代わって構造式を必要とするのは鉱物だけに限りません。たとえはエチルアルコール（エタノール）[構造式：CH_3CH_2OH]の組成式はC_2H_6Oですが、これはジメチルエーテル[構造式：CH_3OCH_3]とは組成式が同じで、組成式では区別がつきません。

鉱物種は結晶構造（原子配列）でも区分されるので、構造式は重要です。特に、硫黄（S）の鉱物は、硫化物（硫塩を含む）なのか硫酸塩なのか、窒素（N）の鉱物はアンモニウム鉱物なのか硝酸塩なのか、科（family）の分類にも関

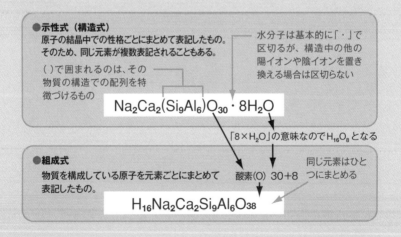

●示性式（構造式）
原子の結晶中での性格ごとにまとめて表記したもの。そのため、同じ元素が複数表記されることもある。

（ ）で囲まれるのは、その物質の構造での配列を特徴づけるもの

水分子は基本的に「・」で区切るが、構造中の他の陽イオンや陰イオンを置き換える場合は区切らない

$$Na_2Ca_2(Si_9Al_6)O_{30} \cdot 8H_2O$$

「8×H_2O」の意味なので$H_{16}O_8$となる

●組成式
物質を構成している原子を元素ごとにまとめて表記したもの。

酸素(O) 30+8

同じ元素はひとつにまとめる

$$H_{16}Na_2Ca_2Si_9Al_6O_{38}$$

わります。最近の再定義により更新されたラズライト（本文257ページ参照）の理想式、$Na_7Ca(Al_6Si_6O_{24})(SO_4)S_3 \cdot nH_2O$ は、硫黄（S）が1つの結晶構造で、$(SO_4)^{2-}$ と S_3^- の2種類の異なる陰イオンとなっている興味深い事実を示しているのです。

本文199ページに出てくる緑簾石（りょくれんせき）の化学式ように、$(Si_2O_7)(SiO_4)$ といった表示は、結晶構造を解析して初めてできることです。2つの異なった様式で結合している SiO_4 四面体の存在は、組成式 (Si_3O_{11}) では明示できないのです。具体的には、SiO_4 四面体2つが1つの頂点を共有してできた (Si_2O_7)（これを持つケイ酸塩鉱物をソロケイ酸鉱物という）と、四面体が独立して存在する (SiO_4)（これを持つケイ酸塩鉱物をネソケイ酸鉱物という）です（詳しくは本文284ページ参照）。鉱物分類上は、より重縮合したタイプの名前で分類されますので、緑簾石はソロケイ酸鉱物と分類されます。

水和物の水分子（H_2O）（結晶水）や、ハライドは、中黒（なかぐろ）「・」で区切られ最後に表示されます。

トルコ石（本文158ページ）の特徴は、水酸化物であり、同時に水和物でもあることです。つまり、$(OH)^-$ 陰イオンと H_2O 水分子の両方から成り立っていることが、結晶構造を解析することによりわかったのです。これらの水素（H）を区別しない組成式 $H_{16}CuAl_6P_4O_{28}$ では表現できませんが、構造式 $CuAl_6(PO_4)_4(OH)_8 \cdot 4H_2O$ は明示できるのです。

複雑な例として、本文261ページの中沸石を見てみましょう。化学式は、$Na_2Ca_2(Si_9Al_6)O_{30} \cdot 8H_2O$ と書かれています。この化学式には（ ）や・が出てきますが、元素記号と添字の意味はまったく同じルールで成り立っています。酸素に注目してみましょう。「・」の前には O_{30} とあり、「・」のあとには添字ではない8が H_2O の前にあります。この8が H_2O 全体にかかっているため、「・」のあとの水分子の酸素数は8となります。このため、酸素の合計は38、水素（H）は16となります。（ ）や「・」を無視して、構成原子の比だけにすると、$H_{16}Na_2Ca_2Si_9Al_6O_{38}$ と最も単純な化学式が書けます。示性式では、結晶の原子配列を考慮しなければなりません。この示性式の (Si_9Al_6) は、骨格構造を構成する同類の配位多面体（沸石では四面体：4個の頂点が酸素）の中心にある原子が、ケイ素かアルミニウムであり、その割合が Si：Al＝9：6（3：2）であることを意味します。ほかでも同類の原子をそれぞれ（ ）内にまとめます。簡略式では、主成分と置換する微量成分を（Mg, Fe, Mn, …）のようにまとめるのは前述のとおりです。基本的には、結晶構造中の同じ原子位置に入る複数の元素名を示していて、添字がないときは、多い順に並んでいると考えてください。

Trivia

結晶構造の見方

結晶では原子が立体的に規則正しく配列し、その配列は特定の方位に平行するように一定の周期で繰り返されています（並進）。この繰り返し周期を方位ごとに探ると、平行六面体の形をした、立体的な格子、あるいは小箱（胞）として捉えることができます。これを**単位格子**（**単位胞**）と呼びます。

単位格子の大きさ、形は鉱物により様々ですが、同様な結晶構造を持つ鉱物は同様な単位格子を持っています。単位格子の大きさと形は、単位格子の1つの頂点を原点として、3方向の辺（結晶軸: a, b, c）の長さと、結晶軸の成す角度（α, β, γ）で表わします（**格子定数**）。格子定数は、結晶系（25ページ参照）と密接な関係があります。格子定数は回折実験データから解析します。

原子配列の繰り返しをすべて表現するのは不可能ですが、単位格子1つの中の原子の配列を表現することで結晶での原子配列（**結晶構造**）の様相がわかります。

立体的な原子配列の理解には立体模型が適していて、結晶構造模型が教育用に使われています。

立体的な原子配列を紙面に描写する工夫もされてきました。わかりやすい方位からの投影図や、遠近法を使った見取り図を、複数方向から試行錯誤描くなどの苦労もありましたが、現在では、VESTAのような可視化ソフトウエアにより、画面上で任意の方向に回転させて構造を理解することも可能になっています。

結晶構造図には、結晶構造模型そのままを平面に描いたball and stick（球と棒）方式の他、原子の大きさには目をつむり、原子位置を頂点とした配位多面体で表現する方式も多用され、この2つを組み合わせることもあります。逆に、原子の大きさ（電子雲の拡がり）を回転楕円体で詳細に表現する場合もあります。

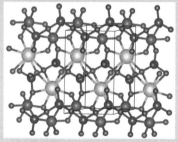

▲球と棒方式

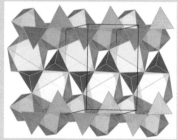

▲配位多面体方式

●ひすい輝石の結晶構造図

本文287ページの図はSiO_4四面体だけを配位多面体方式で描き、輝石のケイ酸塩鎖状構造を際立たせて見せている。結晶描画プログラム「VESTA」で作成。

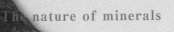

第**3**章

鉱物の性質

鉱物種は、それぞれの化学組成と結晶構造に基づいた特性、例えば色、形、重さ、硬さなどに特徴が現れると、その特徴で区別ができる場合もあります。

◆色

　特定の色の光が反射や放射されることにより、物体は色を持ちます。このような色の発現には電子の作用が大きく関わっています。

○物体が色彩を持つということ

　太陽光などの白色光は紫から赤にかけて連続した波長の可視光の帯です。プリズムのような分光素子により、虹のように分けること（分光）ができます。

　鉱物に限らず、物体に色の違いを見ることができるのは、その物体が特定の波長（領域）の可視光を顕著に反射、透過、または発光する（しない）ことにより、紫から赤にかけての色調に強さの偏り（スペクトル）をもたらすためです。

　例えば、黄色の光だけを反射する物体は黄色に見えます。一方、青色の光だけ反射しない物体もその補色に相当する黄色に見えます。可視光をあまねく放つ、あるいは反射する物体は白く輝き、反対に何色の可視光ももたらさなければ黒体として闇に沈んでしまいます。

　特定の色の光を反射したり放射したりする原因は、電子的要因と構造的要因に分けることができます。可視光は、鉱物をはじめ様々な物質を構成する原子の電子と作用し、反射や吸収、発光といった現象を引き起こしています。

▲プリズムによる光の分散

○電子による発色

電子的要因では、電子状態の変化（電子遷移）とそれに伴うエネルギーの出入りが光の吸収や放出と関係しています。可視光のエネルギーが物体に吸収され電子を励起する場合や、励起された電子が基底状態に戻る際のエネルギーが可視光として放出される発光のような現象が、物体に色をもたらすのです。

鉱物をはじめ物質中の原子では、電子状態は量子力学に基づき不連続な準位に従っています。つまり、坂道のような連続的な勾配ではなく、階段や梯状になっているわけです。

ある結合状態の原子では、一定の基底状態（地面や広い踊り場に相当）と励起状態（居心地のよくない階段や梯の途中に相当）のエネルギー準位（段差に相当）が発生し、電子は基底状態で安定を保ちます。

基底状態から励起状態に移行するのに十分なエネルギーが得られる（例えば光のエネルギーを吸収する）と、電子は基底状態から励起状態に移る（励起される）ことができます。

この際に吸収される光は、電子の励起に必要なエネルギーと同等のエネルギー（すなわち波長）の光です。したがって、物質により反射（透過）された光のスペクトルには、吸収された波長の光が欠如することになります。

可視光領域のエネルギーに相当する電子の遷移としては、荷電移動吸収帯、バンド理論に基づく分子軌道間での遷移、共役系の炭素二重結合のπ電子の遷移、そして遷移金属などが持つd電子の$d-d$遷移が挙げられます。

原子の価電子が他の原子へ遷移する許容遷移では、強い発色を伴います。例えば、ブ

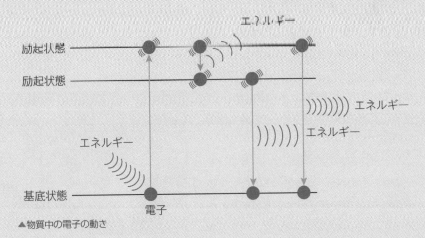

▲物質中の電子の動き

ルーサファイアの濃い青の発色は、原子間にまたがる$Fe^{2+}+Ti^{4+} \rightarrow Fe^{3+}+Ti^{3+}$の酸化還元反応を伴う電荷移動（許容遷移）による発色です。また、磁鉄鉱（Fe_3O_4）では、Fe^{2+}—O—Fe^{3+}のように価数の異なる原子間に架橋配位子を通じて電荷移動が起こり、強い相互作用色が見られます（荷電移動吸収帯）。

典型元素の多くの酸化物が無色であるのに対し、多くの硫化物には色があります。例えば、硫カドミウム鉱（greenockite、CdS）や辰砂（HgS）は、強烈な黄や赤を示します。原因は、励起された電子が、硫化物イオン（S^{2-}）の軌道から金属イオンの軌道へ移る（エネルギー帯間遷移）ためです。

π電子の遷移の例としては、染料など炭素二重結合を有する有機物の色が挙げられます。石墨が黒いのは、炭素二重結合でのπ電子遷移が可視光全領域で吸収していることによるものです。

マンガン、鉄、コバルト、ニッケル、銅に代表される遷移金属の$d-d$遷移は、鉱物で目にとまりやすい鮮やかな発色の原因となっています。基本的に$d-d$遷移は同一原子内の禁制遷移であるため、この発色は弱い傾向にあります。

ルビーの赤色の発色が、ブルーサファイアの濃い青の発色（許容遷移）に対し比較的薄いのは、発色因子が禁制遷移であるためです。$d-d$遷移による発色は、明るく鮮やかで、宝飾品には適していますが、粉末の色（条痕色：後述）の色が薄いかほとんど白色なので、顔料としては適さないのです。

π電子やd電子を持たない鉱物でも発色することがあります。結晶場に歪みが入ることにより、可視光領域のエネルギー差が生じて発色する例は少なくありません。カラーセンター（色中心）など格子欠陥が発色原因になっている場合、加熱などにより格子欠陥を軽減・修復すると色があせたり消えたりします。水（氷）は、赤外領域に吸収を持つ分子振動の基準振動の結合音や倍音が可視光領域に吸収をもたらすため、水色に見えます。

金属光沢を持つ鉱物は、自由電子を持つので導電性を示します。金や銅などでは吸収が紫外領域から可視光にまで及び、反射色の違いとして現れ、独特の黄色味や赤味を帯びた金属光沢となっています。なお、金属的な光沢は次に述べる構造色（光の波長あるいはそれ以下の微細構造による発色現象）でも生み出すことができます。

▼辰砂（北海道置戸町紅ノ沢）が放つ強烈な赤色

○光の干渉や分散による発色

　構造色の主な要因は光の干渉と分散です。光の干渉や分散による発色には、見る角度を変えると色調も変わるという特徴があります。可視光の波長に近い周期の規則的な構造を持つ物質では、特定の波長の可視光のみを干渉により強める条件が整います。

　表面に薄い酸化皮膜ができた黄鉄鉱（おうてっこう）が、水面の油膜のように紫や緑といった本来の真鍮色（しんちゅう）とは違った色に見える現象がその例です。オパールの虹色も、可視光の波長に近くそろった直径のシリカの球が規則的に配列してできているため、内部で干渉が起こって生じた干渉色です。

　透明な物質の中を通過する光の速度は物質によって異なり、屈折率の違いとして現れます（後述）。また、同じ物質でも光の通過速度は、波長に依存してわずかに変動します。

　この微妙な屈折率の波長依存性を分散と呼び、これを利用したのがプリズムによる分光です。分散性（すなわち屈折率の波長依存性の大小）は、屈折率の大きい物質で顕著ですが、物質により異なるため、分散性の特徴が物質種、すなわち鉱物種の判定に役立つこともあります。

　ダイヤモンドは分散性の高い鉱物の代表格であり、その高い屈折率と相まって、ファイアーと呼ばれる虹色の輝きを見せます。一方、模造ダイヤモンドとして用いられるジルコニアは、屈折率はダイヤモンドと同等でも、分散性が5割ほど大きいため、真贋（しんがん）（本物か、偽物か）の判定に使えることがあります。光学レンズとしては、分散性は色収差（色のにじみ）として悪影響を及ぼすためダイヤモンドは不適で、低分散性の蛍石（ほたるいし）や特殊光学ガラスなどが用いられています。

▲オパール（オーストラリア）の虹色

○結晶の大きさと色の濃淡

鉱物の色の濃淡は、透過や内部反射の要素が大きい反射の場合、鉱物の結晶の大きさに大きく影響を受けます。縞模様の孔雀石は、粒径に依存した色の濃淡が明瞭に観察できる好例です。

淡緑色と暗緑色の部分では、色の濃い部分ほど発色成分の濃度も濃いような印象を受けますが、どの部位でも化学組成の変動はほとんどありません。緑色の濃淡の原因は、粒度の違いにあるのです。

このような粒径による濃淡の違いは、日本画などに用いられる岩絵の具に応用されています。水簸（水に顔料粉をといて、沈む速さで粒の大きさをそろえる方法）により粒径で分級して、濃淡の異なる顔料が用意されます。

▲黄鉄鉱と菱マンガン鉱の条痕色。

粒径により色の濃淡が異なるので、鉱物の色を鉱物の特徴として記述するのは不適切です。そのため、粒径に左右されない色の表現として条痕色が用いられています。条痕とは、素焼板に試料をこすりつけ、粉末となって線状に残されたものです。粉末の細かい粒径という平等な条件で比較が容易になり、それぞれの鉱物に特有な粉末の色が観察できるのです。

素焼板にこすりつけることで、最小限の試料量で粉末の色を観察することが簡単にできます。白色の素焼板や黒色で緻密な珪質粘板岩などが用いられます。条痕色の有用性は、粒径による差異を排除するだけでなく、同じような金属光沢を持つ鉱物の判定にも利用できることにあります。

例えば、黄金色金属光沢の自然金、黄鉄鉱、黄銅鉱は、色と光沢のみで区別することは困難ですが、条痕色はそれぞれ黄金色、暗灰色、緑灰色と異なるので、簡単に判別できる方法として役立ちます。

また、黒〜暗灰色金属光沢の磁鉄鉱、チタン鉄鉱、鏡鉄鉱（赤鉄鉱）も、結晶外形や密度などを比較できないときは、それぞれに特徴的な黒色、褐色、赤色の条痕色で区別できます。

●グラニースミス

Photo by Sven Teschke

Episode 色の表記

　鉱物の色の表現は、マンセルという色立体のような色空間として、色相、彩度、明度などの数値で完全に表現することは困難です。

●数値による表現ができない「色合い」

　実際の色に対する感覚は光源にも大きく影響され、微妙な色合いを表現するために、赤、朱、紅、緋など、様々な言葉が使われています。また、数値による色の表記が鉱物の記載に採用されないのは、鉱物の色にはデジタル的な表現が適用できないことに理由があるようにも思います。

●鉱物が色見本

　それでも、鉱物に限らず、色を言葉で表すことは簡単のようで難しいことです。色を表すために、特色のある物、特に動物、植物、鉱物などの自然物の名前を使う場合があります。中でも鉱物は色が安定しているので色見本として使われるようになりました。18世紀のドイツの地質学者アブラハム・ゴットロープ・ヴェルナーが提唱した色の名前は「ヴェルナーの命名法」としてまとめられ、その後の自然物の記述の基本となりました。

　鉱物の名前に由来する色名としては、エメラルドグリーン、ガーネット（和名の海老茶に近い石榴石の赤茶色）などがあります。鉱物が顔料の原料となって、そのまま名前にもなったものでは、マラカイトグリーン：岩緑青（孔雀石）、瑠璃色：ラピスラズリ（方ソーダ石など）、群青色：ウルトラマリン（藍銅鉱）、朱（「あか」ともいう）：バーミリオン（辰砂）が挙げられます。

　色名には、主成分の元素名を見ることもあります。コバルトブルー、カーボンブラック、クロムイエロー、鉛白、亜鉛華（ジンクホワイト）などです。

●アップルグリーンと青リンゴ

　色名の由来となった物自体や経緯を知らなければ、言葉だけからは、その色合いを想像できません。鉱物の記載論文は、国際的な学術雑誌では、英語で書かれています。そのため、ときおり日本人には理解でないような表現が出てきます。例えば、アガード石 $[Cu_6^{2+}Y(AsO_4)_3(OH)_6 \cdot 3H_2O]$ の色は、apple green と表現されています。直訳すれば青リンゴですから、緑系だとはすぐにわかるのですが、手にした標本の色は、リンゴ畑で目にする熟す前の若いリンゴの色よりも深みのある緑で、なぜこれが青リンゴの色なのか釈然としなかった経験があります。あるとき、グラニースミス・アップルという品種の色がそうだと教えられて納得したものです。

第3章 ◆ 鉱物の性質

303

◆光沢

鉱物の表面が光を浴びたときの輝き方（つや）を光沢と呼びます。鉱物種によっては特有の光沢があるため、肉眼観察の助けとなることも少なくありません。

○鉱物の光沢

鉱物の光沢は、光の反射率、屈折率、透明度など表面の状態の特性に依存しますが、数値化することができず、よく知られた物質や鉱物になぞらえて表現されることが多いです。それぞれの光沢の区別に厳密な基準はなく、それぞれに「亜」をつけて「それに近い光沢」の意味で、例えば亜金属光沢のように使われることもあります。

● 金属光沢

光を透過しない不透明鉱物で平滑な表面で強烈な反射を伴います。表面に変質のない金属鉱物や硫化物に顕著で、ほとんどが導電体であり、自由電子による光の反射が要因です。玉虫など甲虫類に見られる金属光沢のように、キチン質の多層膜による干渉が要因となる構造色もあります。

● ダイヤモンド（金剛）光沢

透明鉱物の光沢の中で最も強い輝きを示し、高い屈折率による著しい内部反射に起因します。

● ガラス光沢

透明の鉱物に多く、多くの造岩鉱物や宝石がこの光沢を示します。屈折率は、ダイヤモンド光沢と樹脂光沢の概ね中間です。

● 樹脂光沢

やや透明感に乏しく、屈折率のやや低い鉱物に見られます。琥珀や自然硫黄など、合成樹脂に似た光沢が特徴です。

● 脂肪光沢

グリースのような光沢。樹脂光沢よりも透明度が低く、優しい輝きが特徴です。

● 真珠光沢

光の干渉に伴う、虹色に変化する光沢です。一般に半透明で、真珠のような全体にこの光沢を示すもののほかに、ガラス光沢の鉱物の劈開面に見られることもあります。

● 絹糸光沢

絹糸の束のような艶やかな光沢。繊維状の結晶の集合組織で見られます。

● 土状光沢

光沢に乏しく、光沢がないといってもよいくらいです。

◆透明度、屈折

結晶中を可視光がどのように通過するか、その見た目から、透明、不透明、そして半透明と区別します。

○光の透過状態の違い

濃い色で不透明に見える結晶でも、薄い部位や、薄く割ったり削ったりすると透けることがあります。金属光沢を持っていて光をまったく通さないように思える金でも、箔のようにすると透けて見えます。大粒の結晶でも内部にひび割れが多い場合や、細かい粒子の集合体では、光は乱反射により通り抜けることができないので、不透明になることもあり、同じ鉱物でも光の透過の状態は違うことがある点に注意が必要です。

○屈折率から結晶系や結晶の方位が推定できる

可視光の通過速度（光速）は、物質の種類によって異なりますが、光の通過速度を実測することは簡単ではありません。しかし、光の速度は屈折率に反比例するので、屈折率が鉱物の光学特性を表す数値として用いられることが一般的です。

水やガラスのような非晶質に加え、結晶構造が等方的な立方晶系（等軸晶系）の結晶中では、可視光は、どの方向においても一定の速度、つまり同じ屈折率を示します。

それに対し、正方晶系とそれよりも対称性の低い結晶構造を持つ物質では、結晶に対する光の進行方向により、速度（屈折率）が変動することが特徴的です。この特性を利用して屈折率の測定から結晶系が推定でき、結晶の方位がわかる場合もあります。

○一定の屈折率と変動する屈折率

どの方向にも一様な屈折率を持つ鉱物の光学特性を光学的等方性と呼び、方向により屈折率が変動する場合は光学的異方性といいます。光学的異方性の結晶の中では、進入した可視光が、2つの異なる屈折率により、異なる速度で異なる方向に進みます。

2つの屈折率が現れることを複屈折と呼び、方解石のように複屈折が顕著な結晶では透かした文字などの像が二重に見えます。

結晶を透かして二重に見える像のうち、一方は、結晶を（像の印刷面に平行な面内で）回転させても一定の位置にとどまって

見えます。これに対し、他方は結晶の回転と同期して円を描いて動く（像の上下左右は同じでも見える位置のみ回転する）ように見える場合があります。これは、結晶の方位に対して透過する方位によらず、いつも一定の屈折率を保つ光（通常光）と、結晶の方位に対して透過する方位により屈折率が変動する光（異常光）に分かれるためです。

○光学データから結晶系を絞り込む

異常光の屈折率は、ある特定の前後方向（軸方向、両矢印方向）に近づくに従い、通常光の屈折率と等しくなり、この特定方向では完全に一致して複屈折は観察されません。このような、通常光と異常光の光速が一致する方向を光軸と呼び、光軸が1つしかない結晶を光学的一軸性結晶といいます。これらの結晶は正方晶系、六方晶系や三方晶系に属します。

一方で、二重に見える像のどちらも結晶の回転と同期してそれぞれ円を描いて動くように見える場合もあります。これは、どちらの光も、透過する方位により屈折率が変動する異常光であるからです。

この2つの異常光の屈折率は相互に等しくなっていく軸方向が2つあり、その2つの方向では、それぞれの屈折率が一致するので、光軸が2つあり、この光学特性は光学的二軸性と表記されます。直方晶系（斜方晶系）、単斜晶系や三斜晶系の結晶が光学的二軸性を示します。

一軸性結晶でも二軸性結晶でも、2つの屈折率の大小関係と光軸の交差角度により区分されて、正と負で表現されます。光学特性は結晶構造、すなわち原子配列の対称性と密接に関連しているので、自形結晶の外形の計測や、X線回折実験などによる結晶学的データがなくても、光学データから結晶系を絞り込むことができるのです。

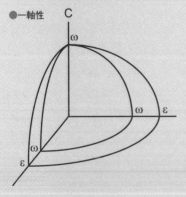

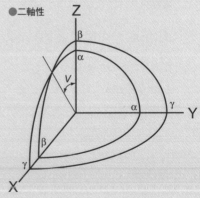

◆結晶形

結晶は制限のない空間では、平坦な結晶面で囲まれた結晶構造の対称性を反映した多面体の結晶形態に成長します。

○結晶のいろいろな形

結晶構造（原子配列）の対称性を反映した本質的な形状の結晶を**自形結晶**と呼びます。一方で、制限された空間の場合は、その空間を充填するようにしか成長できず、本来の形にはなれません。これを**他形**と呼んで区別します。部分的に自形結晶の形状が見られる場合には、半自形と表現する場合もあります。

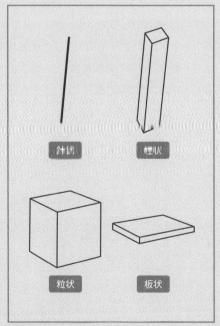

▲結晶の形態

結晶形態は、繊維状、針状、柱状、粒状、板状や両錐状などに分類されます。柱状結晶の理想的な形態は、上下の底面（端面）と側方の柱面で囲まれたものです。底面の形状と柱面の数は関連しており、底面が六角形の場合、柱面は6枚あって、六角柱状結晶と表記されます。同様に、底面が四角ならば柱面は4枚ですが、底面には正方形、長方形、菱形、平行四辺形と様々な場合があり、さらに底面と柱面が直角をなすとは限らないので、四角柱状結晶ではなく相応の名前が使われることが多いようです。

底面の代わりに錐面で囲まれ錐体となっている場合もあります。側面が短くなった極限状態はもはや柱状結晶ではなく、**両錐（体）結晶**と呼ばれます。針状は柱状がより細く伸長したもので、さらに細長くなった場合は**繊維状**といいます。

逆に柱状が短くなり側面と底面が同等の大きさ（長さ）となったものが**粒状**に相当し、特に、正方形6枚で構成されるものを**立方体**、正三角形8枚で構成されるものを**正八面体**、正五角形12枚で囲まれたものを**正十二面体**と呼びます。

さらに側面を短くし、底面が大きくなると、**板状結晶**となります。板状結晶も、底面の形状に合わせて、**六角板状結晶**などとより詳細な表現が用いられます。

○結晶面を傾きで表す

結晶形態に現れる対称性をもとに結晶軸を特定することができます。柱状結晶では伸長方向に、板状結晶では底面の垂線方向に、回転軸となる主軸をなすことがしばしば見られます。

この主軸に交わる2つの軸は、側面に垂直の方向や、底面の対角方向などに相当するので、結晶形態の詳細な測定で見つけることができます。この結晶軸は、結晶構造の単位格子の軸と関連しています。

結晶面は、3本の結晶軸に対する傾きを数値化した面指数（ミラー指数）(hkl)で表現します。結晶軸に垂直ならば1、平行ならば∞（無限大）、など3つの軸に対する傾きの逆数h、k、lで表します。

格子定数（単位格子の結晶軸方向の長さと結晶軸の成す角度）を基準にした結晶軸で結晶面の傾きを表すと、$h:k:l$は簡単な整数比になります（有理指数の法則）。例えばa、b、c各軸に対し½:1:1の重みで傾いた面は（211）と、c軸に垂直でaとb軸に平行な面の傾きを示す重みの逆数は1/∞,1/∞,1なので（001）と表します。

結晶の方位には、正方位に対し逆方位もあり、指数表現では211に対して$\overline{2}\,\overline{1}\,\overline{1}$（−2 −1 −1の慣習的な表現法）と、001に対して00$\overline{1}$（同様に0 0 −1の意味）と表現されるのですが、面の方位は表方向も裏方向も等価の方位なので（どちらを表裏にしてもかまわないので）、負の記号を省いた指数を優先して括弧をつけて（211）や（001）と表記する決まりになっています。

さらに、立方晶系での111に対して11$\overline{1}$や$\overline{1}\,\overline{1}$1など等価な複数の面は中括弧をつけて形態指数$\{hkl\}$として示されます。また、ある方向軸に対して、その軸に平行な結晶面の一群を**同じ晶帯の結晶面**、その軸を**晶帯軸**と呼び、結晶軸の原点（0,0,0）と通過する点の整数の座標u,v,wを用いて$[u,v,w]$と表記します。

結晶面は、面指数のほかに面記号で表記されることもあります。面記号にはアルファベットの小文字やギリシャ文字などが使われますが、どの文字を使うかの規則は完全に統一されているわけではありません。

○結晶面の組み合わせが異なる

　同じ鉱物でも結晶の成長条件などによって形態に違いが出ます。柱状であることが多い鉱物でも、細長い針状となることもありますし、太くて短い場合は板状と呼ぶべきこともあります。

　また、成長条件により、結晶面の組み合わせ（**晶相**）が異なる場合があります。例えば、立方晶系の蛍石[CaF₂]は、{100}（*a*面）に囲まれた立方晶と{111}（*o*面）に囲まれた八面体晶のほかに、{100}と{111}が組み合わさって8つの角が正三角形に削られた立方体のような形態になることがあり、晶相の違いを見せます（本文293ページ参照）。

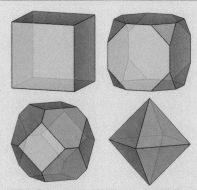

▲蛍石、ダイヤモンド、黄鉄鉱など、立方晶系の結晶の代表的な晶相

{100}（*a*面）と{111}（*o*面）はそれぞれ赤紫、青紫で示されている。左上の立方体は等価な6つの{100}（*a*面）の正方形で囲まれ、右下の正八面体は等価な8つの{111}（*o*面）の正三角形で囲まれている。右上は、左上の立方体の8頂点を{111}（*o*面）の正三角形に削った状態に相当し、この削りを進めると左下の形態を経て、最終的には6つの{100}（*a*面）が消滅して右下の正八面体に至る。

○結晶面にも発達の違いがある

　同じ晶相でも、それぞれの面の発達に違いが見られ、これを**晶癖**と呼びます。等価の結晶面が同等の大きさ、形に発達した形態を理想形と呼びます。水晶（石英）の典型的な形態は、6枚の側面、{10$\bar{1}$0}（*m*面）に、交互に配された3枚ずつの錘面、{10$\bar{1}$1}

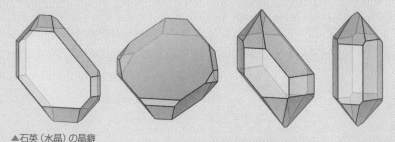

▲石英（水晶）の晶癖

{10$\bar{1}$0}（*m*面）、{10$\bar{1}$1}（*r*面）、{01$\bar{1}$1}（*z*面）はそれぞれ灰色、赤紫、青紫で示されている。

（r面）と｛01$\bar{1}$1｝（z面）からなる六角柱状結晶（図、右端）ですが、｛10$\bar{1}$1｝（r面）だけが発達した四角柱状結晶（図、左から2番目）や、｛10$\bar{1}$0｝（m面）だけが発達した板状結晶（図、左端）も知られています。

○結晶集合体の形態

鉱物の形状の特徴は、結晶形態のほかに、結晶の集合状態（集合組織）にも現れます。それぞれの鉱物の生成過程（履歴）が反映されていることがあり、重要な地質情報となることもあります。個々の結晶の方位に規則性があるものとして、**双晶**と**平行（並行）連晶**が挙げられます。

双晶は、基本的に2つの結晶が双晶面あるいは双晶軸という対称関係によって結合しているものです。接合境界で結晶構造に整合した化学結合で結ばれており、2つの結晶が任意の方位で接合したものとは区別されます。鉱物によって、双晶の生じやすい種やまったく双晶が知られていない種があ

り、中には、複数の双晶（すなわち、異なった接合）が知られているものもあります。

複数の結晶が同じ結晶方位に並ぶように集合しているものを平行連晶と呼びます。束状、繊維状などの集合体に平行連晶が多く見られます。

その他の特徴的な集合体としては、放射状、半球状、球状、球顆状、魚卵状、ぶどう状、仏頭状、腎臓状、乳房状、鍾乳状、豆状、苔状、皮革状など様々に表現されるものがあります。同種鉱物の結晶集合体のみならず、異種鉱物の集合体にも、興味深い集合状態（集合組織）があります。

既存の結晶の面上に結晶方位を整合して別の結晶が成長する**エピタキシャル成長**、共融する複数種の鉱物が同時に晶出・成長するときにできる**文象組織の共融組織**、コロイドから微粒子が同心円縞状に沈殿した**コロフォーム組織**、結晶中に取り込まれた異種鉱物の結晶や流体の包有物（**インクルージョン**）、離溶や分解などの相変態に伴ってできる組織などが知られています。

●石英（水晶の日本式双晶）（長崎県五島市奈留島）

◆密度、比重

　密度とは、単位体積あたりの質量です。比重は、基準物質（一般には1000hPa、4℃での、空気などが溶け込んでいない純粋な水）との密度の比率です。密度と比重はほとんど同じ値ですが、厳密には異なったものです。しかし、比重は単位のない数値で便利なため、鉱物のデータを示すときには、よく用いられます。

○鉱物種の判定の手がかり

　密度は、鉱物種を定義する化学組成および結晶構造と密接に関連し、これらのデータから算出することもできます。ひとつの鉱物種は一定の化学組成と結晶構造を持つので、おのずと一定の密度も示します。このため密度は、鉱物の重要な記載項目のひとつとなっています。

　鉱物の比重は、水に浮く琥珀のように1を下回るものから、自然白金のように20を上回るものまで、幅広く知られています。実際、野外調査では、手にしたときのずっしり感という大雑把な比重が、鉱物種の判定の大きな手がかりになることも少なくありません。

○密度の測定法

　密度は、重さと体積を正確に測定できさえすれば簡単に算出できます。しかし、実際には、この正確な測定には工夫を要します。一般的な体積の測定法は、液体に試料を沈めて、試料の体積に相当する液体の体積を測定する方法です。

　相当する液体の体積は、液面の上昇幅からの換算や、あふれる液体の体積の測定により求められます。また、アルキメデスの原理を応用し、沈めた試料が液体から受ける浮力を測定して求めることもできます。

　密度の測定のために、**ピクノメーター**と呼ばれる専用のガラス容器や、空気中と液中の重量を便利に量れる秤量天秤が考案されています。密度は、結晶の単位格子の体積と、そこに含まれる原子の総重量からも計算が可能です。一般に、分子量M、単位格子体積V、単位格子中に含まれる分子量分の化学式の数をZとすると、アボガドロ数Aを用いて、密度は $\rho = MZ/AV$ と算出できます。

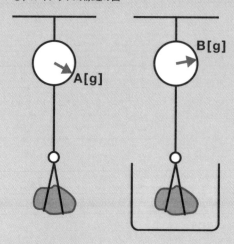

●アルキメデスの原理の図

A[g]

B[g]

A は鉱物の重量。A と B の差 (A−B) が鉱物と同じ体積の水による浮力。
つまり、鉱物と同じ体積の水の重さ。水の密度が1ならば、鉱物の体積と同じ値！
したがって、鉱物の重量 (A) を鉱物の体積 (A−B) で割った値が鉱物の密度。

○密度の高い鉱物

　密度の高い鉱物には、原子番号の大きい重元素が多く含まれていると推測できます。また、同じような化学組成にもかかわらず高い密度を示す鉱物は、高い圧力の下で生成したと考えることもできるのです。高い密度の鉱物の中には、地球深部の高圧力下のマントルで生成したあと、下部へ沈降しないで地球表層に浮上してきた履歴を示すものもあって、地球の進化や内部での地質作用の解明につながる大きな手がかりとして期待されます。

○地球を理解する鍵

　鉱物種による密度の差は、鉱物の分離にも応用されます。実験室で行われる重液分離や、鉱業所で行われる比重選鉱がその例として挙げられます。
　地球は重力の影響を受ける惑星で、密度の差は重力による分離をもたらすので、地球の層構造形成の要因となるはずです。高温高圧条件下でのマグマや鉱物の密度は、地球を理解する上で鍵となる物性で、その解明は今後の極めて重要な課題となっています。

単位の話

物事の程度を具体的な数値として示すときに、比較ができるように基準として用いる一定の量を単位といいます。

●統一された実用的な単位「国際単位系」

長さの単位はメートルが標準的ですが、マイルなど異なる単位も存在します。複数の単位を併用していると、換算なしでは比べることも大変なので、国際度量衡委員会が「すべての国が採用できる統一の実用的な単位」として定めた「国際単位系（SI）」が使われます。

●基本単位、補助単位と組立単位

国際単位系は、基本単位と補助単位、それにこれらを組み合わせた組立単位からなります。基本単位は、長さ[m（メートル）]、質量（重さ）[g（グラム）]、時間[s（秒）]、電流[A（アンペア）]、熱力学温度（単位は摂氏温度℃と同じで、値は絶対温度とも呼ばれ摂氏温度に273を足した値に相当）[K（ケルビン）]、物質量（原子数・分子数）[mol（モル）]、光度（明るさ）[cd（カンデラ）]です。

補助単位は、平面角[rad（ラジアン）]と立体角[sr（ステラジアン）]の2つです。ラジアンは弧度とも呼ばれ、「円の半径に等しい長さの弧の中心に対する角度」と定義されます。面積[m^2]、体積[m^3]、密度[kgm^{-3}, kg/m^3]、速度[ms^{-1}, m/s]、加速度[ms^{-2},

m/s^2]などが組立単位です。

●固有の名称を持つ単位

基本単位の組み合わせではなく、固有の名称を持つSI組立単位を紹介します。

周波数[ヘルツ、$Hz=s^{-1}$]、力[ニュートン、$N=mkgs^{-2}$]、圧力[パスカル、$Pa=m^{-1}kgs^{-2}$]、エネルギー[ジュール、$J=m^2kgs^{-2}$]、工率[ワット、$W=m^2kgs^{-3}$]、摂氏温度[℃=K]、電圧[ボルト、$V=m^2kgs^{-3}A^{-1}$]、電気抵抗[オーム、$\Omega=m^2kgs^{-3}A^{-2}$]、磁束密度[テスラ、$T=kgs^{-2}A^{-1}$]などです。

一方で、SI単位ではない単位も併用単位として常用されます。時間の分[min=60s]、時[h]、日[d]、角度の度[°=π/180rad]、分[′]、秒[″]、容積（＝体積）のリットル[$l=10^{-3}m^3$]、質量のトン[t=Mg]などです。

●多い桁数を簡略化する

桁数が多い場合、次の接頭語が使えます。

ギガ[10億倍、G]、メガ[100万倍、M]、キロ[1000倍、k]、ヘクト[100倍、h]、デカ[10倍、da]、デシ[10分の1倍、d]、センチ[100分の1倍、c]、ミリ[1000分の1倍、m]、マイクロ[100万分の1倍、μ]、ナノ[10億分の1倍、n]などです。

◆劈開

鉱物には硬くて丈夫な印象がありますが、実は割れることもしばしばあります。鉱物の割れ方には特徴があります。

○結晶構造が反映された現象

鉱物の割れ方は、原子の結合の切れ方と言い換えることができます。物質の中での原子の結合の強弱、多少、そしてその方向と密接に関わっており、そのため、原子の配列すなわち結晶構造に大きく影響されます。

同じ種類の鉱物は、同じ化学組成と結晶構造を持つので、同じような割れ方をするわけです。割れ方の特徴の違いで、鉱物種を絞り込んでいくことができる場合も少なくありません。

特徴的な割れ方のひとつに、平らな面にきれいに割れることがあります。この現象を**劈開**と呼びます。結晶は、化学結合の弱い、あるいは少ない方向に垂直な面に沿って割れやすいのです。

劈開は結晶構造が反映された現象なので、同じような結晶構造の鉱物には、同じような劈開が見られます。劈開で現れる面を**劈開面**と呼び、結晶面（結晶の成長の結果現れた面）とは区別します。

複数方向に劈開がある鉱物では、方向の異なる劈開面同士の角度はいつも一定で、これも結晶構造が劈開に反映されている証拠のひとつとなっています。

○硬いダイヤモンドにも劈開がある

雲母は、「千枚はがし」とも呼ばれ、劈開が一方向に顕著に現れる典型的な例です。岩塩と方解石は三方向に劈開がありますが、それぞれに異なる結晶構造が反映され、劈開面のなす角度が、岩塩では直角になっていますが、方解石では直角ではありません。

一方、岩塩と同じ立方晶系に属しているダイヤモンドは、四方向に異なる劈開を見せます。最も硬いダイヤモンドですが、原石の典型的な結晶形態である正八面体の結晶面に平行に劈開があります。

●方解石の劈開（茨城県笠間市柊山^{ひいらぎさん}）

●劈開によって薄くはがれた白雲母

○数値では表せない

　劈開^{へきかい}の程度は数値で表すことができません。割れにくくても割れるときはスパッと割れる場合や、割れやすいけれども劈開面が滑らかな平面ではない場合など、複雑な様相になっているためです。そこで、完全、明瞭、良好、不明瞭などの表現を用います。

　鉱物には劈開が見られないものもあります。劈開が見られない、というのも特徴のひとつとしてとらえられ、割れ口を**断口**^{だんこう}といって、**貝殻状断口**、**土状断口**、**不規則断口**、**多片状断口**などと表現します。

　石英には劈開がなく、割れ口はガラスのような曲面を持つ**ガラス状断口**を示します。石英の結晶構造には、特に結合の弱い方向がないため、方向性が現れない割れ口になるのです。

◆硬度

　硬い、堅い、固いなど、いくつもの漢字があるように、「かたさ」には物理的な意味において様々な「硬さ」があります。

○硬さをもたらす特性

　鉱物などの固体に応力を加えると、多少なりとも変形します。少ない応力で大きく変形するものは「やわらかい」、大きな応力を加えても変形がわずかなものは「かたい」ということになります。変形のうち、応力を取り除くと形状が復元される特徴を**弾性**、変形したまま保たれる特徴を**塑性**と呼びます。加える応力が増えると途中で弾性から塑性に変わる（**弾性限界**）場合もあります。硬く

て弾性を示すものには剛性も備わります。

　物質の硬さには、構成する原子がなす化学結合の種類、方位、頻度が大きく関わっています。共有結合は結合力が強く、混成軌道により結合の方向と距離が規定されるので、硬い特性をもたらします。化学結合を硬さへの寄与の順に、共有結合、金属結合、イオン結合、水素結合、ファンデルワールス結合とおおまかに区別することができます。

○表面のこすり傷から硬度を決める

　鉱物の硬度はもっぱら、**ビッカース硬度**あるいはモース硬度で表示されます。ビッカース硬度は、工業材料にも広く用いられる硬度で、正四角錐に加工したダイヤモンド片を測定対象試料の平滑面に押し当て、残った凹み（圧痕）の大きさから算出します。

　モース硬度は、ドイツの鉱物学者フリードリッヒ・モースが提唱した方法を一部改良したもので、10種の指標鉱物 [1滑石、2石膏、3方解石、4蛍石、5燐灰石、6正長石、7石英、8トパーズ（黄玉）、9コランダム（鋼玉）、10ダイヤモンド（金剛石）] を基準として、指標鉱物と試料鉱物を摺り合わせ、表面のこ

すり傷から硬度の優劣を決める方法です。

　例えば、蛍石を傷つけるが燐灰石に傷つけられる鉱物は、4と5の間という意味で4½と表記します。モース硬度は、物理量ではないので定量的意味は持ちません。そのため細分した4¼や4.3などの表記は無意味です。

　幸いなことにモース硬度とビッカース硬度とでは硬度の順に矛盾はありません。モース硬度は物理量ではありませんが、野外などで簡便に測定できるため、広く使われています。また指標鉱物の代替物として、相当する硬度の合金を集めた測定器具も市販されています。

　自然金、自然銅などの金属は、圧縮の応力を加えると、体積を保ちながら潰れるように加圧方向とは直角に面状に延びます（**展性**）。一方、引張応力により、線状に延びる変形は**延性**と呼ばれます。自然金など金属の元素鉱物に加え、テルル化物や硫化物の一部にも見られます。

●**フリードリッヒ・モース**
「モースの硬度計」で知られるドイツの地質学者、鉱物学者（1773年1月～1839年9月）。

●モース硬度と主な鉱物

モース硬度	主な鉱物	ひっかき傷の有無
1	滑石（かっせき）	最も軟らかい鉱物。
2	石膏	指の爪で何とか傷をつけられる。
3	方解石	硬貨でこすると何とか傷をつけられる。
4	蛍石	ナイフの刃で簡単に傷をつけられる。
5	燐灰石（りんかいせき）	ナイフで何とか傷をつけられる。
6	正長石	ナイフで傷をつけられず、刃が傷む。
7	石英	ガラスや鋼鉄などに傷をつけられる。
8	トパーズ	石英に傷をつけられる。
9	コランダム	石英にもトパーズにも傷をつけられる。
10	ダイヤモンド	最も硬い鉱物。

●モース硬度とビッカース硬度＊の比較

モース硬度	ビッカース硬度（kg/mm²）	モース硬度	ビッカース硬度（kg/mm²）
1	～45	6	～740
2	～56	7	～1150
3	～130	8	～1650
4	～195	9	～2100
5	～600	10	－

＊実際のビッカース硬度の表示には荷重の数値も添える。
　例：VHN_{25} 400 kg/mm²（25gの荷重で測定という意味）。
　ビッカース硬度には幅があるので、数字は平均値的なもの。

硬い、固い、堅い！

　鉱物は「かたい」もので、「石頭」などとたとえにも用いられますが、鉱物の種類によって「かたさ」の程度には違いがあって、実は爪より軟らかい鉱物もあるのです。

　「かたい」には様々な「かたさ」があることにお気づきでしょうか？　漢字にも、「硬い」「堅い」「固い」「難い」など、それぞれに意味があるように、科学的な「かたさ」は単純なものではなく、いくつかの物理的な意味を持ちます。

●科学的な硬さ

　物質の硬さは、力を加えたときの変形や破壊に大きく関わっています。つまり、強さ、強度とも深い関係があるのですが、ガラスのように硬くても割れるものや、ゴムのように軟らかくても壊れにくいものあるので、硬さは強さと単純に同じとはいえません。

　「かたい」石でも非常に大きな力が加わると砕けるので、ある意味で脆いといえます。大きな力によって変形しても砕けることのない粘り強さを見せる鉄鋼などの金属とは異なる性質です。

●変形に抵抗する性質

　変形には、ゴムのように元に戻る場合と、粘土のように変形したまま戻らない場合があります。鉱物の結晶では、ゴムや粘土のような著しい変形は見られませんが、ほんのわずかであれば変形します。

　サヌカイト（カンカン石）などの鉱物が打てば響くのは、一定の周期で変形を繰り返す振動を起こしているからです。この剛性（物体に外力を加えて変形しようとする

とき、物体がその変形に抵抗する性質）に長けた特性は、ゴムの弾力性とは著しく異なっています。ダイヤモンドや石英などのように剛性の高いものは、表面波の伝導性がよいので、合成品が電子デバイスとして重用されているのです。

●硬さの測定法

　鉱物の変形はわずかですが、極めて硬い物質を押し当てると凹みとしてその痕跡が残ります（塑性変形）。この特性を応用したのがビッカース硬度で、工業材料にも広く用いられる硬度測定法です。

　対面角 $\alpha = 136°$ の正四角錐に加工したダイヤモンド片を測定対象試料の平滑面に押し当て、残った凹み（圧痕）の対角線の長さから計算式 [ビッカース硬度＝1.854×（加重）÷（凹みの対角線の長さ）²] に従って算出します。

　そのほかに、ヌープ硬度、ブリネル硬度、ロックウェル硬度など、塑性変形に基づく硬度が工業材料向けに提唱されています。体積弾性率（非圧縮率）・ヤング率（縦弾性係数）や剛性率は、それぞれ圧縮・引張応

力と剪断応力に対する弾性変形を表す物理量で、工業材料に広く用いられています。しかし、鉱物の硬さには、ひっかき傷の優劣で測るモース硬度が実用的な尺度として一般的に使われています。地震の「震度」と少し似ているようにも思います。

●ビッカース硬度の測定による圧痕

●ビッカース硬度測定法の略図

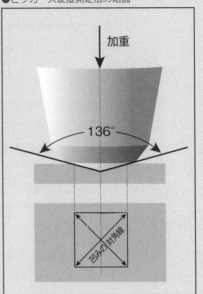

加重

136°

（凹みの）対角線

●校正用試験片と圧子

◆磁性、導電性

磁石に引き寄せられる強磁性体のある鉱物を**磁性鉱物**と呼びます。

○磁性のある鉱物

磁性のある鉱物種は、FeやNiを主成分とする元素鉱物、酸化鉱物、硫化鉱物に限られますが、FeやNiを主成分としても磁性を持つとは限らないので注意が必要です。磁性の有無、強弱で鉱物種を絞り込みます。

火成岩や堆積岩の中の磁性鉱物は、自然残留磁気として岩石が生成したときの地球磁場を記録するので、過去の地磁気の情報をもたらします。鉱物の磁性は、精錬前に鉱石の選別に利用されます（**磁性選鉱法**）。

○導電性は金属光沢が目安

鉱物は、導電特性の異なる導電体、半導体、絶縁体に分類できます。同種の鉱物では、一般に同じ導電特性を示しますが、微量成分の混入により特性が変わる場合もあります。自由電子を持った石墨や自然金などは導電体の鉱物で、金属光沢が目安です。

鉱石ラジオの検波器として使われた黄鉄鉱、方鉛鉱、閃亜鉛鉱などの硫化鉱物を中心に、半導体の鉱物も知られています。半導

体の鉱物は、金属光沢や亜金属光沢を示します。安定した共有結合やイオン結合で構成される結晶の鉱物は絶縁体となります。

ダイヤモンドのように、微量成分により半導体となる鉱物もありますし、電子ではなくイオンが動いて導電するイオン伝導体の特性を示す場合（針銀鉱の高温相でのAgイオンによる導電など）も知られるようになってきました。

○熱や圧力を加えると結晶が帯電する

鉱物の結晶に熱や圧力を加えると結晶が帯電することがあります。**焦電効果**、**圧電効果**と呼ばれる現象です。焦電効果の典型は、電気石の細長い結晶の一部を加熱させて帯電を起こし、結晶の先端に小紙片を吸着させる実験です。焦電効果は、結晶の両端で形状が異なる、対称心を持たない限られた

結晶（異極像晶族、極性結晶）だけに発現します。圧電効果は**ピエゾ効果**とも呼ばれ、結晶に圧力を加えることにより帯電させることができます。ピエゾ効果の大きい物質は、放電に十分な電圧を発生させたり、電圧を加えると変形したり振動したりします。

○溶解、潮解と融解

　鉱物種によって、容易に溶解するもの（可溶）や溶けないもの（不溶）など様々です。この溶けやすさの違いを使って、簡単に鉱物を見分けることができます。

　炭酸塩など弱酸の塩は、塩酸など強酸に溶けるので、判別ができます。炭酸塩鉱物の多くは二酸化炭素の泡を出しながら溶けるため、溶解の状況を肉眼で容易に観察できます。また、発泡の緩急にも特徴が見られることもあるので、判定の手助けになります。アルカリに溶ける鉱物もありますが、いずれの溶解でも、見た目に明らかな溶解で

ないと、簡単な判別法としては使えません。水溶性の鉱物の溶解試験には酸などの試薬がいらないので手軽にできますが、溶解は、すなわち標本の消耗となることを忘れてはいけません。また、溶け出したイオンは胃腸や皮膚から吸収されやすいので、あらかじめ毒性について調べておくことをおすすめします。

　一方、水溶性の鉱物には、空気中の水分で溶け出す（潮解）ものもあるので、取り扱いや保管に注意を要します。

○熔ける（融ける）は溶けるとは違う

　固体の融点（凝固点）はその物質の化学結合の強さに深く関係します。化学結合が強い物質では融点が高く、弱いところがある物質では低くなる傾向があります。強固な共有結合でケイ素と酸素が結ばれた石英や、アルミニウムと酸素が結ばれたコランダムの融点はそれぞれ1650℃と2050℃と高く、イオン結合の割合が増すと融点は下がります。ナトリウムが主成分の曹長石の融点は1100℃を少し上回る程度です。金属結合の場合、白金では約1770℃に対し、

水銀は約－40℃のように幅があります。自然水銀は、鉱物の定義の例外として常温で液体の鉱物種です。融点が0℃の水は鉱物としては扱われませんが、地質作用でできた天然氷は鉱物として扱われます。

　加熱して融点を調べることにより、鉱物種を判定できることもありますが、高温での観察は容易ではなく、いったん、融すと地質作用の履歴も消滅し、鉱物としての価値も失うので、注意が必要です。

◆毒性、放射性

「石薬」という言葉があるように、鉱物は古くから人体に作用する物質として用いられています。

○鉱物も毒性を伴う

薬も使い方を誤ると害毒となることは周知の事実ですが、鉱物も取り扱い方によっては毒性を伴うことがあるので、注意が必要です。

鉱物のような固体物質の人体への作用は、胃の中で胃酸に溶けたり、皮膚の表面で汗や体液と反応したりして化学的に作用する場合と、肺の中まで吸入されて肺胞を塞いだり、皮膚や角膜を傷つけたりして物理的に作用する場合とに分けて考えた方がよいでしょう。

○重晶石（硫酸バリウム）は危険？

毒性については、元素ではなく、主に可溶成分として体内に取り込まれる化学種（単体や化合物のイオン）を考慮する必要があります。例えば、可溶性のバリウム（Ba）塩のBaは体内でBa^{2+}イオンとして溶け、神経阻害の毒性を示すので、「毒物及び劇物取締法」などにおいて規制の対象となっています。

毒重土石（炭酸バリウム）は、塩酸に溶けるので、その名のとおり毒となり得ます。しかし、重晶石（硫酸バリウム）は、胃酸にはまったく溶けないのでBa^{2+}イオンとして吸収される心配がありません。

胃の検査で造影剤として飲むバリウムは、実は硫酸バリウムの粉末を水に混ぜて味つけしたもので、重晶石と同じ物質であるため、毒にはならないのです。つまり、毒になるかどうかは、Baという元素が含まれているかどうかでは判定できず、Ba^{2+}イオンとして溶け出して体内に吸収されるかどうかが重要なのです。

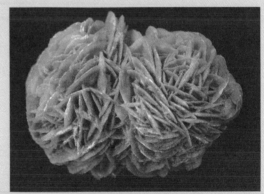

▲重晶石（硫酸バリウム）（アメリカ・アリゾナ州）

○毒性が様々なヒ素化合物

　ヒ素（As）は誰もが毒として記憶している元素です。毒鉄鉱（ヒ酸鉄カリウム水酸化物水和物）という名前のヒ酸塩鉱物もあります。しかし、同じヒ素の化合物でもその毒性は様々です。ヒ素の硫化物の鶏冠石や石黄はほとんど溶けませんが、酸化物の方砒素華は可溶性で、強い細胞毒性のある亜ヒ酸に変わります。

　鶏冠石や石黄も酸素と反応して酸化物に変化する危険性があるので、ヒ素を主成分とする鉱物を取り扱ったあとは、手洗いをするなど用心するに越したことはありません。

　ただし、酸化ヒ素は、古くから悪性腫瘍や皮膚病の治療に漢方薬として使われてきました。特定のヒ素化合物は、人体内にごく微量存在する、生存に必要な微量必須元素であるとも考えられており、完全に排除すべき元素だといった極端な理解はしない方がよいようです。

●硫砒鉄鉱を含む鉱脈の隙間にできた毒鉄鉱（長野県向谷鉱山）

第3章 ◆ 鉱物の性質

○放射線を発する能力を持った鉱物

　物理的に人体に影響を及ぼすものに放射線があります。自然界には、元来、地殻に存在するものや宇宙線により生成されたものなど、様々な放射性の物質が存在し、**自然起源の放射性物質（自然放射性物質）**と呼ばれています。

　鉱物にも放射線を発する能力（放射能）を持った放射性鉱物があります。放射性核種は地殻に普遍的に分布していますが、濃集して鉱床をなすところは限られています。

そのため、人体に影響を及ぼすような強い放射能を持った標本や試料が身近に存在する確率は極めて低いといえます。しかし、ウラン (U) やトリウム (Th) などの放射性元素を多く含む種の鉱物名の表示がある標本や、強い放射能が疑われる標本を保持することになった場合は、放射線量を測定して、必要に応じて対処することをおすすめします。

不必要な被曝を避ける基本は、遠ざける、短時間しか扱わない、放射線を遮蔽することです。放射線を遮蔽する効果の高い方法は、鉛の板で囲うことです。

放射性鉱物には、自形の結晶面を残しながらも、回折現象が著しく微弱であったり、まったく現れないことがあります。**メタミクト状態**と呼ばれ、自己の結晶内部や近隣の結晶からの放射線で原子配列が乱されたものと考えられています。

ほとんどが、加熱処理によって原子配列が整い結晶質になりますが、元来の結晶構造が復元されるとは限らず、加熱条件によっては別の物質に変化する場合もあるので注意が必要です。放射性鉱物の影響は、それを含む岩石の組織で、放射性鉱物の結晶粒の周囲を同心円状に着色させる多色性ハローとして現れることもあり、そのことが放射性鉱物の存在の指標ともなります。

Trivia

破壊される結晶構造

ウランやトリウムを多く含む鉱物は、放射線により自己の結晶構造が破壊されていきます。これを**メタミクト化**と呼びます。大正時代に発見された**石川石**もそのひとつです。メタミクト化した鉱物の多くは写真のような脂ぎった光沢を持つのが特徴です。これを熱すると結晶性が回復するのですが、はたして元の結晶構造になるのかは何の保証もありません。「石川石」の薄片をつくって電子顕微鏡で観察すると、化学組成のむら（不均質性）が多く、明らかに他の鉱物に該当するような部分も多く含まれていました。これを熱したくらいで均一な元の結晶性を回復できるとはとても思えませんでした。

▲石川石（福島県石川町和久）

◆熱、電磁波（光、X線、紫外線など）の作用

X線や紫外線は人間の眼には見えませんが、可視光と同じ電磁波です。電磁波や熱の作用を観察して、エネルギーの出入りが判り、鉱物の性質が理解できます。

○鉱物の分析・評価に使用される電磁波

電磁波はエネルギーの高い（波長の短い）方から、ガンマ線、X線、紫外線、可視光線、赤外線、電波、マイクロ波、超短波、短波、中波、長波、超長波、極超長波などと分類されます。

これらの電磁波を物体に作用させると、反射、吸収、透過などの現象が起きます。これらの現象は、物質の性質と関連して現れるので、現象から物質の成分や化学結合など本質についての情報が得られます。

X線は元素ごとに異なる原子内の電子遷移でのエネルギーギャップ幅と同じ領域のエネルギーを持ち、元素固有の特性X線を使った元素分析（蛍光X線分析、マイクロ電子線分析）に利用されます。また、原子やイオンのサイズと同じ領域の波長を持つので原子配列の情報を引き出すこと（X線回折、X線吸収微細構造）にも利用されます。

紫外線は分子内の電子遷移と同等のエネルギーを持ち、特に有機物の分子種の特定（紫外吸収分光）に利用されます。

紫外線による励起で物質特有の蛍光を発する場合もあるので、鉱物種判定に役立ちます。可視光については、「色」の項目で述べたとおりです。

赤外線は、分子の振動と同程度のエネルギーに相当するので、分子の振動モード（振動の方式や振動する分子の重さなど）の情報が得られ、物質を構成する分子の種類や量の特定に役立ちます（赤外吸収分光やラマン分光法）。

マイクロ波は、外部静磁場に置かれた原子核との相互作用（核磁気共鳴）を利用して、特定原子の化学結合状態を明らかにすることができます。このように、様々な電磁波が鉱物の分析・評価に使用されています。

●電磁波と波長

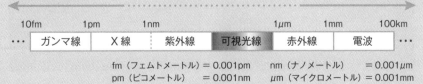

波長が短い（エネルギーが強い）				波長が長い（エネルギーが弱い）	
10fm	1pm	1nm	1μm	1mm	100km
・・・ ガンマ線	X線	紫外線	可視光線	赤外線	電波 ・・・

fm（フェムトメートル）＝ 0.001pm　　nm（ナノメートル）　　＝ 0.001μm
pm（ピコメートル）　　＝ 0.001nm　　μm（マイクロメートル）＝ 0.001mm

第3章 ◆ 鉱物の性質

○エネルギーが可視光として放出される

物質を構成する原子の電子は、外部からエネルギーを与えると基底状態から励起状態に移り、その後、励起状態から基底状態へ安定化する際には、これら2つの状態のエネルギー準位差に相当するエネルギーを放出します。

エネルギーが可視光として放出される場合には発光（ルミネッセンス）が起こります。ルミネッセンスには、励起源により、摩擦など物理的な応力によるトリボ（トライボ）ルミネッセンス、熱による熱ルミネッセンス（TL）、電界励起によるエレクトロルミネッセンス（EL）、電子線によるカソードルミネッセンス（CL）、そして光によるフォトルミネッセンス（PL）などがあります。

摩擦による発光は、石英に見られる例がよく知られています。TLが顕著な鉱物の代表格は蛍石で、鉱物名の由来ともなっています。TLの有無が鉱物種の判定の助けになることもあり、また発光スペクトルの解析も

進められているので、これが判定の手がかりになるかもしれません。

TLを応用した材料に熱ルミネッセンス線量計（TLD）があります。発光ダイオードや有機ELはEL効果を利用した発光素子ですが、ELが顕著な鉱物はいまのところ知られていません。

CLの観察は、電子線照射ができる分析装置に検出部をつけ足せば可能となるので、近年、試料の組織観察に加え、スペクトル解析も盛んになってきています。

PLの典型的な例として、古くより鉱物結晶の探査、種の判定など広く利用されている紫外線励起による可視光の蛍光や燐光（りんこう）が挙げられます。紫外線照射により顕著な蛍光や燐光を発する鉱物種は限られていて、自然光の下では見た目で区別できない鉱物も、蛍光や燐光により判別が可能になることも多いのです。

●柱石（ウェルネル石）（カナダ）

●柱石（ウェルネル石）：長波長紫外線下での蛍光

○炎色反応

発光分析を簡便にした方法に**炎色反応**があります。炎で熱して原子の電子を励起し、緩和される際の特徴的な可視光の発光を、色として視覚でとらえるものです。熱ルミネッセンス（TL）と同様の仕組みです。

理科の授業で学んだ記憶があると思います。Li赤、Na黄、K紫、Cu緑、Ba緑 ……。Cuの青緑とBaの黄緑など……。

Cuの青緑とBaの黄緑など微妙な違いを区別できなければ実用的ではありませんが、けっこう役に立ちます。炎色ではありませんが、変質してできた二次鉱物の特徴的な色、例えば孔雀石などのCuの緑、褐鉄鉱などのFeの褐色、コバルト華のCoの紫……から、見分けのつきにくい初生鉱物を推定することもできます。

▲炎色反応

○蛍光と燐光

蛍光と燐光は、励起を止めると発光も止まるか、励起を止めたあともしばらく光り続けるか、の違いで区別されます。

熱的緩和などのエネルギー消費のため、励起光は蛍光や燐光よりも高いエネルギーを持つことが発光の条件となるため、可視光を発光させるためには、よりエネルギーの高い紫外線などを励起光とする必要があります。紫外線よりもさらに高エネルギーのX線で励起すると、光電効果で試料中の内殻電子が電子軌道からはじき飛ばされ、この励起状態を緩和するように外殻から電子が移動します。この際に放出される電磁波は**蛍光X線**と呼ばれ、電子軌道間のエネルギー差に相当する、元素に特有の波長を持つ**特性X線**とも呼ばれます。

蛍光X線分析は、X線領域の蛍光を利用した、岩石や鉱物の化学組成の分析手法として普及しています。

○X線の照射と吸収・透過と反射・回折

　X線は、多くの物質を透過しますが、物質により異なる透過率を利用して、直接観察できない試料の内部を探ることに使われています。工業部品の探傷検査や、医療検査のいわゆるレントゲン撮影やCT撮影がその代表といえるでしょう。

　岩石・鉱物や化石にも、このような透過画像を撮影して解析することにより標本の内部組織を調べる方法が使われています。

　X線は、電子により散乱して回折現象を起こします。原子では核を取り巻くように電子が軌道上を動き回って電子雲を形成しています。

　結晶のように規則的に原子が配列されている物質では、電子雲も規則的に配列されているので、電子雲の電子で回折されたX線は、干渉により一定の回折角度の方向で強め合います。

　これを、回折強度を持った回折点としてフィルムやCCDなど二次元検出器でとらえることができます（本文334ページ参照）。

　回折角度は、規則的な原子配置の繰り返しの間隔（距離）と関連し、回折強度は原子配列そのものに依存します。

　このため、回折角度、回折強度を正確に測定すると、これらのデータから原子配列（結晶構造）を解くことができます（本文332ページ参照）。元素により、またX線の波長（エネルギー）により散乱の度合い（散乱能）が異なるので、その差が大きい場合は、回折データから、元素の種類を絞り込むことができる場合もあり、化学分析を代行することもあります。

　単結晶を用いた方法では、回折データから三次元空間の情報が得られるため、未知の結晶構造の解析にはより適していますが、粉末（多結晶体）試料からの回折データ（この場合は回折点ではなく、回折点が同心円の線状に連なったデバイリングによるデータ〈本文334ページ参照〉）から解析する手法も用いられています。

○電子線と中性子線

　原子や分子など、可視光の波長よりも小さなものは、波長の短い（高いエネルギーの）電磁波を使って観みるしかありません。X線と同様に、粒子線ビームの電子ビームや中性子線も、原子・分子レベル（ナノ・レベル）の観察や分析の光源として利用されています。電子線は、専ら電子顕微鏡で使われています。

　電子顕微鏡の機能は高度化し、反射電子像、透過電子像、カソードルミネッセンス（CL）による組織や構造（高分解能電子顕微鏡による格子像や原子像）の観察に限らず、電子線照射で発せられた特性X線により化学（元素）分析が行われ、さらに電子線回折による結晶構造の型の判定から構造解析にまで発展しています。

　中性子線は電子ではなく原子の核（陽子と中性子）に作用するので、電子に作用するX線とは異なった特徴もあり、X線回折データでは見極めがつきにくい水素原子などの結晶構造の解析手法として注目されています。

▲電子顕微鏡 Photo by Stahlkocher

◆化学分析

化学組成は、元素の組み合わせとそれらの量比で、原子配列（結晶構造）と並んで鉱物の種を定義する基本条項です。

○鉱物の種を判定する

化学分析では化学組成を調べますが、何が含まれているかを調べる**定性分析**と、どのくらい含まれているかまで調べる**定量分析**では、手順が異なります。

鉱物の種を判定するには、定性分析だけで目星がつく場合もあります。しかし、例えば、鉄とマグネシウムが任意の割合となる固溶体系列（本文267ページ参照）をなすオリーブ石などは、鉄とマグネシウムの量比を正確に求めないと、鉄オリーブ石と苦土オリーブ石の種の判定ができないので、

定量分析が必要となってきます。

また、多形（同質異像）の関係にある鉱物では、定量分析による化学組成だけでは判定が不可能で、回折データなど結晶構造の単位格子に関わる情報も必須となります。

さらに、角閃石族や褐簾石族などの鉱物では、原子の分布（例えばMnが、Caと同じ席を置換しているのか、それともFeやAlを置き換えているのか）すなわち結晶構造を精密に解析しないと、種の区別がつかない場合もあります。

○鉱物の化学分析の変遷

元来、岩石や鉱物の化学分析は、酸などに直接溶解するか、いったんアルカリ溶融を施してから酸に溶解し、水溶液にしたのち、元素あるいは元素群ごとに分析試薬を加えて析出させ、沈殿と濾液に分け（**濾別**）、これを繰り返して、沈殿物の重量測定、あるいは滴定により、それぞれの元素についての定量分析を行ってきました（**湿式分析**）。

その後、重量分析や滴定分析に代わり、発光分光法（誘導結合プラズマ発光分光法など）や吸光分光法（原子吸光分光法など）

といった機器分析により定量ができるようになりました。

これらの分析法では、分析目的の試料を標本から抽出（目的外となる不純物から分離）する作業を要し、また、不均一な試料の場合は、その試料の代表となる部位の選択・選別作業の的確さにより、分析値の正確さの評価が分かれるので、試料の準備・調整に熟練が求められます。なお、アルカリ溶融の技術は、蛍光X線分析のガラスビード試料の作成に引き継がれています。

○分析装置による鉱物の局所分析

一方、電子ビームやイオンビームなどを極細に絞って、固体試料の狭い領域（局所）の化学組成を分析する分析機器が考案され、岩石中の個々の鉱物の結晶粒ごとや、1粒の鉱物結晶の中心部と周辺部など、部位ごとに化学組成を測定することが可能となっています。

極細に絞ったビームをプローブ（探針）と呼び、プローブには電子ビーム、イオンビーム、レーザー光などが使われます。電子線マイクロプローブ分析装置（いわゆるEPMA）は、電子ビームの照射により特性X線を発光させ、その波長（エネルギー）で元素の種類を、その強度から含まれる量を測る装置です。

現在、鉱物の分析に最も汎用されている分析法です。波長の長い（エネルギーの低い）原子番号の小さい元素の特性X線の定量には、困難が伴う場合も少なくなく、また水素とリチウムの測定ができないという弱点があります。

この点、1次イオンビームで試料表面からはじき飛ばされた（スパッタされた）2次イオンを計測する2次イオン質量分析計（SIMS）や、レーザーで固体試料の局所を急速加熱し、昇華物をプラズマ中でイオン化させて計測するレーザーアブレーション誘導結合プラズマ質量分析計は、リチウムを含め様々なイオンを同位体ごとに分析できます。鉱物の化学組成のみならず、同位体組成も明らかにすることが可能で、鉱物種の判定に加え、年代測定にも威力を発揮する装置となっています。

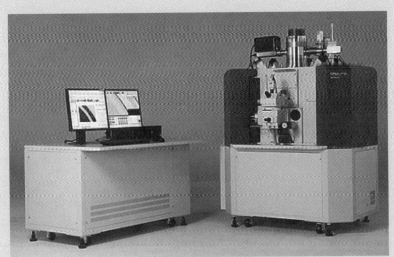

▲電子線マイクロプローブ分析装置（EPMA）　　　提供：株式会社島津製作所

◆構造解析

　結晶外形や光学特性から結晶形態の規則性を司る「素子」が推測され、X線回折法による結晶学の近代化により原子配列の実際がわかるようになりました。測定と解析のデジタル化は、構造解析を劇的に変革しました。

○近代結晶学に先駆ける先人の遺業

　自形結晶の結晶（成長）面の幾何学的な規則性に着目し、理解しようという試みは17世紀初期には始まったようです。ニコラウス・ステノ（別名ニールス・ステンセン）は水晶を、ドメニコ・グリエルミニは食塩の結晶を肉眼や顕微鏡を使って観察して、同じ鉱物種の結晶では、面と面の間の角度はいつでも一定であることに気がつき、後の面角一定（安定）の法則の発見につながりました。ヨハネス・ケプラーは、雪の結晶が六角対称をなすのは構成単位となるものが六角対称に規則正しく配列しているためと推定しました。一方、ロバート・フックは明礬や食塩の規則的な形態は、球体の素子の配列規則性によると記しています。

　面角一定（安定）の法則を発見したジャン・バティスト・ルイ・ロメ・ド・リエールは、素子の形状を等方的な球体から異方的（長い、平たいなど）に拡張して、それぞれの物質は特有な形の素子が、その形に合わせて積み重なって結晶形態として顕れるという仮説を立てました。当時、この小さな素子こそが、これ以上分割することができない物質の基本単位である原子ではないか、とも考えられていたのです。ジョン・ドルトンによる原子説提唱の30年以上前のことでした。

　「結晶は目に見えない小さな素子の繰り返しでできている」という結晶構造の考え方を初めて明確に提唱したのが、「結晶学の父」とよばれるルネ・ジュスト・アユイです。彼は結晶形態に加えて劈開面の規則性にも着目し、素子を劈開片と相似形（面のなす角が同じ）と見立てました。そして、様々な晶相、晶癖（本文309ページ参照）を、同一形状の素子の特別な積み重ね方で説明してみせたのです。さらに、この素子を基本分子と構成分子に区別したのですが、これらは現在の原子と分子にかなりよく対応する概念です。

　アユイの考え方は、結晶の形の規則性の理解に重要な「有理指数の法則」の基本となります。後に、クリスチャン・サミュエル・ワイスは、結晶形態の理解に結晶軸という概念を導入して、有理指数の法則を正確に表現し、さらに結晶を囲う面（結晶面）を記号で表現するようにしました。さらに、フリードリッヒ・モースが斜交軸の必要性を指摘し、弟子

のカール・フリードリッヒ・ナウマンが斜交軸を取り入れた有理指数の法則を確立しました。結晶面の表記法は、ウィリアム・ハロウズ・ミラー が提唱した面指数が**ミラー指数**として現在も定着しています。

　一方、結晶の「素子」は光学特性の観察知見からも論じられ、クリスティアーン・ホイヘンスは、水晶にも見られる複屈折から、光の波動性を唱え、結晶は、球ではなく、楕円体の粒子の積み重ねであろうと推定しました。しかし、光学特性と結晶の対称性との関係は、ジャン＝バティスト・ビオ による偏光と旋光の研究や、デビッド・ブリュースターによる反射と屈折による偏光や二軸性光学特性などの重要な法則の発見（19世紀の初め）まで待たなければなりません。

　「**有理指数の法則**」を基に、さらに、結晶としての本質を究めようと数学的な考察（群論）が発展し、対称性は230の空間群に整理され、次の時代のX線回折実験による原子配列、つまり、結晶構造の決定が急速に進む用意が調ったのです。

○原子の並びを見極める

　約100年前、ブラッグ父子は、レントゲンにより発見されたばかりのX線を使った回折実験で、結晶中の原子の規則的な並びを解明しました。これを機に、結晶学は理論から実験の段階に進み、様々な結晶構造が解析されるようになりました。

　単結晶（1粒の結晶）から回折されたX線はフィルム上に回折斑点として記録され、その斑点の間隔と濃度から回折角度と回折強度を読み取り、さらにそのデータをもとにフーリエ変換という数学的計算により、原子の配列が解き明かされます。これは、高度な知識と忍耐を要する研究でした。

　60年ほど前には、X線検出器とコンピュータの出現により、測定と計算は大幅に効率化され、結晶構造が解明された鉱物の種類も増え、同時に新種発見にも寄与したのです。30年ほど前には、性能のよい二次元検出器とパーソナルコンピュータにより、測定と解析は大きく進歩し、いまでは新種のほとんどは結晶構造を解明して発表されるようになっています。

　波長の短い光源として、中性子線や電子線も使われています。中性子線回折は、X線回折が不得意な水素などの解析に向いていることもあり、研究目的に応じて利用されています。電子線回折は、まだ構造決定に常用されるには至っていませんが、極微小試料の同定に力を発揮するようになりました。一方で、電子線は高解像度透過型電子顕微鏡で直接、原子像をとらえる観察法で注目を浴び、近年はフィルムに代えて受光素子を用いること（いわゆるデジタルカメラ化）により大きく進展しています。

○鉱物種を特定する（同定法）

　X線回折法は、粉末試料にも応用され、鉱物（物質）の同定法を革新しました。特に、アメリカで始まった粉末X線回折データベース（ASTM）は、コンピュータを使わなくても検索性に優れ、世界中に普及しました。データベースの拡充は進み、JCPDS、ICDDと進化し、現在はコンピュータによる検索もなされ、鉱物のみならず、結晶物質の同定の主流となっています。一方で、前述の電子線回折パターンによる同定も進展を見せていますが、既存種との照合に使えるデータベースの拡充が待たれます。

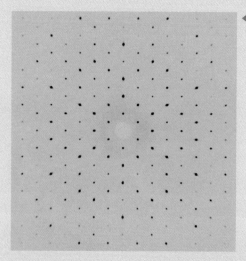

◀セル石（cerite-(Ce)：(Ce$_7$Ca$_2$) Mg (SiO$_4$)$_3$ (SiO$_3$OH)$_4$(OH)$_3$）の単結晶回折像。最新装置の2次元検出器で捉えた回折像を、画像処理により本来の対称性が歪みなく見えるように補正したもの。

▼パリゴルスキー石(palygorskite:(MgAl)Si$_4$O$_{10}$・4H$_2$O の粉末回折像。X線フィルムを代替する2次元検出体のイメージングプレートに露光記録された回折像（デバイリング）と抽出したX線回折パターン（下）。

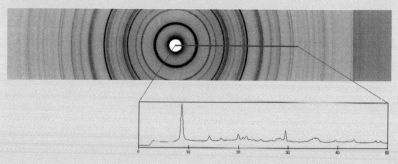

第4章

鉱物の生成と産地

ほとんどの鉱物は岩石の中で生成し、そのときの温度・圧力条件や化学成分の集まり方によって、種類や共生関係が決まります。どんな鉱物がどのような場所に生成しているのかを考えてみます。

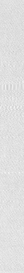

鉱物の博物学

◆鉱物のできる場所

○様々な鉱物のでき方

　基本的に、溶融体（マグマ）や液体（熱水、海や湖の水）、気体（火山ガス）などに溶け込んでいた化学成分が、温度や圧力の低下で固体（鉱物）となります。また、一度できた鉱物が、液体や気体と化学反応して別の鉱物に変わることがあります。さらに、同じ鉱物同士の粒が高温高圧にさらされると、再結晶して、もとよりも粗い粒となることがあり、異なった鉱物の場合には、化学反応をして別種の鉱物がつくられることもあります。

○鉱物のできる場所と見ることのできる所

　鉱物生成は、ほとんどが地球内部で行われるために見ることはできません。しかし地表では、海や湖の水から沈殿してできた鉱物、火山噴気孔にできた鉱物、露頭（河床や崖など）に現れた鉱物が水や酸素の影響で酸化されてできた鉱物などを見ることができます。地球内部でできた鉱物は、地殻変動などによって地表近くに現れて初めて、私たちが目にすることができるのです。つまり、鉱物のできる場所と見られる場所は、必ずしも一緒ではないのです。

○火成作用によるでき方

　マグマが冷えていく過程でできる鉱物で主に火成岩があります。地球内部でゆっくり冷えてできる岩石が**深成岩**で、鉄苦土鉱物の多い**超苦鉄質岩**（ペリドット岩など）から、石英や長石の多い**珪長質岩**（花崗岩）まで、4つに大別されます。

　マグマが地表近くで急に冷やされるとできるのが**火山岩**で、鉄苦土鉱物の多い苦鉄質岩（玄武岩）から珪長質岩（流紋岩）まで3つに大別されます（超苦鉄質火山岩は20億年以上前の古い時代にだけ存在します）。詳しくは本文343ページで説明します。

　ペグマタイトは、マグマが地下深くでゆっくり固まる深成岩が固化していく最終段階に、造岩鉱物に入りにくい元素、揮発性の元素が特に集まって、その深成岩中や周囲の岩石中に、脈状、レンズ状などの形で固まったものです。結晶の粒が粗いだけでなく、空隙（隙間のこと）があるときれいな結晶が見られ、特に花崗岩や閃長岩では、リチウム、ベリリウム、ホウ素、フッ素、ニオブ、タンタル、希土類元素などを主成分にする珍しい鉱物が伴うこともあります。

▼岩石の種類とできる場所の概念図

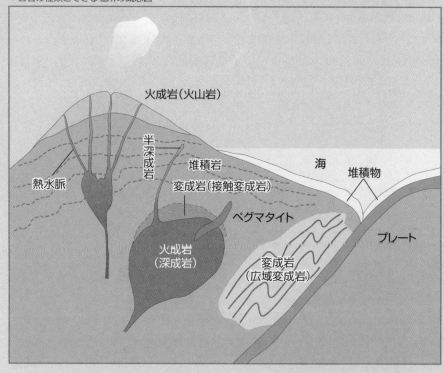

▼鉱物のでき方（詳細は本文343〜348ページ参照）

鉱物ができる作用	分類	主な岩石と特徴的な鉱物
火成作用	マグマ固結（火成岩）	超苦鉄質岩、苦鉄質岩、中間質岩、珪長質岩
	ペグマタイト	花崗岩、閃長岩
	熱水	鉱脈、変質岩
	火山噴気	自然硫黄
堆積作用		堆積岩、堆積物、蒸発岩
変成作用（交代作用）	広域変成岩	片麻岩、結晶片岩
	接触変成岩	ホルンフェルス、スカルン
	緑色岩	オンファス輝石、パンペリー石、緑泥石
酸化作用	二次鉱物	孔雀石、赤銅鉱、白鉛鉱

熱水は、主に地表から染み込んでいった水が地下で熱せられたもので、地表に上がってくるときに、周囲の岩石からいろいろな化学成分を取り込んで、地表近くで鉱物として結晶化させます。金属鉱脈の多くがこのような過程でつくられます。熱水は地表近くの岩石の一部を変質させ、そこに新たな鉱物をつくることもあります。火山の噴気孔の周囲にはガスの昇華（気体から直接固体に、あるいはその逆の現象）により、あるいはガスから短時間の液体状態を経て鉱物がつくられます。

○堆積作用によるでき方

　主にあまり熱くない液体（海水や湖水）から水分の蒸発などによって液体に溶け込めなくなった化学成分が沈殿して鉱物をつくる作用です。

○変成作用によるでき方

　地球内部で起こる変成作用により、広い地域にわたってできた**広域変成岩**（片麻岩、結晶片岩）と、局所的に変成されてできた**接触変成岩**に大別されます。もとの岩石（鉱物集合体）が熱や圧力だけを加えられた場合もありますが、化学成分を含む熱水などと反応し、化学成分のやりとり（交代作用）が行われている場合には、**交代変成作用**とも呼ばれます。源岩のカルシウム、マグネシウムに富む岩石が花崗岩質マグマに接触されるとできるのが、カルシウムやマグネシウムを主成分とするケイ酸塩鉱物で、このような鉱物群を**スカルン鉱物**といいます。有用な金属鉱物が集まっていれば、それを**スカルン鉱床**といいます。第4章（本文354～356ページ）で変成岩の説明をしています。**緑色岩**は、主に海洋底玄武岩あるいはその凝灰岩が変成を受け、緑色塊状の緻密な塊状岩石になったものです。オンファス輝石、パンペリー石、緑泥石など緑色鉱物がつくられているため、緑色に見えますが、中には赤鉄鉱などが含まれて赤褐色になっているものもあります。

○酸化作用によるでき方

　地表近くに現れた鉱物が、雨、空気、バクテリアなどで分解して、別の鉱物種に変化したものです。原鉱物を構成していた元素（銅、鉄、硫黄など）の多くが酸化状態になっているため、酸化作用を受けたと表現されます。原鉱物である黄銅鉱、方鉛鉱、閃亜鉛鉱、黄鉄鉱などを含む鉱脈の上部には、孔雀石、赤銅鉱、白鉛鉱などの鉱物ができていて、初生的にできた原鉱物に対して、これらを**二次鉱物**と呼びます。

◆造岩鉱物

というのは、岩石を構成する主な鉱物のことです。ここでは鉱物あるいは鉱物群（族や超族など）を紹介しましょう。

○オリーブ石（olivine、オリビン、橄欖石）

マグネシウムに富む苦土オリーブ石（forsterite）と鉄に富む鉄オリーブ石（fayalite）の固溶体が入ります。造岩鉱物としては、ほとんどが苦土オリーブ石です。

ペリドット岩などの超苦鉄質岩の主成分鉱物であり、玄武岩中では斜方短柱状結晶や粒としてよく見られます。分解しやすく、蛇紋石鉱物に変質します。

●苦土オリーブ石（東京都三宅島）

○輝石（pyroxene supergroup）

輝石には、直方晶系の直方輝石と、単斜晶系の単斜輝石があります。種類は多いのですが、ふつうの造岩鉱物としては、直方輝石では頑火輝石（enstatite）と鉄珪輝石（ferrosilite）の固溶体、単斜輝石としては、普通輝石（auglte）、透輝石（diopside）と灰鉄輝石（hedenbergite）の固溶体、エジリン輝石（aegirine）とエジリン普通輝石（aegirine-augite）の固溶体です。

やや稀ですが、単斜晶系のピジョン輝石（pigeonite）もあります。翡翠はひすい輝石（jadeite）とオンファス輝石（omphacite）の固溶体からなる輝石を主成分とする岩石です。輝石は四角あるいは八角の断面を持つ柱状結晶として出ることがあり、断面ではほぼ方形に見える劈開が特徴です。

●透輝石（岐阜県洞戸鉱山）

○角閃石（amphibole supergroup）

角閃石にも、直方晶系の直方角閃石と単斜晶系の単斜角閃石があり、非常に多くの種類が知られています。造岩鉱物としてよく見られる直方角閃石は、カルシウムやナトリウムを含まない直閃石（anthophyllite）と鉄直閃石（ferro-anthophyllite）の固溶体です。

単斜角閃石としては、普通角閃石の仲間（hornblende）が圧倒的に多いのですが、ナトリウムとカルシウム、アルミニウムまたは鉄とケイ素の置換により、普通角閃石とやや異なった組成のパーガス閃石（pargasite）やエデン閃石（edenite）などもあります。

また、カルシウムやナトリウムを含まないカミントン閃石（cummingtonite）とグ

リュネル閃石（grunerite）の固溶体、カルシウムに富む透閃石（tremolite）と鉄閃石（ferro-actinolite）の固溶体、ナトリウムに富む藍閃石（glaucophane）とリーベック閃石（riebeckite）の固溶体なども見られます。角閃石は扁平な六角の断面を持つ柱状結晶で出てくることが多く、断面では菱形（約120°と60°）に見える劈開が特徴です。

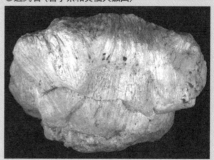

●透閃石（岩手県和賀仙人鉱山）

○雲母（mica supergroup）

造岩鉱物としての雲母には、大きく分けて2系統があります。ひとつは白雲母（muscovite）とその仲間で、白雲母のカリウムをナトリウムで置換したソーダ雲母（paragonite）などが入ります。

ほかは金雲母（phlogopite）と鉄雲母（annite）の固溶体で、中間組成を持つ黒雲母（biotite）のフィールド名で知られています。紙のように薄くはがれる劈開が特徴です。

●金雲母（マダガスカル）

◯長石（feldspar family）

地殻を構成する鉱物として最も多いのがこの仲間です。ほとんどの岩石中に見られます。大きく2つに分けられます。ひとつは三斜晶系の斜長石族です。これはナトリウムの多い曹長石（albite）とカルシウムの多い灰長石（anorthite）の固溶体です。

そのほかに、カリウムに富むカリ長石の仲間で単斜晶系の玻璃長石（sanidine）と正長石（orthoclase）、三斜晶系の微斜長石（microcline）があります。いろいろなタイプの双晶をしているのが特徴です。また、

●曹長石（兵庫県養父市宮垣）

バリウムやストロンチウムを主成分とする種類があり、主に変成岩中に見られることがあります。

◯準長石（feldspathoid family）

長石と似ている点が多いのですが、それよりケイ酸分に乏しいのが特徴です。日本ではなじみが薄いものですが、大陸に分布するケイ酸分に乏しい火成岩にはよく出てくる重要な造岩鉱物です。霞石（nepheline）、白榴石（leucite）、方ソーダ石（sodalite）などがあります。目立った劈開はありません。

●白榴石（イタリア）

○石英（quartz）

ケイ酸分に乏しい火成岩を除いてほぼすべての岩石中に見られます。ケイ酸分に乏しい火成岩とは、超苦鉄質岩（ペリドット岩など）や苦鉄質岩（斑れい岩、玄武岩など）、閃長岩や粗面岩などの高アルカリ低ケイ酸火成岩です。

どこの石英もほぼ純粋なSiO₂からできていて、ほとんど固溶体はつくりません。また、オリーブ石と共生することはありません。劈開はほとんどなく、貝殻状の割れ口を示します。同じ化学成分を持つ鱗珪石（tridymite）やクリストバル

●鱗珪石（熊本県熊本市石神山）

石（方珪石：cristobalite）はケイ酸分に富む火山岩によく含まれますが、玄武岩に見られることもあります。

○その他

その他の造岩鉱物としては、石墨、黄鉄鉱、磁鉄鉱、チタン鉄鉱、ルチル、針鉄鉱、蛍石、方解石、燐灰石、ゼノタイム、鉄礬石榴石、ジルコン、紅柱石、珪線石、藍晶石、チタン石（くさび石）、褐簾石、緑簾石、紅簾石、パンペリー石、菫青石、鉄電気石、蛇紋石、滑石、緑泥石グループなどがあります。

●パンペリー石（埼玉県東秩父村朝日根）

日本の新鉱物

2021年の8月現在で、日本では147種類の新鉱物が発見されています。

●新鉱物が産出する地質環境

1959年以降は、国際的な機関で新鉱物の認定が行われるようになりました。それ以前に個人の思い込みや、バラバラの基準で提唱されていた新鉱物の多くは、すでに知られていた鉱物の変種にすぎない、などといった理由で抹消されました。

日本では、1922年の石川石から1956年の大隅石までのわずか7種類しか生き残りませんでした。

これらの新鉱物はどのような地質環境で見つかっているのでしょうか。地質環境を5つに大別してみましょう。

①火成岩やペグマタイトの構成鉱物
②熱水鉱脈、鉱層、噴気、変質
③堆積作用
④変成作用、変成交代作用
⑤酸化、風化

④の変成作用は、もともとあった鉱物を再編成し変形させる作用で、変成交代作用は変成作用と時を同じくして熱水作用で元素の移動や濃集が行われる作用です。②の熱水活動は、既存の岩石中に入り込む、あるいは空気中や水中に放出される作用です。

このような5つの環境を考えると、日本の新鉱物の51%ほどにあたる75種類が④に分類されます。次に、30種類の①、18種類の⑤、15種類の②、10種類の③と続きます（産状が2つある物があるので合計は1つ多くなる）。また、④のうち、32種類がマンガン鉱床（鉄マンガン鉱床も含む）からの産出です。さらに、岡山県布賀地域の高温スカルンと再結晶石灰岩中にできたホウ酸塩鉱物群から13種類が発見されています。

●1位は布賀地域（岡山県）

都道府県別に見ると、岡山県、北海道、愛媛県、岩手県、三重県、新潟県、福島県と続きます。地域を細かく見ると、1位はやはり布賀地域で、2位は翡翠や翡翠に関連する岩石がある糸魚川地域とマンガン鉱床の田野畑鉱山、4位はアルカリ玄武岩中に希土類元素を主成分とする鉱物を産する佐賀県東松浦半島地域となります。

以下、三重県伊勢市菖蒲の鉄マンガン鉱床、マンガン鉱床の岩手県野田玉川鉱山ほかの順になります。しかし、新鉱物が見つかっていない県が11（山形、宮城、長野、富山、石川、福井、和歌山、鳥取、徳島、宮崎、沖縄）もあります。

●新鉱物ランキング

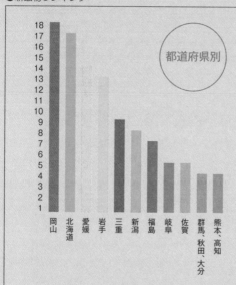

都道府県別

18
17
16
15
14
13
12
11
10
9
8
7
6
5
4
3
2
1

岡山　北海道　愛媛　岩手　三重　新潟　福島　岐阜　佐賀　群馬、秋田、大分　熊本、高知

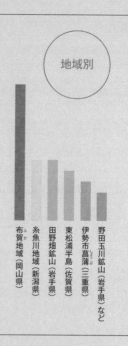

地域別

布賀地域（岡山県）　糸魚川地域（新潟県）　田野畑鉱山（岩手県）　東松浦半島（佐賀県）　伊勢市菖蒲（三重県）　野田玉川鉱山（岩手県）など

●長島石（群馬県茂倉沢鉱山）

●木村石（佐賀県唐津市）

◆火成岩

火成岩は、マグマが固まってできた岩石のことです。構成鉱物の種類と量によって、4つに分類されます。

○深成岩と火山岩

オリーブ石、輝石、角閃石、黒雲母はマグネシウムや鉄が主成分なので、**苦鉄質鉱物**と呼びます。これらが全体の何パーセントを占めるかで火成岩の分類が決められます。

また、固まった場所の深さ（冷却速度の違い）で大きく深成岩と火山岩に分けられています。**深成岩**は、地下の深い所で、マグマがゆっくり冷えて、構成物がすべて結晶質になっているのが特徴です。完晶質という言い方もあります。

火山岩は、地下の浅い場所あるいは地表に噴き出したマグマが急冷されてできるため、火山ガラスあるいは微細な結晶粒が体積の多くを占めています。この部分は**石基**と呼びます。噴き出す前にマグマの中で成長していたオリーブ石、輝石、角閃石、長石の結晶を伴うこともあります。これらを**斑晶**と呼びます。

●火成岩の分類

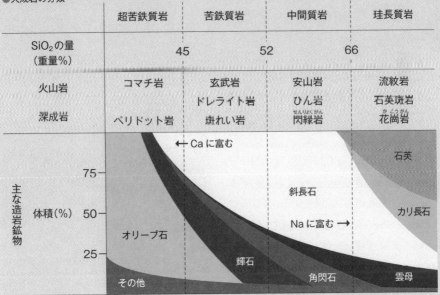

	超苦鉄質岩	苦鉄質岩	中間質岩	珪長質岩
SiO₂の量（重量%）	45	52	66	
火山岩	コマチ岩	玄武岩 ドレライト岩	安山岩 ひん岩	流紋岩 石英斑岩
深成岩	ペリドット岩	斑れい岩	閃緑岩	花崗岩

SiO₂の量（重量%）：45　52　66

主な造岩鉱物　体積（%）

← Ca に富む
石英
斜長石
カリ長石
Na に富む →
オリーブ石
輝石
その他
角閃石
雲母
75 50 25

345

○超苦鉄質岩

超苦鉄質岩は、苦鉄質鉱物が70%以上含まれます。岩石の化学組成から分類される超塩基性岩（SiO_2が45%以下）とほぼ同じです。

■深成岩

ほとんどオリーブ石でできたダナイト、オリーブ石、頑火輝石、透輝石でできたレールズ岩などがあります。これらが水と反応してできた変成岩が、蛇紋岩です。

■火山岩

マントルの温度が高かった20億年以前にのみ現れた火山岩で、オリーブ石が長柱状に伸びた特異な結晶形が特徴です。この岩石はコマチ岩（コマチアイト）と呼び、

●レールズ岩（北海道幌満）

オーストラリアやカナダなどで見られますが、日本には産しません。

○苦鉄質岩

苦鉄質岩は、苦鉄質鉱物が70〜40%含まれます。岩石の化学組成から分類される塩基性岩（SiO_2が45〜52%）とほぼ同じです。

■深成岩

代表的な岩石は斑れい岩です。オリーブ石、頑火輝石（マグネシウムと鉄が約半々の成分）、普通輝石、普通角閃石、灰長石成分に富む斜長石から構成されます。黒御影という高級な石材に使われることがあります。

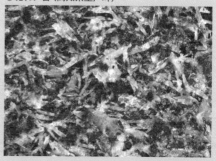

●斑れい岩（高知県室戸岬）

■火山岩

代表的な岩石は玄武岩です。斑晶はオリーブ石、普通輝石、灰長石成分に富む斜長石です。富士山、三原山、玄武洞など多くの観光地で見られます。

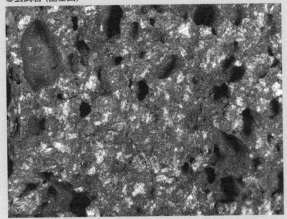
●玄武岩（富士山）

○中間質岩

中間質岩は、苦鉄質鉱物が40～20％含まれます。岩石の化学組成から分類される中性岩（SiO₂が52～66％）とほぼ同じです。

■深成岩

代表的な岩石は閃緑岩です。主に普通角閃石あるいはカミントン閃石、およびナトリウムとカルシウムがほぼ半々くらいからややカルシウムに富む斜長石で構成されます。少量の普通輝石、黒雲母、石英、カリ長石などが含まれることもあります。日本では典型的な閃緑岩は少なく、花崗岩との中間的なものが多いようです。

●閃緑岩（岩手県）

■火山岩

代表的な岩石は、安山岩です。斑晶としては、閃緑岩と同じ組成の斜長石、普通輝石、頑火輝石、普通角閃石が見られます。日本列島のような島弧の地帯によく産し、特に普通輝石と頑火輝石の両方が含まれる複輝石安山岩が特徴です。

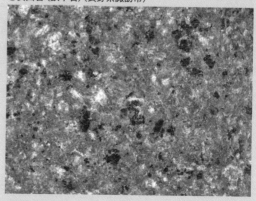

●安山岩（鉄平石）（長野県諏訪市）

○珪長質岩

珪長質岩は、苦鉄質鉱物の含有量が20％以下です。岩石の化学組成から分類される酸性岩（SiO_2が67％以上）とほぼ同じです。苦鉄質鉱物と対照的なのが珪長質鉱物で、ケイ酸鉱物（主に石英）と長石のことです。珪長質鉱物が増えれば、ケイ素とアルミニウムに富んでくるということです。

■深成岩

代表的な岩石は花崗岩です。石英、カリ長石、ナトリウムに富む斜長石、黒雲母あるいは白雲母、少量の普通角閃石から構成されます。斜長石が増えカリ長石が減る、さらに石英が減り普通角閃石が増えれば、閃緑岩の方向に行きます。

中間のものは、花崗閃緑岩とか石英閃緑岩などと呼びます。花崗岩ペグマタイトは巨晶花崗岩とも呼び、軽元素や希土類元素などが濃集しています。空隙には水晶、長石、雲母、トパーズ、緑柱石、電気石、蛍石などの大きな結晶が見られることがあります。石材として広く使われ、御影石、万成石、北木石、稲田石などのブランド名があります。

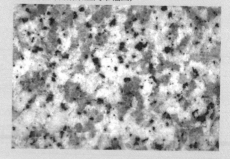

●花崗岩（茨城県笠間市稲田）

○花崗岩（稲田石）の薄片

●下方ポーラー（偏光板が下に1枚の状態）で見たもの

スライドグラス上にはりつけた岩石や、鉱物片を厚さ0.03mmくらいまで薄くした資料を「薄片」という。

●直交ポーラー（上方にも偏光板を入れ、偏光の方位が互いに直交）で見たもの

中心に見られるのは主に黒雲母（褐色〜淡褐色）で、周辺に石英やカリ長石、斜長石がある

■火山岩

　代表的な岩石が流紋岩で、石英、カリ長石、ナトリウムに富む斜長石、黒雲母などの斑晶を持っていますが、黒曜岩のようにほとんどガラス質の場合もあります。また、流紋岩に似ているけれどもカリ長石が少なく、斜長石が多くなった火山岩は、デイサイトという中間質岩寄りの珪長質岩です。

●流紋岩（富山県南砺市人喰谷）

●黒曜岩（島根県隠岐の島町）

Trivia

アルカリ岩の仲間

　珪長質岩の中で、アルカリ岩と総称される岩石の仲間があります。石英がほとんどなく、アルカリ長石が多いのが特徴で、さらにアルカリ長石よりケイ酸分（SiO_2）が乏しい準長石が主体になるものもあります。全岩の化学組成上では、アルカリに富み（ナトリウムやカリウムが多い）、カルシウムに乏しくなります。深成岩では、閃長岩が代表的な岩石で、準長石の多いものとしては、霞石閃長岩などがあります。日本のような島弧地帯にはあまり縁がなく、大陸の古い時代の貫入岩などとして産出します。霞石閃長岩のペグマタイトには、非常に多くの鉱物種が産出し、新鉱物もたくさん発見されています。特に有名なのは、ロシアのコラ半島やカナダのケッベク州モンサンチラールです。日本に近い所では、北朝鮮の福辰山に見られ、青色の美しい方ソーダ石や霞石などが主成分の岩石が産出します。日本では、瀬戸内海の小島、愛媛県岩城島に小規模な閃長岩が見られ、エジリン輝石などに伴って、杉石や片山石という新鉱物が発見されています。この閃長岩の分布は非常に狭く、周囲は花崗岩との中間的な岩石になっています。

　火山岩としくは、粗面岩が代表的な岩石ですが、日本列島では島根県など日本海側に小規模に現れています。**サニディン**と呼ばれるアルカリ長石や、ナトリウムに富むアルベゾン閃石という角閃石などが、斑晶として含まれています。イタリアのベスビオ火山には、白榴石という石榴石そっくりな形をした準長石を斑晶に持つ火山岩も知られています。なお、安山岩や玄武岩と中間的な岩石は、**粗面安山岩**や**粗面玄武岩**などと呼びます。

世界遺産の島を形づくる「無人岩」

小笠原諸島は「東洋のガラパゴス」とも呼ばれ、多くの固有種を育む島独自の豊かな自然環境から、2011年には世界自然遺産に登録されました。

●極めて特殊な火成岩

その自然環境は、小笠原諸島の成り立ちと深い関係があり、地質学的にも非常に特異で興味深い地域です。小笠原諸島の基盤をなしているのが、無人岩という極めて特殊な火成岩です。

●無人岩

無人岩という名称は、小笠原の古い名である「無人島（むにんじま：ボニンアイランド）」に由来し、英語ではボーナイトといいます。火成岩中のケイ酸の割合に基づく分類では、無人岩は安山岩の一種に分類されます。一般的な安山岩に比べてマグネシウムの含有量が非常に多く、斜長石がまったく含まれません。また、単斜頑火輝石という非常に珍しい鉱物の斑晶を含みます。

●魅力的な鉱物の観察の場所

このような特徴を持つ無人岩は、水分を多量に含むマントル物質が部分溶融してできたマグマが、約4600万～4800万年前に噴出して固化したものと考えられています。

無人岩は父島から智島にかけて分布しており、特に智島では最大で長さ10cmにもなる単斜頑火輝石の巨大斑晶が見られます。

現在では、小笠原以外にもオマーンやキプロスなどで無人岩が確認されています。しかし、これほど大きな単斜頑火輝石の斑晶が見られるのは小笠原だけで、無人岩の世界最大の模式地となっています。

また、無人岩の空隙には、様々な種類の沸石や魚眼石、玉髄などが見られ、地質・岩石だけでなく鉱物の観察にも魅力的な場所となっています。

●無人岩の露頭（小笠原智島）

◆堆積岩

堆積岩は主に鉱物粒、岩石片、生物の硬組織が堆積してできた岩石のことです。

○鉱物や岩石片の粒の大きさ

堆積岩には、海水や湖水で沈殿したもののほか、水が干上がって残った（蒸発乾固）成分が固まったものも含まれます。凝灰岩は主に火山の砕屑物（火山灰、軽石など）が堆積したものですが、中身に重点を置けば火山岩の仲間と考えることができます。

鉱物や岩石片の粒の大きさで、大きい方から、礫岩、砂岩、泥岩（シルト岩と粘土岩）と分けられますが、構成鉱物の種類は問いません。腐食や摩耗に強い鉱物は遠くまで運搬されます。石英、ジルコン、石榴石のほか、磁鉄鉱、自然金、コランダム、ダイヤモンドなどが含まれています。

●主な堆積物の粒子の大きさ

大別	礫				砂					シルト				粘土
名前	巨礫	大礫	中礫	細礫	極粗粒砂	粗粒砂	中粒砂	細粒砂	極細粒砂	粗粒シルト	中粒シルト	細粒シルト	極細粒シルト	粘土
粒径(mm)	256	64	4	2	1	1/2	1/4	1/8	1/16	1/32	1/64	1/128	1/256	

●礫岩（富山県南砺市人喰谷）

●砂岩（千葉県銚子市外川）

●海緑石砂岩（石川県能登島_{とじま}）

●泥岩（和歌山県串本町_{くしもとちょう}）

　チャートはケイ酸でできた放散虫の殻や海綿の骨針_{こっしん}が集まってできた堆積岩で、100％近く石英になっています。最初から石英粒が集まって岩石になったものは、正珪岩（オーソクォーツァアイト）といってチャートとは別の堆積岩です。貝殻、サンゴ、紡錘虫_{ぼうすいちゅう}（石炭紀・二畳紀に海底にすみ、栄えた原生動物）、有孔虫_{ゆうこうちゅう}（石灰質の殻と網状仮足_{もうじょうかそく}*を持つアメーバ様原生生物）など石灰質の殻が集まると、方解石からなる石灰岩ができます。

　沈殿あるいは蒸発乾固_{かんこ}でできる代表的なものが岩塩層です。古代の内海であった所や現在の大陸内部の湖でできています。岩

●紡錘虫化石を含む石灰岩（栃木県佐野市葛生_{くずう}）

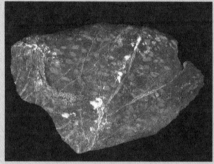

塩に、カリウム、カルシウムなどの塩化物や硫酸塩が伴われます。また、硼砂_{ほうしゃ}やウレックス石などのホウ酸塩鉱物がキにできている場所もあります。

●主な堆積岩の種類

粒の大きさ	主な材料	岩石名		
		続成作用	弱 ← 変成 → 強	
大 ↓ 小	礫_{れき} ↓ 砂 ↓ シルト ↓ 粘土 ｝泥	礫岩 砂岩 ｛ 珪質砂岩（石英粒が多い）／凝灰質砂岩（火山灰が混じる）／石灰質砂岩（石灰質砕屑物が混じる） 泥岩		正珪岩_{せいけいがん}
			頁岩	粘板岩（スレート） ホルンフェルス

＊**網状仮足** 足のように見えるもの。

◆変成岩

変成岩は、もとの岩石の鉱物構成（化学組成）と、どのくらいの温度・圧力（変成作用）を受けていたのかにより、変成岩中の鉱物種が決まります。

○片麻岩と結晶片岩（広域変成岩）

アルミニウムのケイ酸塩鉱物（Al_2SiO_5）である紅柱石、珪線石、藍晶石は、そのどれ ができているかで、できたときの温度圧力を推定する材料となります（図参照）。

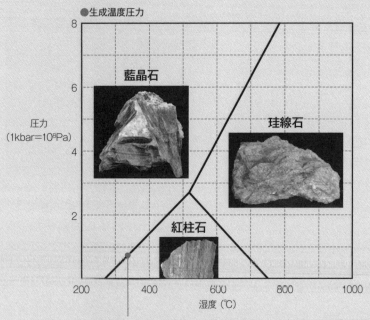

●生成温度圧力

圧力
（1kbar＝10^8Pa）

太い線で区切られた3つの領域の温度圧力で安定な Al_2SiO_5 鉱物を示す

構成鉱物の種類が非常に多様なだけでなく、広範囲にわたって分布する広域変成岩と、マグマが貫入した付近だけに分布する接触変成岩とでは、でき方も異なります。

代表的な広域変成岩には、片麻岩と結晶片岩があります。片麻岩は有色鉱物（角閃石、黒雲母など）と無色鉱物（石英、長石など）が縞状になっている、強い変成作用を受けた変成岩で、鉱物は粗粒です。

結晶片岩は、片理という薄くはがれる性質を持つ変成岩で、鉱物粒は細かいものから粗いものまで見られます。片麻岩よりも

生成温度は低いものの、高い圧力を受けてできたものがあります。緑色片岩は、低温低圧ででき、緑簾石、緑閃石、緑泥石などが多いため、緑色に見えます。

●緑閃石・滑石片岩 (兵庫県南あわじ市沼島)

●藍閃石片岩 (熊本県八代市東陽町)

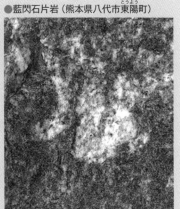

これより高圧でできた青色片岩は、藍閃石とリーベック閃石の固溶体である青色角閃石を特徴的に含んでいます。その他、源岩にマンガン分が含まれていると、紅簾石ができることがあります。量は少なくても、鮮やかな紅色の縞が見えるので、紅簾石片岩という名前で呼ばれます。

●紅簾石片岩 (兵庫県南あわじ市沼島)

●石榴石片麻岩 (富山県南砺市)

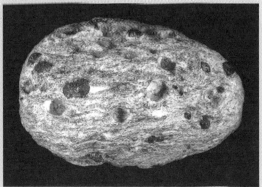

○マグマが貫入した付近だけに分布（接触変成岩）

接触変成岩は緻密な塊状になったホルンフェルスが代表的です。特に源岩が泥岩だったものには、菫青石やその仮晶である桜石が含まれることがあります。

また、源岩が石灰岩の場合は、方解石の結晶粒が粗くなった結晶質石灰岩（いわゆる大理石）になりますが、泥質や凝灰質の堆積物が入っていると、珪灰石、透輝石、灰礬石榴石、ベスブ石などの鉱物ができます。このようなものをスカルン鉱物といいます。

●ホルンフェルス（紅柱石入り）（京都府東和マンガン鉱山）

●ホルンフェルス（桜石入り）（京都府亀岡市）

●結晶質石灰岩（茨城県日立市真弓）

●スカルン（岩手県釜石鉱山）

奇妙な形の石

　国内の各地には、古くから愛称・俗称で呼ばれてきた奇妙な形をした石があります。江戸時代から、このような石を愛玩することは、木内石亭やその門下の人々をはじめとして、多くの石趣味人に共通の楽しみ方でした。

●鳴石、鈴石、壺石

　この仲間は、礫岩、砂岩、泥岩などで、あるブロックごとに周囲に水酸化鉄（いわゆる褐鉄鉱）が膠着したものです。硬い褐鉄鉱の殻となっていて、中には軟らかい粘土などが詰まっていることも、小礫などが入っていることもあります。振ると、コトコトと音をたてることもあるので、鳴石などという名前で呼ばれています。

●高師小僧、津軽小僧、こぶり石

　この仲間は、土偶に似た人の形などをしたものです。高師小僧は、植物の根の

●こぶり石（石川県珠洲市）

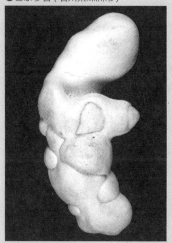

●木内石亭が岩石や鉱物・化石について記した『雲根志』

第4章　◆　鉱物の生成と産地

周囲に褐鉄鉱が染み込んで土に融着し、根のあったところが中空になっています。

ところが、**津軽小僧**や**こぶり石**は、ケイ酸質の鉱物でできています。津軽小僧は微細な石英粒からできた不透明な集合体なので、一種のジャスパーといえます。凝灰質の粘土層から産出されています。こぶり石は珪藻岩中に産するほとんど非晶質のケイ酸で、一種のオパールといえます。

●算盤玉石

算盤玉石は、流紋岩中に含まれる球顆の中に見られる玉髄あるいはオパールです。表面が凸凹した楕円球の球顆をうまく割ると、中から算盤玉に似たものが現れます。空隙をケイ酸分が埋めているのですが、このような形の空隙がどうしてできたのか不思議です。

●算盤玉石（京都府丹後神野）

●月のお下がり

月のお下がりは、化石巻貝（主にビカリヤ）の内部がオパールに置換されたものです。殻は石灰質なので溶けやすく、中身のオパールだけが残されていることもあります。この形がとぐろを巻いた「ウンチ」に似ているので、「お月様がしたウンチ」と見立てて、上品な表現として「月のお下がり」と呼んでいるのです。

●玄能石

玄能石は、ほぼ方解石からできた泥岩中に出る石です。古代人がつくった先の尖ったハンマーのような形になっています。中は、細かい方解石や水晶など雑多な鉱物粒で満たされています。

もとの鉱物は、低温の海でできるイカ石（$CaCO_3 \cdot 6H_2O$）と考えられています。イカ石はグリーンランドのイカ・フィヨルドの海底から発見された単斜晶系の鉱物で、結晶形態が玄能石に似ていて、8℃以上では方解石に変わってしまいます。

●玄能石（北海道）

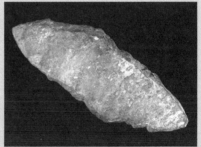

◆隕石

隕石は、石質隕石、石鉄隕石、鉄隕石に分類されています。

○石質隕石

隕石全体の95％ほどが石質隕石です。主にオリーブ石や頑火輝石などのケイ酸塩鉱物からできていて、地球の岩石に似ています。大気圏突入時に高熱で焼かれた表面の黒皮がなくなってしまうと、肉眼ではふつうの石と区別できなくなってしまいます。

直径が数mm以下の球体を含むものがあり、これを**コンドライト**と呼びます。球体も主にオリーブ石と頑火輝石からできていま

す。そのほかには、鉄とニッケル系合金、鉄の硫化物、炭素が含まれています。この隕石は太陽系形成時の元素組成状態を維持していると考えられています。

球体を含まないものは、**エイコンドライト**と呼びます。元素や鉱物相が分化してできた天体の地殻部分に相当する隕石と考えられています。

○石鉄隕石

ケイ酸塩鉱物と金属鉱物がほぼ半々の隕石です。よく見られるのは、オリーブ石が鉄とニッケル系合金の間に入っているタイプ

のもので、**パラサイト**と呼ばれています。分化してできた天体のマントル部分に相当する隕石と考えられています。

○鉄隕石

ほぼ鉄とニッケル系合金でできた隕石で、隕鉄とも呼びます。分化してできた天体の核部分に相当する隕石と考えられています。

この中の**オクタヘドライト**と呼ばれるものは、切断して研磨のあとで酸処理をすると、ニッケルの多い相と少ない相に離溶した独特な斜交格子模様（ウイッドマンシュテッテン構造）が現れます。

●鉄隕石（ギベオン）

◆鉱物の分布

鉱物の分布は地質単位に制限され、広範な地球規模から局所的な場合まで多様です。

○各大陸に広がる縞状鉄鉱層

広範なものの代表格が縞状鉄鉱層で、カナダ、オーストラリア、ブラジル、ロシア、南アフリカなど大陸に広がっています。主なものは、およそ25億年から18億年前に、生命活動で放たれた遊離酸素が海水中の鉄を酸化させ、赤鉄鉱として沈殿したものです。

また、商業的に採掘されるダイヤモンドは、**キンバーライトやランプロアイト**という火山岩中に含まれています。これらの岩石は主に先カンブリア時代の大陸地域にしか見られません。日本列島で比較的広範囲に分布し鉱物種に富むのは、領家帯、三郡帯、三波川帯、阿武隈帯といった変成帯です。

▼日本列島の地質構造（変成帯）

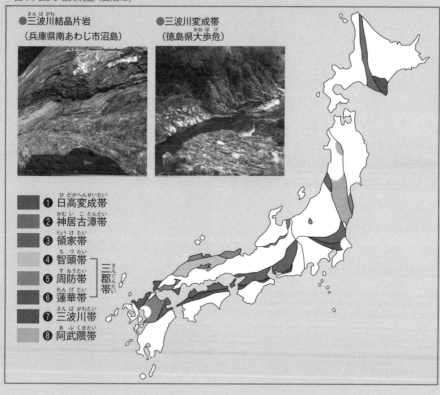

●三波川結晶片岩
（兵庫県南あわじ市沼島）

●三波川変成帯
（徳島県大歩危）

❶ 日高変成帯
❷ 神居古潭帯
❸ 領家帯
❹ 智頭帯
❺ 周防帯 ┐三郡帯
❻ 蓮華帯 ┘
❼ 三波川帯
❽ 阿武隈帯

○鉱物資源産出国

　国の面積が広ければ、価値の高い鉱物に富む確率が高くなるのは当然のことです。1位のロシアにはじまって、カナダ、アメリカ、中国、ブラジル、オーストラリア、7位のインドまで、名だたる鉱物産出国です。

●面積の順位

第 1 位	ロシア
第 2 位	カナダ
第 3 位	アメリカ
第 4 位	中国
第 5 位	ブラジル
第 6 位	オーストラリア
第 7 位	インド
第 8 位	アルゼンチン
第 9 位	カザフスタン
第 10 位	アルジェリア

　30位以内で有名な鉱物産出国は、コンゴ民主共和国（11位）、メキシコ（13位）、アンゴラ（22位）、南アフリカ（24位）、コロンビア（25位）、タンザニア（28位）です。

　ほかにもナミビア、パキスタン、ミャンマー、アフガニスタン、マダガスカルなどが有名です。

　国による鉱物種の多さは、必ずしも面積には比例しません。小規模でも多様な地質体が存在し、研究が盛んな国では鉱物種が多く認められています。鉱物種数を国土面積で割った数値を鉱物種数密度とすると、日本の密度は世界トップクラスの高さだと思われます。

●ハウイー石など3種の新鉱物が産出した採石場（アメリカ・カリフォルニア州レイトンビル）

●多くの新鉱物が産した霞石閃長岩ペグマタイト（カナダ・ケベック州モンサンチラールにある採石場）

◆地形や地質

地形は、隆起と削剝の兼ね合いで決まります。

○堆積物が変成を受けて、鉱物がつくられる

隆起は、プレート運動やマグマ活動によって起こり、削剝（すり減らすこと）は水、氷、風の力で行われます。ヒマラヤ山脈をはじめ地球規模の大山脈は、大陸地塊同士がぶつかり合って、その間にあった海の堆積物が押し上げられてできたものです。

隆起する速度が削剝される速度より十分に大きければ、山は高くなります。山を構成する地質体が脆弱かどうかも、削剝の程度に影響するはずです。水が削剝した谷の断面はV字型に、氷河の場合はU字型になります。

鉱物的に見ると、高い圧力を受けているため、多様な元素を含む堆積物が変成を受けて、種々の鉱物がつくられているはずです。それらが露頭で見られ、河床で削剝された岩塊や礫の中にも見ることができます。

●世界の主なプレート

――― プレートの境目
――― 新しいプレートが生まれているところ

ユーラシアプレート
北米プレート
フィリピン海プレート
太平洋プレート
南米プレート
アフリカプレート
インド・オーストラリアプレート
南極プレート

○氷河の落し子「迷子石」

氷河の端や末端には、運ばれてきた岩塊や礫が三日月状の形に堆積していることがあります。これを**モレーン**と呼びます。

また地表に、その付近にはない異質な岩がポツンと残っていることがあります。これは**迷子石**と呼ばれる氷河の落し子です。通常の河川は、山麓から平地にかけて勾配が急に緩くなるため、運搬してきた砂礫をそこに半円錐状に堆積させます。

上部から見ると扇状になっていることから、この地形を**扇状地**といいます。海や湖に注ぐ場所で堆積すると三角州（デルタ）がつくられます。

●モレーン（南極）

○独特な地形をつくるマグマ

　火山はマグマが地表に噴出してできたものですが、マグマの粘性や活動様式によって独特な地形がつくられます。例えば、サラサラした溶岩が流れると平原状あるいは楯状の地形が、ねばねばした溶岩の場合はドーム状の地形ができます。

　また、大規模な火砕流を噴出したのちに陥没してできるカルデラ、火口付近に火砕物や溶岩が積もってできる円錐状の火砕丘などがあります。

●スコリアからなる火砕丘（三宅島ひょうたん山）

●ハワイ・キラウエア火山のマグマ

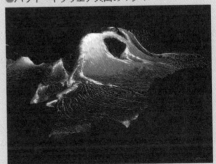

Photo by paul bica

地球上で最も多い鉱物？
ブリッジマン石

　地球の内部構造は、外側から地殻、マントル、核に分けられ、私たちが手にすることができるのは基本的に地殻の岩石です。

●明らかになる地球の内部構造

　地殻の厚みは、場所によって異なりますが、地球の半径6400kmのうち、たったの5〜50km程度しかありません。地殻を構成する岩石を大雑把に分類すると、大陸地殻は花崗岩質の岩石、海洋地殻は玄武岩質の岩石で構成されています。

　地殻の下、マントルはオリーブ石（オリビン）を主体とした岩石から構成されています。かつてマントルを構成していたと考えられる岩石が地表に露出していたり、爆発的な火山の噴火によりマグマの中に捕獲岩としてマントルの石が混ざって地表にもたらされることがあります。それらを調べることで、マントル最上部の情報までは、実際の岩石試料から研究が進みました。

　しかし、それより深い場所の岩石は、人類が手にすることはできません。そこで、地震波による地球内部の観測と、地球内部の温度圧力や組成の見積もり、高圧実験などを組み合わせた研究により、マントルはさらに上部マントル、マントル遷移層、下部マントルに細分され、核も外核と内核の二層構造を持つことが明らかになりました。

　上部マントルの主要構成鉱物であるオリーブ石（Mg_2SiO_4）に圧力をかけていくと、ある圧力以上では**変形スピネル型**と呼ばれる結晶構造へと変化し、さらに**スピネル型**と呼ばれる構造を経て、ペリクレース石（MgO）とペロブスキー石型構造の$MgSiO_3$鉱物に分解します。

　これらの鉱物の安定関係とマントルの構造がちょうど対応しており、マントル遷移層（410〜660km）は変形スピネル型とスピネル型のMg_2SiO_4鉱物から、下部マントル（660〜2700km）はペリクレースとペロブスキー石型の鉱物から構成されています。なお、核は鉄を主体とする合金からなり、外核は液体状の溶融鉄、内核は固体の金属鉄です。

●マントルに存在する地球上で 最も存在量の多い鉱物

　地球の半径に比べて薄皮のように薄い地殻に対し、マントルの体積はとても大きいので、特に下部マントルの主要構成鉱物は、地球上で最も存在量の多い鉱物と予想されています。しかし、地表では見つからないため、長いこと鉱物名がつけられませんでした。

なぜなら鉱物とは、「自然界に存在する（ことが証明されている）物質」と定義されているからです。地下深くからもたらされた岩石の中には、マントル遷移層や下部マントルに由来する物質もごく稀に含まれるようなのですが、高圧鉱物は低圧では不安定です。ダイヤモンドのような硬い鉱物の中に閉じ込められて、地表まですばやく到達しないと、地表にもたらされるまでの間に分解してしまい、なかなか見つかりませんでした。

●地球上で最も小さくて
　見つけるのが難しい鉱物

2014年、ついにペロブスキー石型の$MgSiO_4$組成鉱物が自然界から発見され、**ブリッジマン石**と名前がつけられました。見つかったのはマントルからもたらされた岩石中ではなく、隕石中の衝撃溶融脈（しょうげきようゆうみゃく）でした。

衝撃溶融脈とは、小天体同士の衝突や大きな隕石が落下した際の衝撃により、一瞬だけ高温高圧状態になった部分です。なお、1969年と1983年には、同じく隕石中からスピネル型のMg_2SiO_4鉱物（リングウッド石）と変形スピネル型のMg_2SiO_4鉱物（ワズレー石）がそれぞれ発見されています。

いずれも電子顕微鏡でしか見えないほどのサイズです。結局、地球の主要構成鉱物と考えられているブリッジマン石は、いまのところ、地球上で最も小さくて見つけるのが難しい鉱物のひとつです。

ちなみにブリッジマン石の名称は、高圧発生装置を用いた研究でノーベル物理学賞を受賞した物理学者のパーシー・ブリッジマン（1882年4月〜1961年8月）にちなんで命名されました。

●ブリッジマン石

bridgmanite

1 mm

出典：Tschauner et al. (2014), Science, 346, 1100-1102補遺より。

▲パーシー・ブリッジマン

◆鉱物の年代

年代は、本来、定量的な数値で表されるべきものです。化石によって区分されている地質時代、例えば中生代ジュラ紀だとか新生代第三紀中新世というのは、互いの前後関係を示しているだけです。

○鉱物の年代を測定する

化石を調べても年代はわかりません。年代は主に鉱物に残されている放射性元素を利用して測定されます。こうした年代を**放射年代**と呼びます。

年代測定に使われるのは、炭素 (C)、カリウム (K)、ルビジウム (Rb)、トリウム (Th)、ウラン (U) などです。例えば、大部分のカリウムは安定 (放射性がない) なのですが、ごくわずかに^{40}Kという放射性同位体があります。

元素記号の左上に示された数字は、陽子と中性子を足した数です。^{40}Kは壊れて (放射壊変)、^{40}Ar (アルゴン) に変わっていきま

す。もとの^{40}Kが半分になる時間を半減期と呼び、12億5000万年ほどです。鉱物に残されている^{40}Kと^{40}Arを分析することにより、鉱物形成時が何年前であったかを計算できるのです。

トリウムやウランの同位体はすべて放射性で、鉛 (Pb) に壊変します。ジルコンという安定性の高い鉱物に入っている場合には、非常に古い年代も同じ原理で測定できます。世界最古のジルコン年代は、約44億年前と測定されています。日本最古のジルコン年代は約37億5400万年前と測定されています。

●ジルコン砂 (高知県足摺岬)

●日本最古のジルコンを含む花崗岩 (富山県宇奈月)

○結晶の成長時間

　よくわかっていないのが結晶の成長時間です。大きな水晶がどのくらいの時間をかけてできたのかを聞かれることがあります。最適条件で合成すれば、1年以内には30cmを超えるようなものができるでしょう。

　しかし、天然のものでは条件が詳しくわからない上に、成長の停止と再成長が繰り返されている可能性が高く、それらの断絶期間もまったく推定不能ですから、かかった時間は答えられないというわけです。

Trivia

人工水晶の成長

　写真の人工水晶は横幅が約12cmあります。通常の水晶と違って、縦長ではなく、厚さ約7cmの厚板状になっています。それを真上から見た写真で、通常の水晶ではまず見られない縦軸（c軸）に直角な大きな結晶面（0001面）が存在しています。

　しかし、この結晶面は滑らかな平面ではなく、結晶成長のあとが鱗のようになって凹凸が激しいのが特徴です。このような大きさの水晶でも、わずか数カ月で成長させることができるのです。

●人工水晶

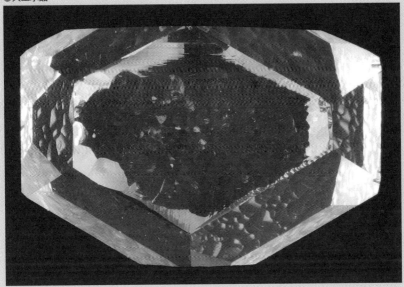

Episode 化石の実体は鉱物

　化石にはいろいろなタイプがあります。貝殻や歯、骨といったその成分自体がほとんど鉱物と同等な物質である場合もあります。

●化石のタイプ

　化石としては次のタイプがあります。

①貝殻や骨などの成分が溶けてしまって、印象化石としてのみ残る場合。

②貝殻は霰石に相当する炭酸カルシウムの結晶からできているが、これが化石になった際、もっと安定な方解石に再結晶する場合。

③動物の歯や骨は、主に水酸燐灰石でできていて、化石になると、水酸化物イオンをフッ化物イオンが置換する場合（フッ素燐灰石）や、リンの一部を炭酸が置換する場合。

④方解石やフッ素燐灰石ではなく、埋没している間に、まったく別の成分と入れ替わってしまったり、あるいは、貝殻や歯、骨の隙間に別の成分が沈殿する場合。

●黄鉄鉱化した腕足類*化石
（アメリカ・オハイオ州）

　このうち④で多いのは、ケイ酸（玉髄やオパール）、鉄と硫黄（黄鉄鉱ができ、さらにそれが酸化して、褐鉄鉱化や赤鉄鉱化することも）、鉄とリン（歯と骨にはもともとリンが多いので、鉄だけの供給で藍鉄鉱ができる）、アルカリ、アルカリ土類、アルミニウム、ケイ素など（沸石）です。銅、亜鉛、コバルト、鉛などの硫化物が置換することもあります。紀伊半島から四国にかけての四万十層群に出る化石が、黄銅鉱、閃亜鉛鉱、方鉛鉱、輝コバルト鉱などに置換されている例があります。

●硬組織を持つ生物の化石

　木材の場合は、炭化（石炭など）と**ケイ化**がほとんどです。ケイ化の場合には、**珪化木**とか**ワッドオパール**といって、装飾品としてよく使われます。葉の多くは、本体が腐りやすいせいで、ほとんど印象化石として出ます。しかし、葉を構成している成分の一部が残って、わずかな炭となったり、藍鉄鉱になったりする場合もあります。褐鉄鉱中の葉の印象化石は、葉が褐鉄鉱の成分と一緒に沈殿してできたもので、あとから置換されたものではありません。

＊**腕足類**　古生代に栄えた二枚貝に似た形の海産動物。腹殻と腕殻で軟体部が包まれている。

その他の硬組織を持つ生物の化石とし
て、コノドント（燐灰石）、サンゴ（方解石）、
有孔虫（方解石）、放散虫と海綿の骨針（オ
パールや玉髄質石英）などがあります。硬
組織でもキチン質の殻の場合（カニ、エビ、
三葉虫など）は、多糖類の有機物なので、溶
けて印象化石だけ残します。ただし、方解
石などに置換されていることもあります。

●方解石に置換されたビカリヤ化石（福井県福井市鮎川）

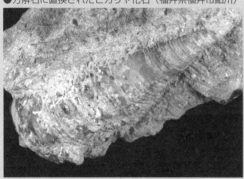

●珪化木（アメリカ）

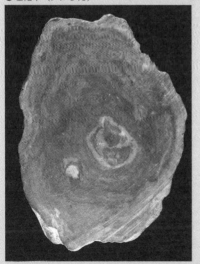

●軟組織を持つ生物の化石

　軟組織の部分は、基本的に印象化石にし
かなりませんが、樹脂に埋もれた昆虫など
は、琥珀の中に化石として残されています。

　藻類、バクテリアの一部は、生命活動を
しているときに、鉱物質成分を体の中に取
り込んだり、あるいは体の外側に集めたり
します。これらが大きな集団をつくると、
死んだ直後、あるいは生きてい
るうちに「鉱物」が水底の岩な
どに付着することになります。
こういうものが化石になると、
例えば、鉄やマンガンなどの酸
化物や炭酸塩の鉱物集合体に
なるのです。

●琥珀（虫入り琥珀）

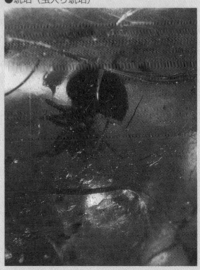

第4章 ◆ 鉱物の生成と産地

369

粘土の世界

　粘土は、流体でもなければ固体でもなく、しかもゴムのような弾性は示さず、変形したのちにもその形を保つ（可塑性）、不思議な物体です。

●水の惑星「地球」に特徴的な鉱物

　油粘土は粘土鉱物のカオリンとヒマシ油を主成分とします。しかし、紙粘土やプラスチック粘土は、まったく「土」を含まないので**粘土**ではありません。土木工学では0.005mm以下の土、地質学では1/256（=0.004）mm以下の泥（礫や砂よりも細かい砕屑物）、土壌学では0.002mm（2μm）以下の風化作用を受けた二次鉱物の粒子を主体としたものを粘土といいます。

　一般には、水を含むと粘性を持つ土の総称で、微細な鉱物粒子と水分と有機物などからなります。粘土を構成する鉱物を**粘土鉱物**と呼びます。そのほとんどはカオリン鉱物、雲母、スメクタイト、蛇紋石鉱物、タルク、緑泥石などの細粒のフィロケイ酸塩鉱物です。窯業原料として知られる粘土ですが、水分子を結晶の中や表面にも持つことができる特性があり、水の惑星と呼ばれる地球に特徴的な鉱物ともいえます。

●粘土の様々な利用

　粘土は、身近で様々に利用されています。鉛筆の芯や消しゴムには粘土粒子が練り込まれ、教科書やノートの紙にもすき込まれています。基礎化粧品や医薬品の成分表示にも粘土鉱物の名前が見られます。

　水を吸ってゲル状になる性質は、おむつなどの吸水剤として活用されます。ゲル状に固まる性質は、ボーリング（掘削）の先端で削られた砂礫を地表まで持ち上げる泥水に応用されています。また、吸着機能で、脱臭、脱色や除染にも活躍しています。

　粘土鉱物の結晶の表面や内部に様々な分子を並べて集め、触媒のように化学反応を促進する技術も確立されてきました。このような、濃集、配列、反応という現象から、生命の誕生にあたり、粘土が希薄なアミノ酸の重合反応に関わったのではないか、という学説も唱えられています。

●生体に優しい「粘土」

　鉱物が変質する様を、石が腐る、と表現することがあります。長石が熱水変質や風化でカオリンに変わる地質作用を、宮沢賢治は「楢ノ木大学士の野宿」の中で、「カオリン病」と呼んでいます。粘土鉱物の立場からすると、なれの果ての骸のように見立てられますが、水に恵まれた地球の表層で生まれる粘土鉱物は、生体に優しい環境適合型のジオマテリアルです。

The nature of minerals

第5章

鉱物の用途

　私たちの生活は様々な素材で支えられています。木材、毛皮、木綿、羊毛など、動植物由来の素材も少なくありませんが、鉄鋼などの金属材料、セメントやセラミックスなどの源は鉱物にあります。資源となる鉱物を多く含む岩石を鉱石と呼びます。鉱石が濃集しているところが鉱床です。

鉱物の博物学

◆鉱物と私たちのくらし

人類が他の生物と大きく異なるのは、火や道具を使えるという点です。

○鉱物を利用する知恵

初期の道具のひとつが、石、つまり鉱物なのですが、石そのものを利用するならサルやカラスにもできます。しかし、人類は石を加工して石器をつくり、火を利用して土を土器に変え、石から金属を取り出すことができました。

窯業（セラミックス産業）に関連することに少し触れてみましょう。原始的な土器は、陶器、磁器と発展し、実用的なものから美術品まで広範囲に使われています。また、高性能のファインセラミックスが現在のハイテク産業の一角を担い、伝統的なレンガや瓦といったものも土が材料となっています。

タイル、衛生陶器、工業炉に欠かせない耐火レンガなども、粘土に石英や長石などの鉱物を加えて、高い温度で焼いてつくられます。

どこの家にでもある窓ガラスやコップなどのガラス製品は、石英を主な原料とし、炭酸ナトリウム（炭酸ソーダ）、石灰岩（方解石）、ドロマイト（苦灰石）などを加え、高温で溶融したあとに冷却固化されたものです。

現代建造物になくてはならないセメントは石灰岩が主な原料で、これに粘土、石英、石膏などを加えてつくられます。

▲石英

○くらしや産業を支える金属は鉱物から取り出される

人類の大きな知恵は、鉱物から金属を取り出すことができたことです。鉱物の大部分は金属と酸素や硫黄が結合した化合物の形で産出されます。したがって、それらから金属を取り出すためには技術が必要です。そのことは金属文明の歴史が証明しています。

●自然から産出される金属

金は自然物として、つまり、自然金（たいていは銀も含まれている）として現れることが多いので、容易に利用できる金属であったかもしれません。銅も自然銅として現れることも稀ではないので、使いやすかったのでしょう。

青銅器文明の青銅とは、銅とスズの合金のことです。スズは主に酸化物の錫石として産します。錫石は風化に強く、比重も大きいので、砂鉱（砂状の鉱石）として河川堆積物に濃集することがあ

ります。しかも比較的低温で還元（酸素から分離）できるので、金属スズが手に入れやすかったのでしょう。しかし、銅やスズに比べてずっと多く、どこにでもある鉄が利用できるようになったのは、青銅器文明よりもあとのことでした。

鉄は自然鉄で産することは大変稀です。主な自然鉄の源は鉄隕石（隕鉄）で、ごくわずかに玄武岩中に産することもあります。鉄も錫石と同じように、主な原料鉱物は酸化物である赤鉄鉱や磁鉄鉱です。

鉄の原料となる砂鉄は主に磁鉄鉱からできています。例えば、砂鉄に炭（炭素）を入れて高温で焼くと、磁鉄鉱に含まれる酸素が炭素と反応し、一酸化炭素や二酸化炭素として分離除去することで鉄を遊離できます。

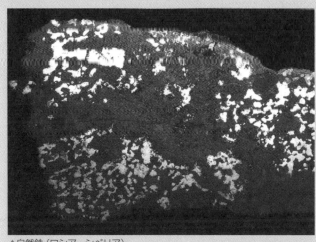

▲自然鉄（ロシア・シベリア）

●高機能の合金鋼

こうした技術が世界中に広がり、鉄は最も多用される金属となりました。もちろん、現在の私たちのくらしや産業を支えている重要な金属でもあります。鉄に炭素を加えた炭素鋼のほかに、様々な金属、特にレアメタル（チタン、バナジウム、クロム、マンガン、ニッケル、コバルト、モリブデン、タングステンなど）を加えて、腐食に強い、硬い、張力に優れたなどなどの高機能の合金鋼がつくられます。

●錆びない金属

家庭の台所にある流しはたいていがステンレス製だと思いますが、ステンレスは「錆びない」という意味であり、鉄、クロム、ニッケルなどが主成分の合金です。クロムは磁鉄鉱に似た酸化物であるクロム鉄鉱などから、ニッケルは硫化物であるペントランド鉱や含水ケイ酸塩鉱物の集合体である珪ニッケル鉱（鉱石名）から取り出されます。鉄と他の金属の酸化物であるフェライトは磁石として重要です。スピーカー、トランス（変圧器）など電気製品に使われます。

●鉄に次いで多く使われる「銅」

純銅は電気や熱をすばやく伝える能力に優れているので、電線として最もよく使われています。そのほかにも、配管（給湯設備など）、建材（屋根瓦など）、青銅製品（鋳物

など）、亜鉛との合金である黄銅製品（船舶金具、各種器具、管楽器、5円硬貨など）、ニッケルとの合金である白銅製品（50円硬貨など）に広く利用されています。銅は主に硫化物である黄銅鉱、輝銅鉱、斑銅鉱などから取り出されます。

主に閃亜鉛鉱から取り出される亜鉛は、黄銅製品に使われるほか、亜鉛めっきされた鉄板であるトタンとして身近な存在です。方鉛鉱から取り出される鉛は、主に自動車用バッテリーの電極として多用されています。かつては水道管などにも使われましたが、鉛の毒性が問題となって、ほぼなくなりつつあります。

●軽金属の代表「アルミニウム」

アルミニウムは主に、アルミニウムの水酸化鉱物の集合体であるボーキサイト（鉱石名）から取り出されます。アルミニウムの合金は、食器、飲料用アルミ缶、アルミ箔、窓のサッシなど私たちの生活に欠かせない身近な存在ですが、軽さと耐食性に優れた特性から、航空機、鉄道車両、船舶などでも活躍しています。

1円硬貨は純アルミニウムでできています。これをつくるのに1円以上のお金がかかっているといわれています。この硬貨は、重量1g、直径2cmというきりのよい大きさです。スケール（物差し）として使えるので便利です。

▼アルミニウム

▼ボーキサイト

●貨幣や装飾品として

　金や銀は白金（プラチナ）などと共に貴金属と呼ばれます。金や銀は古代から貨幣や装飾品として使われてきました。白金とその仲間の金属は近代になってようやく鉱石から取り出されるようになりました。

　指輪やネックレスなどに使われる貴金属の量は多くありませんが、重要な工業材料としての用途があるのです。

　例えば、耐食性と電気伝導性に優れた金は電子工業で、触媒となる白金などは自動車の排ガス浄化に欠かせません。

　このように、私たちは鉱物やそれから取り出された金属のおかげで便利で快適な生活ができるのです。

▼中国の金貨

▼金めっき

Photo by Ondřej Martin Mach

第5章 ◆ 鉱物の用途

◆金属資源としての鉱物

　金属資源は鉄、銅、アルミニウム、鉛、亜鉛、カドミウム、スズなどの主要金属（コモンメタル）と、金、白金、銀などの貴金属、それに後述の希少金属（レアメタル）に分類することができます。

○金属はほとんどが合金

　純粋な金属の塊が天然に産出することは極めて稀で、ほとんどが合金として産します。砂金は化学的、物理的に安定な自然金が風化に耐えて、周囲にあった母岩から分離されたものです。

　表面では、銀や銅などが溶脱して純金に近くなっている場合もありますが、ほとんどは金以外の金属が多少なりとも混ざった合金です。金属の元素鉱物はいくつか知られていますが、近代工業の需要を賄うほどの産出量はありません。鉱床をなす鉱石の多くは酸化鉱物、硫化鉱物などです。

○鉄、アルミニウム、スズの鉱石

　鉄鉱石の主要鉱物は、酸化鉱物の赤鉄鉱（Fe_2O_3）、磁鉄鉱（Fe_3O_4）、褐鉄鉱［褐色の水酸化鉄で主に針鉄鉱（$FeOOH$）］です。伝統的なたたら製鉄にも用いられる砂鉄は、風化に耐えた細粒の磁鉄鉱で、鉄そのものではありません。

　炭酸塩の菱鉄鉱（$FeCO_3$）が鉱石鉱物となることもあります。しかし、黄鉄鉱（FeS_2）や磁硫鉄鉱［$Fe_{1-x}S (x=0.1-0.2)$］などの硫化鉱物は、硫黄の処理が必要になるので、資源としては有用ではありません。

　アルミニウムは、地殻の構成元素として

は酸素、ケイ素に次いで3番目に多いのですが、資源として利用できるものは、ギブス石［$Al(OH)_3$］のような、水酸化アルミニウムが主成分のボーキサイトなどに限られています。

　スズ（錫）の主要な鉱石鉱物は、錫石（SnO_2）です。錫石は、化学的にも物理的にも安定な鉱物で、風化に耐え、密度が高いので重砂として溜まり、鉱床をなすこともあります。

○銅、亜鉛、水銀、カドミウム

銅は自然銅（Cu）として産出し、金（自然金由来）や鉄（隕鉄由来）に続いて先史時代から使われてきた金属です。近代になってからの銅の資源には、赤銅鉱（Cu_2O）のような酸化鉱物もありますが、大部分は、黄銅鉱（$CuFeS_2$）をはじめとする斑銅鉱（Cu_5FeS_4）や輝銅鉱（Cu_2S）などの硫化鉱物です。

鉱床の上部（地表部）の風化残留作用により濃集した二次鉱物の孔雀石 $[Cu_2CO_3(OH)_2]$、珪孔雀石 $[(Cu_{2-x}Al_x)H_{2-x}Si_2O_5(OH)_4 \cdot nH_2O]$、アタカマ石 $[Cu_2Cl(OH)_3]$ なども資源となります。

硫化鉱物の製錬は、亜硫酸ガスの発生を伴い、環境保全のために硫酸として回収するなどの工程を組み込む必要があります。鉛は、地殻中での存在度も少ない方ですが、多様な鉱物種が知られています。地殻中で銅や亜鉛などと共に濃集が進み、優良な鉱床にも恵まれ、古くから利用されている金属で、方鉛鉱（PbS）が主要な資源です。水銀の主要な鉱石鉱物は、硫化鉱物の辰砂（HgS）です。古くから用いられおり、赤の天然顔料としても知られています。閃亜鉛鉱（ZnS）は、亜鉛の主要な資源ですが、炭酸塩鉱物の菱亜鉛鉱（$ZnCO_3$）も利用されています。

主成分としてではなく、副成分として含まれるものを資源とする場合も少なくありません。カドミウム鉱物には、資源となるような豊富な産出はないので、閃亜鉛鉱などに微量に含まれるカドミウムを、亜鉛精錬の際に分離して利用しています。銀は銅、亜鉛、鉛の鉱石からの副産物としても回収されています。

●錫石「スズ（錫）の主要な鉱物」

◆工業原料

前項目や次項目で紹介する金属の素材の原料として用いられるほかにも、金属製錬での融剤のような副原料、耐火物・陶磁器・セメントなどの窯業原料、肥料の原料や触媒など化学工業での利用、研磨剤や建材などにそのまま成形して使う場合など、鉱物は様々な分野で利用されています。

○製錬に使われる「融剤」

製鉄では、主原料の鉄鉱石に、還元剤と燃料を兼ねる石炭と融剤を合わせて用います。融剤は、銑鉄と鉱滓（スラグ：金屎）との分離を促進するために、鉱滓の比重と粘性を下げる役目（造滓剤）を果たします。

鉱滓の主成分であるケイ酸の重合の結合を切る働きをするF^-、Mg^{2+}、Ca^{2+}イオン

の供給源となるような、蛍石（CaF_2）、蛇紋石 [$(Mg,Fe)_3Si_2O_5(OH)_4$]、石灰石（主に方解石：$CaCO_3$）などが使われています。アルミニウムの製錬では、氷晶石（Na_3AlF_6）が使われていましたが、現在は、蛍石から製造される合成品で代替しています。

○陶磁器に用いられる粘土やセメント

陶磁器の原料となる粘土は、最もなじみのある窯業原料だと思います。陶磁器に用いられる粘土は、カオリン石 [$Al_2Si_2O_5(OH)_4$]、モンモリロン石 [montmorillonite：$(Na,Ca)_{0.3}(Al,Mg)_2Si_4O_{10}(OH)_2 \cdot nH_2O$] などの粘土鉱物に、石英と長石の微粉体を配合し、水を加えて混練したものです。

カオリン石族の粘土は、耐火物の原料としても適していますが、乾燥・焼成したときに収縮が著しいため、蠟石 [葉蠟石：pyrophyllite：$Al_2Si_4O_{10}(OH)_2$] などが使われることも多いようです。

また、藍晶石（Al_2OSiO_4）、珪線石（Al_2OSiO_4）、紅柱石（Al_2SiO_5）も原料となります。耐火物の原料のほとんどは、アルカリ金属やアルカリ土類を含まないケイ酸塩鉱物で、融剤とは反対に、融点が高く、融体の粘性も高いという特徴があります。ニューセラミックス（ファインセラミックス）の製造でも、高純度の主材に可塑剤として粘土鉱物を微量に添加することもあります。

モルタルやコンクリートとして使用される水硬性セメント（ポルトランドセメントなど）は、Ca-Si-Al-Fe-Sを主要成分とする酸化物（酸素酸塩を含む）です。石灰石（主に

方解石）、粘土（カオリン石など）、珪石（石英など）、製鉄スラグなどから、いったんクリンカーと呼ばれる中間製品に加工され、適量の石膏（$CaSO_4 \cdot 2H_2O$）を混合・粉砕して製造されます。

●セメント

かつて石膏は鉱山で採掘されていましたが、現在では、発電所や製錬所の脱硫装置や化学肥料工場のリン酸肥料生産工程の副産物として排出される化学石膏が使われるようになりました。

●クリンカー

Photo by tOrange.biz

○化学肥料や火薬、医薬品

化学肥料は、窒素（N）、リン（P）、カリウム（K）の3成分を含む肥料が大勢を占めています。化学肥料の原料としては、チリ硝石（nitratine：$NaNO_3$）、燐鉱石［燐灰石：$Ca_5(PO_4)_3F$など］、カリ鉱［塩化カリ石（sylvite：KCl）、カーナル石（carnallite：$KMgCl_3 \cdot 6H_2O$）など］が知られています。

N源としてのチリ硝石は、まずH_2ガスと空気中のN_2ガスを原料にした合成アンモニアに、次いで生石灰とコークスの反応で得たカーバイトとN_2ガスを反応させた石灰窒素に、取って代わられました。

海鳥などの糞が由来のグアノ（guano）には、窒素（N）のみならず、リン（P）の源としても使われた歴史があります。蛇紋岩

（蛇紋石など）も、マグネシウム（Mg）源の肥料として利用されています。

温泉湯ノ花としても知られる硫黄は、火薬や医薬品、農薬など様々な薬品の原料となり、合成繊維やゴム製品にもなくてはならないものです。自然硫黄も資源となり得るのですが、現在は石油精製の脱硫工程などで発生する副産物が使われています。

●化学肥料

○研磨剤、建材、化粧品

　鉱物をそのまま素材として使う例として、研磨剤が挙げられます。硬く堅牢なダイヤモンド、コランダム（鋼玉）、石榴石などは、宝石としてよく知られていますが、宝石にならない質のものは、研磨剤や掘削機器のビット（爪）として使われています。コランダムの宝石名はルビーやサファイアですが、コランダムを主体とする研磨剤は**エメリー**と呼ばれます。

　雲母は透明な耐火・絶縁フィルムとして、水晶（石英）や蛍石、方解石はレンズ、プリズム、偏光板などの光学素子として、使われていました。しかし現在では、より均質に品質を管理できる合成結晶やガラスやプラスチックの代替品が使われるようになりました。

　大理石、スレートや御影石などの石材は、岩石（鉱物の集合体）を素材に使った例です。繊維質の蛇紋石や角閃石は「石綿」として糸に紡がれ布に織られ、断熱材、耐食材、耐摩耗部品などに多用されましたが、吸引による健康被害が明らかとなり、現在では生産や使用が禁止されています。

　粘土鉱物や炭酸塩鉱物などは、粉末にして、医薬品、化粧品、食品、紙、プラスチック、建材、園芸用品など、広い分野で用いられています。**石薬**といわれるように、漢方薬には古来より様々な鉱物の粉末が処方され、健康食品の原材料に鉱物名を見かけることも少なくありません。

　化粧品や自動車用塗料にも、雲母の粉末が配合され、独特の光沢を出しています。食用油の精製（脱色）には活性白土が使われ、生ビールの濾過には珪藻土（珪藻の化石で非晶質のケイ酸塩：七輪の素材）が濾過助剤として用いられます。

●スレート屋根

石綿（いしわた）

　国際労働機関（ILO）は、「蛇紋石族造岩鉱物（じゃもん）に属する繊維状ケイ酸塩鉱物であるクリソタイルおよび角閃石族造岩鉱物（かくせんせき）に属する繊維状ケイ酸塩鉱物であるアクチノライト、アモサイト、アンソフィライト、クロシドライト、あるいはそれらのひとつ以上を含む混合物」を「石綿」と定義しています。

●しなやかな「奇跡の鉱物」

　石綿は天然に産出する極めて細い繊維状の鉱物のうち、工業的素材として用いた数種の鉱物の総称です。「石の綿」と表現される石綿の繊維は、木綿や羊毛と見間違うほどしなやかです。

　「アスベスト（asbestos）」が「永久不滅」という意味のギリシャ語に由来しているように、工業用原材料として理想的な性質を備え、大量に産出して安価なことから「奇跡の鉱物」と呼ばれ、工業用原材料として、長い間いろいろな用途に利用されてきました。

●「静かな時限爆弾」

　しかし、健康障害を引き起こすことが明らかとなり、その使用が禁止されるように

なりました。石綿の繊維を細かくほぐしてしまうと、空中に飛び散り漂うようになります。これを肺の奥まで吸い込んでしまうと、胸膜中皮腫（きょうまくちゅうひしゅ）、石綿肺がん、石綿肺（せきめんはい）などを発病することがあります。特に、中皮腫は知らない間に吸い込んだ石綿が原因となって30〜50年以上という長い年月ののちに発症するため、「静かな時限爆弾」と恐れられています。

　近年ではその健康障害が、石綿を扱う作業従事者だけではなく、一般市民にまで及んでいることがわかり、大きな社会問題となっています。また、大量に使われている石綿をどのように管理し、どのように最終処分するかという、極めて難しい世界的な社会問題に直面しています。

●石綿防火手袋

Photo by LukaszKatlewa

●夢の材料

石綿の歴史は、「竹取物語」でかぐや姫が求婚者の1人である右大臣阿部御主人に求めた「火鼠の皮衣」に遡るともいわれています。江戸時代に平賀源内は、細長いふわふわの石から燃えない布、「火浣布」を織って人々を驚かせたそうです。

●平賀 源内
江戸時代中頃の本草学者（1728〜1780年）。地質学、蘭学、医学などにも通じ、発明家としても知られる。

石綿は非常に優れた性質をいくつも兼ね備えている夢の材料でした。そのため、発がん性が明らかになるまでは、いろいろな用途に使われてきました。日本国内では、8割以上が建築に使われています。

昭和30年代から50年代までの建築物には、石綿が使用されている可能性があります。石綿を吸引する危険性が高いのは、製造・加工・建設などと、解体・処分などの職場です。

ふつうの生活の中では、製品の劣化や破壊によって石綿繊維が飛散しないように維持管理さえすれば、問題は生じません。石綿は鉱物の仲間で天然の素材です。石綿の存在自体が危険というものではありません。見たから、触ったからといって健康に害を及ぼすものではありません。

●竹取物語（絵巻）

◆産業に欠かせないレアメタル（希少金属）

　鉄、銅、アルミニウムなどの主要金属を産業の主食とするならば、少量ながら必須の資源として「産業のビタミン」とも呼ばれるのがレアメタルです。

○技術革新に伴う新たな需要が予測される金属

　マイナーメタルとも呼ばれますが、どの金属を範疇に入れるのかは様々です。経済産業省は「地球上の存在量が稀であるか、技術的・経済的な理由で抽出困難な金属の

うち、現在、工業用需要があり、今後も需要があるものと、今後の技術革新に伴い新たな工業用需要が予測されるもの」として、次のように定めています。

Li＊、Be、B、希土類（Sc、Y、La、Ce、Pr、Nd、Pm、Sm、Eu、Gd、Tb、Dy、Ho、Er、Tm、Yb、Lu）、Ti＊、V＊、Cr＊、Mn＊、Co、Ni＊、Ga、Ge、Se、Rb、Sr＊、Zr＊、Nb、Mo＊、In＊、Sb＊、Te＊、Cs、Ba＊、Hf、Ta、W＊、Re、白金族（Pt、Ru、Rh、Pd、Os、Ir）、Tl、Bi＊

＊印のあるものについては、本文394〜416ページ参照

○主成分が資源となる鉱物種

　主要金属と同様に、単純な化学組成の元素鉱物（合金も含む）、酸化鉱物や硫化鉱物が資源となっている場合もあります。しかし、複雑組成の化合物（ケイ酸塩をはじめとする酸素酸塩鉱物）からの分離・抽出が難しいことや、地殻での存在量が少ないこともあって、主要金属の資源鉱物に微量成分として含まれるものを、主要金属の精錬の際に副産物として回収することも少なくありません。

　一方で、多様な鉱物種の主成分となって

いても、資源となる鉱床を形成する鉱物種は限られる場合が意外と多いようです。

　元素鉱物が資源となる代表例は自然白金（Pt）です。白金族元素のルテニウム（Ru）、ロジウム（Rh）、パラジウム（Pd）、オスミウム（Os）、イリジウム（Ir）と合金をなして産出することがほとんどで、これら副成分も有用なレアメタルであり、精錬で回収されます。

　IrとOsを主体とする自然イリジウム（iridium：Ir,Os）や自然オスミウム（Osmium：Os,Ir）

はイリドスミンとも呼ばれます。酸化鉱物の例としてはルチル（TiO_2）、軟マンガン鉱（MnO_2）やセリア石（cerianite-(Ce)：CeO_2）が、硫化鉱物としては輝コバルト鉱（CoAsS）、リンネ鉱（linnaeite：Co_3S_4）、ペントランド鉱（pentlandite：$(Ni,Fe)_9S_8$）、輝水鉛鉱（MoS_2）や輝蒼鉛鉱（Bi_2S_3）が挙げられます。

菱マンガン鉱（$MnCO_3$）、ストロンチアン石（strontianite：$SrCO_3$）、バストネス石（$CeCO_3F$）は炭酸塩鉱物ですが、低温の熱水脈、変成帯、カーボナタイトなどに見られます。

また、モンテブラ石（montebrasite：$LiAlPO_4(OH)$）、モナズ石（$CePO_4$）、天青石（$SrSO_4$）などのように、リン酸塩や硫酸塩鉱物も資源となっています。ケイ酸塩鉱物の種類は豊富ですが、レアメタルの資源となっ

ているのは、Liのリチア雲母［トリリチオ雲母（trilithionite：$KLi_{1.5}Al_{1.5}(Si_3Al)O_{10}F_2$）とポリリチオ雲母（polylithionite：$KLi_2AlSi_4O_{10}F_2$）の系列］、ペタル石（petalite：$LiAlSi_4O_{10}$）、リチア輝石（$LiAlSi_2O_6$）、Beの緑柱石（$Be_3Al_2Si_6O_{18}$）、バートランド石（bertrandite：$Be_4Si_2O_7(OH)_2$）などに限られます。

酸素酸塩鉱物には、酸素酸の中心元素そのものが資源となっているものがあります。パイロクロア石（pyrochlore：$(Na,Ca)_2(Nb,Ta)_2O_6(OH,F)$）、チタン鉄鉱（$FeTiO_3$）、クロム鉄鉱（$FeCr_2O_4$）、鉄コルンブ石（columbite-(Fe)：$FeNb_2O_6$）が資源として重要です。

○微量成分が資源となる鉱物種

主要成分ではない副成分あるいは主鉱石中の微量含有鉱物を資源として用いる場合も少なくありません。ニッケル（Ni）については、磁硫鉄鉱や黄鉄鉱中にも含まれ、その他、ニッケル（Ni）に富むカオリン石–蛇紋石族鉱物の混合物（いわゆる珪ニッケル鉱）も資源として利用されます。

リチウム（Li）は岩塩（NaCl）からも抽出

され、バナジウム（V）は金属鉱石や原油中の微量成分を副産物として、コバルト（Co）は主に銅、ニッケルなどの精錬の副産物として回収されます。中国雲南省の世界有数の希土類鉱床は、カオリン石やハロイ石（halloysite：$Al_2Si_2O_5(OH)_4 \cdot 2H_2O$）などの風化粘土鉱物の表面に希土類元素が吸着した、特徴的な資源となっています。

レアではないレア・アース？

レア・アースは、希土類元素 (rare earths) のカタカナ読みで、スカンジウム (Sc)、イットリウム (Y) にランタノイド元素 (原子番号57～71) を含めた元素群の総称です。

●欠かせないハイテク素材

磁気 (強力磁石)、光 (蛍光体、発光体)、エレクトロニクス (イオン伝導)、エネルギー (水素貯蔵、燃料電池)、触媒 (排ガス浄化、医薬品・高分子合成)、医療・生理学 (診断、分析、バイオテクノロジー) など、様々な分野に利用されている、意外と身近にある元素です。

レアメタルとしばしば混同されますが、同じではありません。レアメタルは、経済産業省が指定した「工業用需要が見込まれる稀産あるいは抽出困難な金属」で、レア・アースもその一員として含まれています。

●稀 (レア) と思う理由

希土類元素は、化学的性質が互いによく似ています。ふつうは3価の陽イオンですが、R^{3+} や Al^{3+} に比べて大きい、Ni^{2+} や Ca^{2+}、Na^+ と同程度の大きさです。希土類元素の中で最も小さいScだけは特異的ですが、大きめのランタノイドの前半 (軽希土) と、小さめのYおよびランタノイドの後半 (重希土) との間に多少の違いがある程度です。

よく似た性質は、希土類元素をそれぞれ分離抽出することを困難にしています。逆に、鉱物ができるときには、希土類元素同士の分離は進みません。その結果、希土類元素を主要成分とする鉱物からは、ほとんどの希土類元素が検出されます。元素の発見の歴史では、苦労の末、酸化物として分離抽出されたため、稀な土類 (rare earths) と呼ばれるようになりました。しかし、地殻での存在度を比べてみると、それほど稀な元素でもありません。確かに、プロメチウム (Pm) のように安定同位体が存在しない、正真正銘のレアものもありますが、セリウム (Ce)、ネオジム (Nd)、ランタン (La)、イットリウム (Y) などはコバルト (Co) や鉛 (Pb) よりも豊富です。

●多くの鉱物に微量成分として含まれる

希土類元素を主要成分とする希土類鉱物は200種ほどが知られています。スカンジウム (Sc) 以外は、学名に続いて最も多く含まれている希土類元素の元素記号が付けられているので、一目瞭然です。

希土類元素は、微量成分として多くの鉱物に広く薄く含まれています。資源として利用するには、希土類鉱物が集まった鉱床を見つけなければなりません。しかし、優良な鉱床は限られ、貴重な資源ですから、やはり「レア」ということでしょうか。

Episode 都市鉱山

あらゆる素材は天然の産物です。木材のような植物由来、珊瑚や真珠のような動物由来に加えて、多くの鉱石や石油・石炭のような固体惑星・地球由来の鉱産資源も同じです。

●限りがある鉱石の埋蔵量

いくら地殻存在度が高くても、濃集している鉱床が見つからなければ、鉱石を採掘して素材を生産することはできません。見つけた鉱床にも、鉱石の埋蔵量には限りがあります。

また、需要が高まってくると、十分な供給が保証されるとは限らなくなってしまいます。いまから起きる地質活動で鉱床ができてくるのを待っていたのでは、豊かな生活を維持していくには、とても間に合いません。

●回収方法の工夫で品位の高い資源を得る

資源の回収・再利用（リサイクル）は、私たちの生活のみならず、自然環境を保全するためにも欠かせないことです。鉱石から精錬しく濃集した素材は、様々に加工され製品に組み込まれていきます。

濃集された素材は、この製造過程では希釈されてしまうことが多いのですが、回収方法を工夫すれば、もともとの鉱石に匹敵し、ときにはそれをしのぐほど高濃度の、品位の高い資源となります。また、これまで培った精錬の技術は、再利用の技術に転化できることも少なくありません。

●1tの携帯電話には金が400g

都市で廃棄された家電製品などの大量のゴミの山は、その中に存在する有用な資源の「街中の鉱山」に見立てることができます。工場で生産された人工結晶などを、製品としての寿命をまっとうしたあと、都市鉱山の鉱石として再利用することで、限りのある資源でも、私たちの生活と環境を維持することができるのです。

例えば、金（gold）のリサイクルを調べてみると、大変興味深いことがわかります。金は装飾品としても貴重な金属ですが、優れた電導性が劣化する心配もないので、様々な電子機器に使われています。

その最たるものに、携帯電話が挙げられます。携帯電話を1t集めると、その中に金が400gほど含まれているそうです。相場などで変動しますが、この含有率は、採算がとれる金鉱石の品位よりも2桁も優れているとのこと。極めて高品位の金鉱石、と評価できます。

◆宝石や装飾品としての鉱物

　宝石は、その大部分が鉱物です。ダイヤモンド、ルビー、エメラルドといった誰でも思い浮かぶ宝石名があります。

○ダイヤモンドの使用の多くは工業用

　5700種類ほどの鉱物のうち、宝石になるのは100種類あるかどうかです。しかし、それらに宝石鉱物という呼び名をつけるのは適当ではありません。たとえダイヤモンドであっても、多くは宝石ではなく、研磨材などの工業用にしかなりません。

　しかし、宝石市場ではダイヤモンドが圧倒的なシェアを占め、ルビーやサファイア、エメラルドなどと続きます。ほかにも、クリソベリル・キャッツアイ、オパール、アクアマリン、トパーズ、トルマリン、アメシスト、ガーネット、タンザナイト、翡翠、トルコ石、ムーンストーンなど、宝石店のショーウインドーを飾る宝石は数多くあります。

●ダイヤモンドの研磨

しかし、研磨やカットということ以外、人工的な処理を何も加えない本当の宝石は、非常に希少で高価です。きれいな色や輝きを持っていても価値がほとんどないものも販売されています。宝石の価値（資産価値）は、見ただけでは一般の人にはまずわかりません。

そのため、資産価値のある宝石を買うな

ら信頼のある店を選ぶことが必要です。ただし、身につけて楽しむだけと割り切るなら、人工処理された安価できれいなものでもかまわないと思います。

また、きれいな結晶は、それだけでも価値があります。研磨するとかえって価値が落ちることさえあるので、身につけない宝石と考えて大切に保存するとよいでしょう。

○宝石としての顔を持たせる人工処理

一般的に、宝石となる鉱物の条件として、完全無色か美しい色、輝きがよい、透明性が高い、硬くて傷がつきにくい、場合によっては、光源によって変色する、猫の目やスターのような閃光が現れる、などが求められます。しかし、自然に産出した状態で、これらの条件を満たすような鉱物は多くありません。

そのため、加熱、放射線処理など、様々な人工処理を施して宝石としての顔を持たせて販売しているのです。それよりもっと宝

石の名前にそぐわないのは、人工宝石です。当然これは鉱物ではなく工業製品ですから、宝石の名前をつけること自体がおかしいのかもしれません。

真珠は貝がつくる有機物と霰石相当物質の組み合わせでできています。宝石として扱われますが、国際規約上の鉱物ではありません。ましてや人工的に核を入れてつくる真珠は、人の手が加わったものなので、鉱物の概念からはまったく外れます。以下に主な宝石を紹介しましょう。

○ダイヤモンド

宝石となるような大きさの結晶は、150km以上もの深さの、高温高圧のマントルの中でしかできません。ダイヤモンドができていた場所から、さらに深い所で発生したマグマが地上に噴出する途中で、運よく通り道にあったダイヤモンドを引き連れてきたのです。

そうでもなければ、人類はこのような深い所のものを手にする術はないのです。さらに、ダイヤモンドは低圧高温では不安定で石墨に変わってしまいます。地下の浅い所では石墨が安定ですから、変わってしまわない短い時間に、マグマが上昇したと考えられます。

●ダイヤモンド

●カラーダイヤモンド

こういった偶然が重なった結果、人類はダイヤモンドを見つけることができたのです。歴史的には、インドやブラジルが主産地でした。しかし、その後は南アフリカ、そして現在ではロシア、ボツアナ、コンゴ共和国、カナダ、アンゴラ、オーストラリアなどが主な産出国です。

ダイヤモンドの宝石としての価値は、基本的には4つのCで決まります。

・**Carat（カラット）**

重さの単位で、1カラットは0.2gです。

・**Color（色）**

完全無色なものをDカラーとし、薄い黄色のもののZカラーまで、アルファベットで順に示します。マスターストーンといわれる基準になるダイヤモンドと見比べて評価されます。

・**Clarity（透明度）**

10倍ルーペで見たときの内部の傷や包有物の程度を表します。完全無傷のFLから、VVS、VS、SIと低下していき、肉眼で見てわかるような傷や包有物のあるIまでを記号で示します。

・**Cut（カット）**

研磨の正確さや質を評価し、ExcellentからVery Good、Good、Fair、Poorまでのランクをつけます。

4Cだけでは決まらない、美しさや輝きも価値を決める重要な要素ですが、その判断はプロの力量（個人差がある）によります。

○エメラルド

　緑柱石という鉱物は純粋な化学成分であれば無色です。しかし、色づけに関わる元素が少量入ると、その種類によって様々な色がつきます。代表的なものがエメラルドで、クロムあるいはバナジウムが入って鮮緑色（エメラルドグリーン）になったものです。

　宝石として市場に出回っているおよそ半分がコロンビア産のものです。ここのものはクロムが着色原因になっています。ザンビア産のものはバナジウムが含まれています。傷が多いため、オイルを含浸させてきれいに見せている場合がほとんどです。

　アクアマリンも緑柱石で、花崗岩ペグマタイト中にときどき見られます。鉄が入って青緑色になっていますが、特に青色味の強い石が好まれます。ブラジル、マダガスカル、パキスタンなどから産します。

●エメラルド

○ルビーとサファイア

　この2つはコランダム（鋼玉）という鉱物で、純粋な化学成分であれば無色です。ルビーにはクロムが入って赤色になります。ところが、ほとんどの天然ルビーはそのままでは宝石にならない色をしているので、加熱処理をして美しい赤色にされています。

　そのため、非加熱の赤色ルビーは非常に高額で取引されます。ミャンマーが高品質ルビーの産地です。なお、ルビーに紫外線を照射すると、赤紫色の蛍光が見られます。

　サファイアはもともと青色のコランダムにつけられた名前ですが、いまでは赤色以外はすべてサファイアと呼ばれています。青色のサファイアをわざわざブルーサファイアというほどです。

　青色の原因は、鉄やチタンが含まれるためです。多くのサファイアも青色をより美しく見せるために加熱処理をしています。インド・カシミールのものが有名です。

●ルビー

○トパーズ

日本でも主に花崗岩ペグマタイトから産出するなじみのある鉱物で、淡い色をしたものが大部分です。宝石としてはブラジル産の黄橙色をしたインペリアル・トパーズが有名ですが、ピンク色のものも好まれます。淡い青色のものは天然に存在しますが、鮮やかな濃青色のものはすべて放射線処理をした価値のないものです。

●インペリアル・トパーズ

○クリソベリル・キャッツアイ

クリソベリル（金緑石）という鉱物に、方位がそろった針状のインクルージョン（包有物）が入ると、半球状の形に研磨（カボション・カット）したとき、猫の目のような一条の閃光が現れます。

他の鉱物でも同じような効果が見えますが、一般にキャッツアイ（猫目石）といえば、クリソベリルのことです。クリソベリルにクロムが含まれ、太陽光では緑色、電灯の光では赤色に見えるアレキサンドライトは、特に高価な宝石です。

さらに、キャッツアイ効果を持つアレキサンドライトも極めて稀ですが存在します。クリソベリルは、スリランカ、ブラジル、ロシア、ミャンマーなどが主な産地です。

●クリソベリル・キャッツアイ

●アレキサンドライト（自然光下）

●アレキサンドライト（白熱灯下）

○オパール

多くの宝石は、鉱物の単結晶からカットされます。多くの研磨面を持った多面体の形にされますが、オパールは非晶質で塊状（かいじょう）になっているため、カボション・カットを施されることがふつうです。

微細なケイ酸球が規則正しく配列していると光が干渉し合い、見る角度によって色が変化します。これを遊色（ゆうしょく）といい、この効果が顕著なものをプレシャス・オパールと呼び、宝石とされます。オーストラリア、メキシコ、エチオピアなどから産します。

●オパール

○翡翠（ひすい）

翡翠（ひすい）は、ほぼひすい輝石（きせき）やオンファス輝石という鉱物からできた岩石です。オパールと同じようにカボション・カットされることが多いですが、板状、リング、バンドルなどいろいろな細工物がつくられています。

遺跡から出土する勾玉（まがたま）にも使われています。ひすい輝石は純粋であれば無色ですが、鉄、クロム、チタン、マンガンなどが入ることで、緑色、ラベンダー色などに発色します。ミャンマー、グアテマラ、新潟県糸魚川市（いといがわ）などが有名産地です。

●翡翠（ひすい）

スターサファイアと トラピッチェサファイア

Episode

コランダムの変種として、ある方向から見ると光の反射が六条の筋に見えるスターサファイアやスタールビーがあり、光の筋が現れる現象を**スター効果**と呼びます。

●インクルージョンによる光の散乱

スター効果は、結晶に含まれる非常に細かい針状のインクルージョン（包有物）が光を散乱することで起こり、スピネルや石榴石でも同様の効果が見られることがあります。針状結晶の配向（結晶の方位が揃う方向）は、母相の結晶構造に影響され、直交する2方向に配列すると四条の、3方向に配列すると六条のスターが現れます。

コランダムの場合、スター効果を生みだすインクルージョンは、二酸化チタンの鉱物、ルチルです。一方でチタンは、鉄とセットでコランダム中のアルミニウムを置換することで、サファイアの青い発色の原因となります。

ルビーの発色は、微量のクロムによります。スタールビーができるためには、さらに、チタンを多く含み、かつルビーの色を打ち消さないように鉄が結晶中に入らないという条件が必要です。そのため、スターサファイアよりスタールビーの方が産出は稀です。

●産出は極めて稀な トラピッチェエメラルド

六条の模様が現れるもうひとつの変種として、**トラピッチェサファイア**や**トラピッチェルビー**と呼ばれるものがあります。エメラルドや水晶にも同様のものがあり、一番有名なのは、**トラピッチェエメラルド**ですが、いずれも産出は極めて稀です。

霰石、菫青石、紅柱石でも同様に六条や四条の模様を持つものがありますが、それらはいずれも双晶で、双晶の接合面付近に濃集した不純物により模様がつくられます。

●雪の結晶のような6本の腕

一方、コランダムやエメラルドは単結晶自体が六角柱状ですから、六条に模様が現れるような双晶はありません。一説によると、トラピッチェ模様は、最初に結晶の角

●スターサファイア

第5章 ◆ 鉱物の用途

393

が急速に成長して、雪の結晶のような6本の腕ができ、のちに凹んだ部分がゆっくりと成長してできた、とのことです。

　急速に成長した部分は、多量のインクルージョンを取り込んでいるため、その部分が六条の模様に見えるわけです。しかし、一口にトラピッチェといっても、鉱物の種類やその模様には様々なバリエーションがあるため、すべてが同一の成因とは限らず、トラピッチェ模様の詳しい成長条件はいまだ謎に包まれています。

●トラピッチェエメラルド

●トラピッチェルビー

●トラピッチェサファイア（岐阜県薬研山）

　一見スターサファイアのようにも見えるが、内部組織はトラピッチェサファイアに近い。ただし、典型的なトラピッチェ模様とは異なり、通常は不純物を多く含む細い「腕」に見える部分がこの標本では青く太い部分に相当し、銀白色の筋が腕と腕の間の領域に相当する。

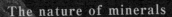

第6章

鉱物の用途（レアメタル一覧）

少量でも産業になくてはならないのがレアメタルです。もともと地殻中で存在量が少ないもの、存在量が少ないわけではないが取り出すのが困難なもののうち、現在または将来に需要があると判断される51種類の金属が日本で指定されています。

鉱物の博物学

リチウム

元素記号：Li

・原子番号：3　　　　・原子量：6.941

・沸　点：1347℃　　・融　点：180.54℃

・密　度：0.534 g/cm³

●リチウム

◆ 高強度の軽合金の原料などに使われる

希薄ではあるが海水中に含まれ、総量はかなりになると見積もられています。岩塩の微量成分として濃集することもあり、資源的に重要です。また、ペグマタイトに伴うリチア雲母、ペタル石、モンテブラ石、リチア輝石なども資源です。

高強度の軽合金の原料やエネルギー密度が高いリチウム電池の負極として使われます。また、ステアリン酸リチウムとして自動車用のグリースに多く使われます。リチウム電池の普及と共に使用量が増大しているため、リチウム資源の開発が重要です。リチウム塩含有量が多いウユニ塩湖（ボリビア）の開発が注目されています。

●ボリビアのウユニ塩湖

▲南北約100km、東西約250kmの標高約3700mにある広大な塩原。アンデス山脈の隆起で海水が残されて形成された。塩原の高低差は100km四方で50cmしかなく、「世界で最も平らな場所」といわれる。また、ウユニ塩原はリチウム埋蔵量で世界の半分を占めるといわれる。

Photo by Ximena Medina Sancho

チタン

●英　名：Titanium
●元素記号：Ti

●原子番号：22　　　●原子量：47.87
●沸　点：3289℃　　●融　点：1666℃
●密　度：4.506 g/cm³

●結晶のチタン

◆ 化学的に安定で風化に耐え、密度も高い

　地殻存在度はマグネシウムに次いで9位です。資源として重要な鉱物はチタン鉄鉱やルチルなどで様々な岩石に含まれます。これらの鉱物は化学的に安定で風化に耐え、かつ密度も高いので、重砂（密度の高い鉱物がつくる砂で「重い砂」という意味）として濃集することもあります。また、チタンは、鉱物の結晶中でニオブやタンタルとし

ばしば共存します。

　酸化チタンは光触媒機能を持つ代表的な素材として知られ、空気清浄機や脱臭フィルター、防汚コートなどに多用されています。酸化チタンが光（紫外線）を吸収する際に酸化反応が促進されるので、表面に吸着された汚れや臭い成分が分解されます。

　酸化チタンは屈折率が高く、その粉末は

光を強く反射・散乱するために、白色の顔料や塗料としても用いられます。特に世界的な鉛規制の風潮に伴って、同じく白色の顔料として古くから用いられてきた鉛白<ruby>鉛白<rt>えんぱく</rt></ruby>（塩基性炭酸鉛）の代替物としても活用され

ています。ただし、光触媒機能があることから、紫外線にさらされる条件では塗料中の樹脂や下地などを酸化分解し、それらがボロボロになってしまうことがあります。

Trivia

軽くて強いチタン合金

合金として航空機や宇宙機器の構造材料や海洋設備、化学工業プラントなどに用いられます。二酸化チタンは白色顔料、化粧品、ホワイトチョコレート、人工宝石、光触媒などに利用されます。チタンは軽い金属ですが、比重が小さい割には強度（**比強度**ともいう）が高く、実用的な金属の中でも最大クラスの比強度を有しています。

そのことから、安全性が求められる自転車の変速ギアなどに使用されています。

●ロイス社のチタン製ギア　　Photo by rehview

●NAHBS社のチタンフレームの自転車　　　　　Photo by Richard Masoner

バナジウム

英　名：Vanadium
元素記号：V

原子番号：23　　原子量：50.94
沸　点：3420℃　融　点：1917℃
密　度：6.0 g/cm³

●金属バナジウム

◆ 鉄に添加して特殊鋼がつくられる

　鉱物中において3,4,5価の陽イオンとしての存在状態があります。資源としては、金属鉱石や原油中の微量成分を副産物として回収したものが主流です。褐鉛鉱、ミメット鉱、緑鉛鉱はそれぞれ同じ結晶構造を持つ鉛のバナジン酸塩、ヒ酸塩、リン酸塩です。バナジン酸塩鉱物の結晶構造は、しばしばリン酸塩やヒ酸塩鉱物と同じ形をとります。ホヤやウミウシ、ベニテングダケなどの生物の体内中にも濃縮して存在します。

Trivia

鉄の性質を変えるバナジウム

　用途としては主に鉄に添加して特殊鋼の製造に利用されます。バナジウム鋼は、スパナなどの工具や切削工具などに使われます。バナジウム塩と酸化物は、様々な色を示すため、陶磁器用の顔料に利用されます。また、硫酸合成などの工業用触媒としても重要な元素です。

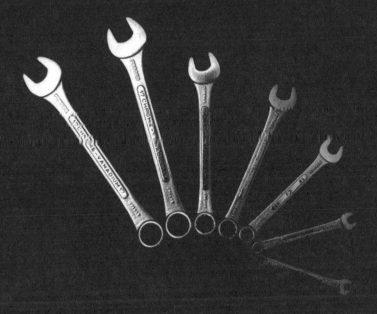

Photo by Ildar Sagdejev

クロム

● 英　　名：Chromium
● 元素記号：Cr

● 原子番号：24　　　● 原子量：52.00
● 沸　　点：2671℃　　● 融　　点：1907℃
● 密　　度：6.0 g/cm³

● 金属クロム

◆ 結晶中でアルミニウムを置き換える

　遷移金属の一員の金属原子として、あるいは3価、6価の陽イオンとして、多彩な性質を見せます。特に3価の陽イオンは、アルミニウムイオンとの相性がよく、結晶中でアルミニウムを置き換えます。その典型が**ルビー**（微量のクロムで置換したコランダム：酸化アルミニウム）です。6価の陽イオンはクロム酸塩の中核などとして存在します。資源としては、クロム鉄鉱（クロムと鉄の酸化物）が重要な鉱物です。

　鉄とクロムやニッケルなどの合金であるステンレス鋼のほか、クロムバナジウム鋼やクロムモリブデン鋼などの合金の素材として用いられます。また、クロムめっきは、一般的な金属めっき加工の中では最も硬度が高く耐摩耗性に優れることから、様々な合金の表面処理に用いられています。金属クロムが比較的軟らかいのに対し、クロムめっきの硬度が高いのは、めっき工程によって結晶構造中に取り込まれる水素などの微量元素の影響です。金属クロム、3価のクロムは無毒ですが、6価クロムは毒性が高いために世界的な使用制限が進んでいます。

●クロムめっき

Trivia

発熱体に使われる合金

　ニッケルとクロムの合金であるニクロム線は、電熱器などの発熱体に使われます。ニクロムより安価でさらに高温を出せる発熱体として、後発の鉄クロム系合金（鉄、クロム、少量のアルミニウムなどの合金）も同じようによく使われます。

Photo by Qurren

マンガン

英　名：Manganese
元素記号：Mn

原子番号：25 原子量：54.94
沸　点：2062℃ 融　点：1246℃
密　度：7.21 g/cm³

●金属マンガン

🔶 資源として注目されるマンガン団塊

2,3,4価と多様な価数で鉱物中に存在し、軟マンガン鉱（酸化物）、菱マンガン鉱（炭酸塩）など、多種の鉱物が鉱石となります。また、深海底に点在する**マンガン団塊**（マンガンノジュール）は資源として注目されています。2価のマンガンを含む鉱物には鮮やかなピンクの結晶も多いですが、表面が酸化されると真っ黒に変質します。

製鋼で、鉄鋼中の酸素や硫黄の量を減少させ、鉄鋼の硬度を増すために添加されます。二酸化マンガンは、乾電池などに使われます。酸化鉄を主成分としてマンガンや亜鉛の酸化物を含むフェライト単結晶は、ビデオテープレコーダーの磁気ヘッドに使われていました。

ニッケル

● 英　名：Nickel
● 元素記号：Ni

原子番号：28	原子量：58.69
沸　点：2890℃	融　点：1455℃
密　度：7.81 g/cm³	

●金属ニッケル

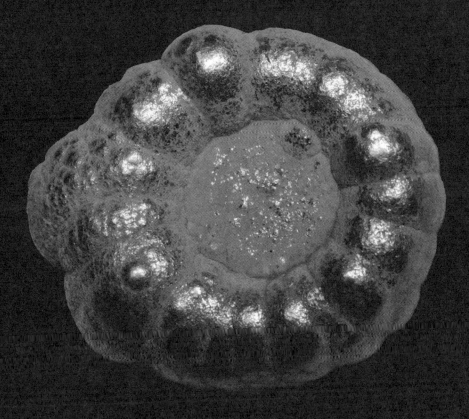

◆ 磁硫鉄鉱や黄鉄鉱中にも微量成分として含まれる

　地球上では地殻よりも核（コア）に集まっていると考えられています。磁硫鉄鉱や黄鉄鉱中にも微量成分として含まれます。そのほか、ニッケルに富む蛇紋石を多く含む鉱石（いわゆる珪ニッケル鉱）も資源として利用されます。マグネシウムよりニッケルが卓越する蛇紋石鉱物としては、ヌポア石、ペコラ石などが知られています。

ストロンチウム

● 英　名：Strontium
● 元素記号：Sr

原子番号：38　　原子量：87.62

沸　点：1414℃　　融　点：777℃

密　度：2.63 g/cm³

●金属ストロンチウム

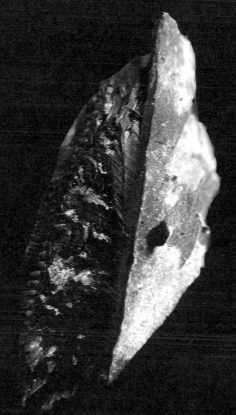

🔷 地殻に広く薄く分布

周期表で真上に位置するカルシウムと性質が似ているため、方解石や石膏などの鉱物中のカルシウムの一部を置き換え、地殻に広く薄く分布します。ストロンチウムが主成分になった種（ストロンチアン石や天青石）は資源として利用されます。

Trivia

蛍光灯やLEDに使われる

　炭酸ストロンチウムは、カラー
ブラウン管用ガラスやフェライト
磁石の原料となります。ストロン
チウムの塩は、深紅色の炎色反応
を示すので、花火や夜間信号用の
照明弾などの赤色を出すのに用い
られます。

　ストロンチウムを含む赤色蛍光
体は、蛍光灯やLED電球などに
用いられます。ストロンチウムと
アルミニウムの酸化物は、明るい
蓄光性の夜光塗料として時計など
に用いられます。

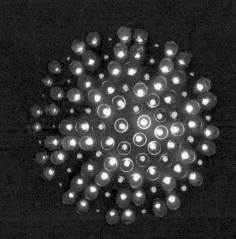

Trivia

ニッケルと銅の合金

　ニッケルは、ニクロムやステンレス鋼の
ような多くの合金材料として使用されます。
ニッケル-カドミウム電池（ニカド電池）や
めっきの材料としても使われます。1967

年から発行された50円硬貨と100円硬貨
は、ニッケルと銅の合金である白銅が使われ
ています。ちなみに1955〜1966年に発行
された50円硬貨は100％ニッケルでした。

● 50円硬貨

● 100円硬貨

ジルコニウム

● 英　名 : Zirconium
● 元素記号 : Zr

- 原子番号 : 40
- 原子量 : 91.22
- 沸　点 : 4361℃
- 融　点 : 1852℃
- 密　度 : 6.52 g/cm³

●金属ジルコニウム

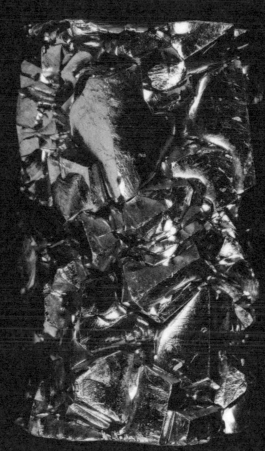

◆ 火成岩や変成岩に副成分鉱物として含まれる

　主要鉱石鉱物は、ジルコニウムのケイ酸塩であるジルコンです。ジルコンは、たいていの火成岩や変成岩に副成分鉱物として含まれ、地質年代の測定にも用いられます。ジルコニウムの酸化物はジルコニアと呼ばれ、鉱物名はバッデレイ石です。

Trivia

ジルコニア、ダイヤモンドの模造品

イットリウムやカルシウムを添加してダイヤモンドと同じ立方晶系の結晶構造にしたジルコニアは、高い屈折率を示すので、ダイヤモンドの模造品として利用されます。耐薬品性があり、化学プラントに使われることがあります。ジルコニアは硬度や融点が高く、ニューセラミックスとして重要で、酸素センサー、人工骨、包丁やハサミなどに使われます。ジルコニウムとニオブの合金は超伝導体です。

Photo by BastienM

Trivia

液晶ディスプレイに使われるインジウム

インジウムとヒ素、アンチモン、リンとの化合物は、トランジスターやサーミスターなどの半導体材料として用いられます。酸化インジウムに数%の酸化スズを加えた酸化インジウムスズ (Indium Tin Oxide、ITO) や、インジウム、ガリウム、亜鉛の酸化物 (IGZO) は、透明電極として、液晶ディスプレイのタッチパネルなどに使われています。

▲ATMに使われるタッチパネル

モリブデン

● 英　名：Molybdenum
● 元素記号：Mo

- 原子番号：42
- 原子量：95.95
- 沸　点：4682℃
- 融　点：2623℃
- 密　度：10.28 g/cm³

●金属モリブデン

💎 銅やタングステン鉱床の副産物としても回収される

　水鉛鉛鉱やパウエル鉱などのモリブデン酸塩鉱物としても産出します。主要鉱石鉱物は、モリブデンの硫化物である輝水鉛鉱です。銅やタングステン鉱床の副産物としても回収されています。

　主に鉄鋼に機械的強度や耐熱性を持たせるために添加されます。また、耐火合金、接点材料、電極などに用いられます。二硫化モリブデンは、鉱物の輝水鉛鉱と同じ物質で、高温でも使用できる固体の潤滑剤として、オイルやグリースに混合して使用されます。

インジウム

・原子番号：49　　　・原子量：114.8

・沸　点：2072℃　　・融　点：156.61℃

・密　度：7.31 g/cm³

●金属インジウム

第6章 ◆ 鉱物の用途（レアメタル一覧）

◆ 亜鉛や鉛の精錬での副産物

　櫻井鉱やインジウム銅鉱など、硫化物数種に加え、白金との化合物や水酸化物などが鉱物種として知られています。資源としては、亜鉛や鉛の精錬での副産物が主要と

なっています。かつて、札幌郊外の豊羽鉱山が世界最大規模の産出量を誇りましたが、2006年に閉山し、現在では中国などからの輸入に頼っています。

アンチモン

☠ ● 英　名：Antimony
● 元素記号：Sb

原子番号：51　　原子量：121.8
沸　点：1587℃　　融　点：630.74℃
密　度：6.70 g/cm³

●金属アンチモン

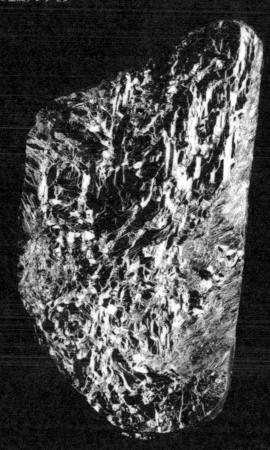

🔷 主要鉱石鉱物は輝安鉱

　3つの形態を持つ半金属元素で、室温で安定な単体は金属状態の灰色アンチモンです。主要鉱石鉱物は硫化物である輝安鉱です。愛媛県市ノ川鉱山からは明治期に日本刀のような長く光沢の美しい結晶を産出し、世界中のコレクターを魅了しました。輝安鉱のほかにも200種も超える様々な鉱物種が知られています。

Trivia

アンチモン合金は工業品に使われる

鉛やスズとの合金として、鉛蓄電池の電極に使われます。アンチモン化インジウムやアンチモン化ガリウムなどの半導体の原料としても重要な元素です。合金は印刷用活字やアンチモニー製品などの工芸品に使われます。酸化物は難燃剤としてプラスチックや繊維に添加されます。

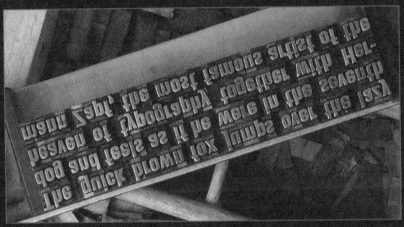

▲活字 by Willi Heidelbach

Trivia

☀ディスクにも使われるテルルの合金

テルルの酸化物は、陶磁器やガラスを赤や黄色に着色するために用いられます。特殊合金や高感度の赤外線検出器の原料として用いられます。書き換え可能な光ディスクにもテルルを含む合金が使われています。

▲光ディスク

第6章 ◆ 鉱物の用途（レアメタル一覧）

テルル

● 英　名：Tellurium
● 元素記号：Te

- 原子番号：52
- 原子量：127.6
- 沸　点：991℃
- 融　点：449.8℃
- 密　度：6.24 g/cm³

● 金属テルル

💎 日本で発見された新種も少なくない

　単体の塊は、銀白色の金属状で半導体的特性を示します。資源としては、自然テルルのほか、金、銀、ビスマスなどのテルル化物として、また、テルル酸塩として産出します。都戊鉱（ビスマスのテルル化物）、手稲石（銅の亜テルル酸水和物）、河津鉱（ビスマスのテルルセレン化物）、欽一石（マンガン鉄の亜テルル酸水和物）など、日本国内で発見された新種も少なくありません。

バリウム

● 英　名：Barium
● 元素記号：Ba

・原子番号：56　　　　　・原子量：137.3
・沸　点：1898℃　　　　・融　点：729℃
・密　度：3.51 g/cm³

●金属バリウム

◆ 主要資源は硫酸塩鉱物の重晶石

　胃のレントゲン検査で飲む「バリウム」は重晶石（じゅうしょうせき）の合成粉末です。Ba^{2+}イオンは猛毒ですが、重晶石は酸（胃酸）に溶解しないため無毒です。炭酸塩の毒重石（どくじゅうせき）など単純な化合物に加え、他の陽イオンと複雑な組成をとり、多様な鉱物種が知られています。また、アルカリ長石などのカリウムを微量置き換えて産出することもあります。

バリウムを飲む!?

硫酸バリウムは、天然には重晶石として知られ、各種のバリウムを使用した製品の原料として使用されている。医療用のX線造影剤にも用いられるが、この造影剤はX線を吸収することから内服によって消化管の形状を撮影できる。

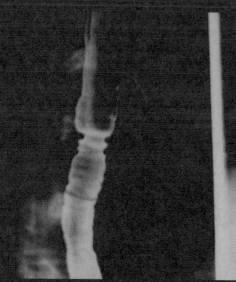

▲硫酸バリウム造影剤により写し出された消化管の形状　　　Photo by Runder

金とタングステン

金属タングステンの密度は鉄の約2.5倍、鉛と比べても約1.7倍も大きく、純金とほぼ同じです。どちらも、1リットルの牛乳パック1本分で約19 kgですから、相当な重さです。金より密度の高い金属はレニウム、オスミウム、イリジウム、白金など数が限られ、これらの金属は金に負けず劣らず高価です。

一方、タングステンは金よりかなり安価ですので、タングステンで金の延べ棒と同じ形をつくり、表面を金めっきしたら、本物とすり替えてもわからないかもしれません。ただし、重さは同じでも、純金は非常に軟らかいのに対し、金属タングステンは遥(はる)かに硬いため、硬さで簡単に区別できてしまいます。

タングステン

● 英　名：Tungsten
● 元素記号：W

原子番号：74　　　原子量：183.8

沸　点：5555℃　　融　点：3407℃

密　度：19.25 g/cm³

●金属タングステン

🔶 金属の中では最も融点が高い

　塊 は銀白色で、乾燥空気中では極めて安定です。金とほぼ同じ密度を持ち、タングステンとは北欧の言葉で「重い石」という意味です。灰重石、鉄重石、マンガン重石が主要な鉱石鉱物です。

ビスマス

● 英　名：Bismuth
● 元素記号：Bi

- 原子番号：83
- 原子量：209.0
- 沸　　点：1561℃
- 融　　点：271.4℃
- 密　　度：9.78 g/cm³

●金属ビスマス

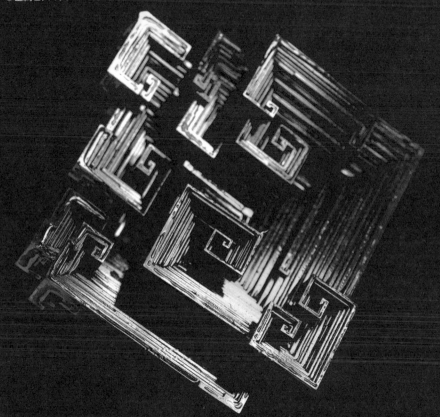

半減期が非常に長い放射性同位体

　ビスマス209は長い間安定同位体と考えられていましたが、2003年に、半減期が約1900京年と非常に長い放射性同位体であることがわかりました。地殻中の存在度は銀よりやや少ないですが、硫化物の輝蒼鉛鉱、テルル化物のテルル蒼鉛鉱のほか、酸化物や炭酸塩など多様な鉱物が知られています。資源としては、銅や鉛の鉱物中に微量含まれるものを副産物として回収しています。

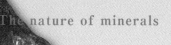

第 **7** 章

鉱物との遭遇から鉱物学へ

　人類は石器を通じて鉱物に遭遇し、文明の進化に伴って原料や素材として使いこなしてきました。また、富や権威の象徴、知的好奇心のアイテムにもなり、地球を構成する物質の過去・現在を研究し理解するための重要な材料となっているのです。

◆石器

人類が最初に利用した鉱物が石器でした。およそ1万年前より古い第四紀更新世の時代は、旧石器時代にあたり、主に打製石器が使われていました。

○装飾品の研磨の先駆け

旧石器時代のうち、およそ10万年前より古い時代は、前期旧石器時代とされ、アフリカ、ヨーロッパ、中近東、アジアなどに遺跡が知られています。約170万～25万年前に住んでいたホモ・エレクトス（直立人）の仲間である北京原人、ジャワ原人、ハイデルベルク人がこの時代の人類です。すでに火を使い、石器を道具にしていたことがわかっています。

中期旧石器時代のネアンデルタール人、約3万5000年前を境にして始まる後期旧石器時代のホモ・サピエンス（現在の人類）による様々な石器の改良があり、旧石器時代の終わり頃には磨製石器が出現してきます。

●ホモ・エレクトスの復元想像図

Photo by klimaundmensch.de

●ハイデルベルク人の復元想像模型

Photo by Jose Luis Martinez Alvarez

●北京原人の復元想像図

Photo by Cicero Moraes

磨製石器は石を磨いて形を整え、破損しづらくする効果が期待されます。現在の装飾品の研磨の先駆けともいえます。日本列島にも人が住み、多くの石器を残しています。1万年前より現在までの時代は第四紀完新世（かんしんせい）といわれ、新石器時代に相当し、磨製石器が盛んにつくられた時代です。

○黒曜岩による石器

縄文は旧石器時代の終わり頃から新石器時代にかけての文化になります。青銅や鉄の技術が伝わるのは弥生時代です。石器の材料となるのは、硬くて丈夫な石でなければなりません。代表的なものが黒曜岩、チャート、珪質頁岩（けいしつけつがん）、めのうなどです。ただし、石器には道具とするものと祭祀用（さいし）にするものとがあります。祭祀用なら硬くなくてもよいので、軟らかい滑石（かっせき）などもあります。

黒曜岩（こくようがん）は、ほとんどガラス質の火山岩で、硬くて割れ口はナイフのように鋭利になります。矢尻やナイフなどに使えますので、狩りには欠かせない重要な石器です。日本の良質な黒曜岩は、長野県和田峠、北海道白滝（しら）などで産出し、産地から遠く離れた各地の遺跡からも発掘されています。

しかし、黒曜岩の産地は限られているので、もっと手に入りやすい硬い石もよく使われました。チャートや、それよりやや硬さの劣る珪質頁岩は、産地が多く、石英が主成分なのでよい材料でした。

●黒曜岩（北海道白滝）

●黒曜岩の矢尻
（レプリカ）

○装飾や祭祀に用いられた翡翠

翡翠はいまからおよそ7000年前の縄文時代から、最初は道具として使われ、その後は装飾や祭祀のために用いられたと思われます。縄文中期時代になると、大珠と呼ばれる大型の翡翠の製品が出てきます。

大珠は鰹節や斧の形をしたもので、中心よりややずれたところに孔があけられています。その後は小型化して丸い珠や素朴な形の勾玉へと移っていきます。縄文時代後期の遺跡には、ほぼ日本列島全域で翡翠の製品が出土しています。

特に中部日本から北の方に多いのが特徴で、青森県の三内丸山遺跡などが有名です。当時は地球の気温が高く、東北日本が温暖な地域であったので、多くの人々が暮らしやすかったのでしょう。

●ミャンマー産翡翠でつくられた勾玉（レプリカ）

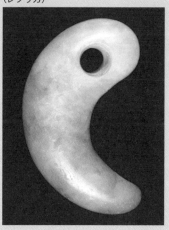

●三内丸山遺跡

Photo by 663highland

弥生時代から古墳時代には、勾玉はお土産屋などでよく見かけるアクセサリーの形（胎児のような姿）になっていきます。もちろん、獣や昆虫のようないろいろな形のものもつくられました。弥生時代から古墳時代は地球が冷えてくるので、翡翠製品が出土する遺跡は主に西南日本へと変わります。

寒冷になった東北日本より、亜熱帯に近い気候から適度に温暖な気候に変わった西南日本の方が住みやすくなったのでしょう。糸魚川周辺産の勾玉は、朝鮮半島南部にある三国時代（古墳時代とほぼ同時期）の遺跡にも多数発見されています。

●翡翠と関連する岩石中に発見されたストロンチウム鉱物（緑色は新鉱物）

鉱物名	化学組成	主な産地	主な母岩
糸魚川石	$SrAl_2Si_2O_7(OH)_2 \cdot H_2O$	新潟県青海川	翡翠
蓮華石	$Sr_4ZrTi_4Si_4O_{22}$	新潟県小滝川	翡翠
松原石	$Sr_4Ti_5Si_4O_{22}$	新潟県小滝川	翡翠
新潟石	$CaSrAl_3(Si_2O_7)(SiO_4)O(OH)$	新潟県青海海岸	ロディン岩
ストロナルシ石	$SrNa_2Al_4Si_4O_{16}$	高知県高知市	ロディン岩
青海石	$Sr_3(Ti,Fe)(Si_2O_6)_2(O,OH) \cdot 2\text{-}3H_2O$	新潟県青海川	曹長岩
奴奈川石	$Sr_2Ba_2(Na,Fe)_2Ti_2Si_8O_{24}(O,OH)_2 \cdot H_2O$	新潟県青海川	曹長岩
ストロンチウムトムソン沸石	$Na(Sr,Ca)_2Al_5Si_5O_{20} \cdot 6H_2O$	新潟県姫川	翡翠
タウソン石	$SrTiO_3$	新潟県青海海岸	翡翠
輝葉石	$Sr_2(Na,Fe,Mg,Al,Ti)_4Ti_2[(O,OH,F)_4\vert(Si_2O_7)_2]$	新潟県小滝川	翡翠
スローソン石	$SrAl_2Si_2O_8$	高知県高知市	ロディン岩
ストロンチウム燐灰石	$Sr_5(PO_4)_3(OH,F)$	新潟県青海川	曹長岩

○翡翠の加工に使われた鉱物

翡翠は硬くて強靭なひすい輝石からできています。それにしてもどうやって孔をあけ、形を整え、研磨したのでしょうか。それにはひすい輝石より硬い鉱物が必要です。簡単に手に入る硬い鉱物は、石英と石榴石です。川にたまっている砂を選り分けると、たやすく手に入ります。

また、石英の結晶である水晶は、先端が尖った天然の錐のようなものですから、こ

れを押しながら回転させると、翡翠に丸い凹みができます。あとは、石英や石榴石の砂を凹みに入れ、水をかけながら細い竹などを回転させていけば凹みは深くなり、やがて孔が貫通する理屈です。研磨は獣皮などに、やはり石英や石榴石の砂をつけてこすっていったのでしょう。それにしても、非常に時間のかかる大変な作業だったと思います。

◆銅と青銅器

人類が最初に利用した金属は銅と考えられています。銅は自然銅として産出することがありますので、扱いやすかったのでしょう。また、銅鉱床の地表近い所では、酸化が進み、酸化銅（主に赤銅鉱）ができています。

○青銅器と鉄器

この鉱石に炭などを混ぜて焼くことで、酸素を除いて金属銅を得ることができます。自然銅が枯渇した所では、このような方法で銅を製錬していたと思われます。およそ1万年前の中近東の遺跡から自然銅が発見されています。

いまから7000年ほど前の古代エジプトでは、銅を器具、武器、装飾品として使っていたと考えられています。ヨーロッパでも、およそ6000年前の大きな銅山や製錬の遺跡が、中国でも4000～5000年前の製錬遺跡が発掘されています。

しかし、純粋な銅は軟らかいので、やはり器具や武器には不向きです。初期の銅器には多少のスズが入っているものがありますが、自然に含まれていた可能性があります。スズと銅の合金は青銅といい、銅に比べて堅固です。

青銅は5000～6000年前にメソポタミアで勢力を持っていたシュメール人によって発明されたと考えられています。メソポタミアやエジプトでは、3500年ほど前に鉄

●自然銅と赤銅鉱（埼玉県長瀞町）

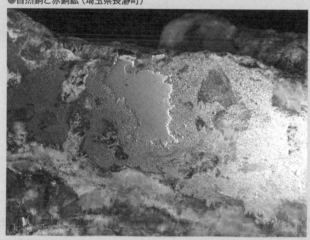

器が現れるまで青銅器文明が続きます。

　ヨーロッパや中国は、それより遅れて、およそ4000年前から二千数百年前まで青銅器が使われていたといわれています。日本では、紀元前4世紀頃の弥生時代に青銅器と鉄器が同時に入ってきたようです。

　したがって、青銅器はもっぱら祭祀に使われ、実用的な器具や武器は、鉄器が用いられたのです。青銅は鉄が使われるようになっても、不要になったわけではありません。大砲の青銅製砲

身は19世紀のはじめ頃まで使われました。

　現在でも銅像（ブロンズ像）や装飾品などに使われています。オリンピックの第3位メダルを日本では銅（カッパー）といいますが、正式には青銅（ブロンズ）です。

●シュメール人によるメソポタミア文明の遺跡

○銅による硬貨の鋳造

　銅は器具や武器ではなく、硬貨としての用途が重要です。古代ギリシャでは、銅の硬貨が鋳造されていました。日本の最初の硬貨は、奈良飛鳥池遺跡から出土した富本銭（あすかいけ）（ふほんせん）といわれています。

　富本銭の鋳造は、西暦700年以前と考えられています。武蔵国（埼玉県）秩父郡（ちちぶぐん）から日本で初めての自然銅が出たことを祝って和銅と改元されたのが西暦708年です。富本銭はそれより以前なので、和同開珎（わどうかいちん）より古いことになります。

　その後も様々な銅銭がつくられていきます。和同開珎を含めた皇朝十二銭（こうちょうじゅうにせん）（奈良時代から平安時代）、江戸時代の寛永通宝（かんえいつうほう）（鉄

銭もあり）と天保通宝（てんぽう）、明治時代の大型二銭銅貨、現在の10円銅貨（亜鉛やスズが少量入り、正確には青銅貨といわれる）などがあります。

●富本銭

○銅の硫化物から銅を取り出す

銅の鉱物として多く産出する硫化物（黄銅鉱、輝銅鉱、斑銅鉱など）の製錬は、16世紀のドイツで始められました。日本では、徳川幕府が鉱山を奨励し、西暦1700年前後（元禄年間）には世界トップクラスの生産量を誇ったといいます。その2/3も輸出されていたという重要な物資だったのです。

その頃には、尾去沢鉱山、阿仁鉱山、足尾鉱山、別子鉱山などが銅の主産地でした。銅の硫化物から銅を取り出すには、まず硫化物を焼いて硫黄を飛ばし、多くは酸化銅にします。それに炭などを入れて焼きます。

釜の下には金属銅が、表面には銅分のない鍰が浮きます。間にはまだ銅分の入った部分（カワ）があるのでこれを取り出し、これに炭を入れてまた焼き、荒銅を取り出します。さらに細かい作業で純度の高い銅にしていきます。

なお、銅鉱石には金銀が含まれていることがよくありますので、このような銅製錬の途中の過程で金銀を回収する作業も加わります。有名なのが西洋から伝わったという南蛮吹（鉛を入れて、金銀を鉛に溶かし込み分離する）です。

吹というのは、製錬と精錬作業のことをいいます。製錬は鉱石から金属を取り出す作業で、精錬はより純度の高い金属にしていく作業です。いずれにしても、作業には多量の燃料（炭）が必要です。

さらに、坑道内には坑木（落盤などを防ぐ）も必要な上、有害な亜硫酸ガスの放出、汚染した排水などもありますので、鉱山や製錬所の付近の山や流域の川は相当ひどい状態だったと想像されます。鉱山や製錬所から遠く離れた人々が、こうしたいまでいう公害に注目するようになったのは、1890（明治23）年の足尾鉱毒事件がきっかけだったのかもしれません。

●寛永通宝

●二銭銅貨

◆鉄器

青銅に代わって鉄を使い出したのは、いまから約3500年前のヒッタイト人で、鉄を武器にして、メソポタミアに君臨しました。

○砂鉄から鉄を取り出す

ヒッタイトが滅亡したあとに、鉄の製造法が各地に広まったと考えられています。しかし、ヒッタイトとほぼ同じ頃、中国では殷の時代（紀元前18〜前11世紀）に鉄器が存在したという説があります。

鉄は青銅に比べて、原料が豊富で、しかも堅固で加工しやすいため、武器や農具に適しています。鉄の重要性は世界の歴史を調べれば明らかであり、鉄は人類の近代文明になくてはならないものです。

鉄は、鉄隕石（隕鉄）やごく稀に自然鉄として産出しますので、初期の鉄はこのよう

なものを利用していたのでしょう。しかし、量的には限られているので、どこにでもある砂鉄（主に磁鉄鉱）から鉄を取り出す方法を見つけ出したに違いありません。

●砂鉄（福島県久慈川水系）

○製鉄と鉄鉱山の開発

砂鉄に限らず、山から採掘してきた酸化鉄（磁鉄鉱、赤鉄鉱、褐鉄鉱など）を砕き、炭などと混ぜて焼くことで、酸素を二酸化炭素として飛ばして鉄を得ることができます。このような鉄はスポンジ状になっているので、赤いうちに叩いて鉄の塊にするのです。

日本では、弥生時代に青銅と鉄が同時に伝わったといわれ、北九州、中国、近畿地方

では、6世紀頃の製鉄遺跡が発掘されています。7世紀頃には関東や東北地方まで製鉄が広がったとされています。

幕末から明治にかけては、反射炉、西洋式の製鉄炉の建設が始まりました。岩手県の仙人鉱山、釜石鉱山など、各地で鉄鉱山の開発も進められました。船舶、鉄道、武器など、鉄の用途はますます広がり、世界有数な製鉄国へと発展したのです。

○日本の誇る鉄製品

日本の誇る伝統的な鉄製品のひとつが日本刀でしょう。古来、島根県出雲地方は良質の砂鉄が得られ、たたら製法で玉鋼をつくって刀の材料にしていました。たたらとは、足で踏んで空気を送る「ふいご」のことで、炉に入れた炭を「ふいご」作業で高温にし、炭と砂鉄を交互に入れながら鉄をとる方法です。

日本刀は異なった性質の鋼（鉄と炭素との合金）が組み合わされています。叩きと焼き入れを何度も繰り返して鋼の炭素量などを変え、刀身や刃金など、目的に応じた硬さと粘り気に調整するのです。

●ふいご

Photo by BigSus

●山口県大板山たたら製鉄遺跡

PHOTO BY TT HR2

428

ひねくれ者の鉱物「円筒鉱」

鉱物の自形単結晶は、通常は直線的な面に囲まれた形をしており、サイズが大きくても小さくても、相似形です。

●巻紙のように何重にも巻かれた構造

単位格子をたくさん積み重ねていけば、いくらでも大きな結晶になります。ところが、ある決まったサイズ以上には大きくなれない鉱物があります。その代表格が、粘土鉱物のハロイサイトです。

ハロイサイトの結晶構造は、アルミニウムとケイ素がつくる2種類の平面的なシートが、水和層を介して積層した構造になっています。アルミニウムのシートとケイ素のシートでは、安定するサイズがわずかに異なるのです。各シートは、曲げに対しては柔軟性があるので、サイズの小さい方のシートを内側にして、紙を巻くように結晶が湾曲してしまいます。

かくして、結晶の成長に伴って、まるで巻紙のようにシートが何重にも巻かれた構造が出来上がります。ハロイサイトの直径はシートの曲率によって決まってしまうため、十～百数十nm（ナノメートル）程度と、髪の毛の1000分の1くらいの太さにしかなりません。

●銀色の細長い筒状の結晶

同じようなメカニズムで、肉眼でもはっきり見えるサイズの円筒状になるのが、その名も円筒鉱（シリンダー鉱）です。円筒鉱は、鉛、スズ、鉄、アンチモン、硫黄からなる硫塩鉱物です。銀色の細長い筒状の結晶外形を持ち、筒の断面を見ると、やはり巻紙のように銀色のシートがギッシリと巻かれています。

筒の長さは2～3cm、径は数mm程度ですが、大きなものでは径5cmにも達するそうです。結晶の集合体はあたかも鉛筆の芯を束ねたかのような有様で、その独特の形状は他に類を見ません。

円筒鉱の結晶構造は、正確にはわかっていませんが、やはりシートが積層した結晶構造を持っていて、シートの歪みにより湾曲していくと考えられています。産出の非常に稀な鉱物で、ボリビア国内の数カ所とシベリア、ウクライナから産出が報告されています。特に有名なのは、原産地のボリビアのサンタクルーズ鉱山の標本です。

●円筒鉱（1）

└─ 肉眼でもはっきり円筒状がわかる

●円筒鉱（2）

└─ 鉛、スズ、鉄、アンチモン、
　　硫黄からなる硫塩鉱物

430

◆金、銀、白金

金がいつ頃から使われたのかは、諸説あってまだよくわかっていません。少なくともいまから5000年ほど前のメソポタミアのシュメール人が使用していたと思われる金の装飾品が出土しています。

○装飾、祭祀、金貨に利用された「金」

それより古く、エジプトや東ヨーロッパのトランシルバニアで使われていたともいわれています。金は他の金属と違って、自然金（実際には金と銀の合金）として産出する割合が非常に高いという特徴があります。

それと、露頭の鉱脈の風化によって、自然金が分離されて雨水で運搬され、砂金としてたまることが、ごくふつうの現象です。したがって、金を得るのはたやすく、しかも軟らかいので小さな砂金粒を叩いて大きな塊にできます。また、いろいろな形に成形することも容易です。ただそのぶん軟らかいので、武器や農具には適しません。そのため、装飾、祭祀、金貨に利用されました。

金の装飾あるいは祭祀用として歴史的に最も有名なのが、ツタンカーメン王（紀元前1342年頃～前1324年頃）の**黄金のマスク**ではないでしょうか。これはいまから約3300年前につくられたものです。

世界最古といわれている金貨は、紀元前8～前7世紀にメソポタミアのリディアでつくられた**エレクトロン貨**といわれています。16世紀に、スペインによって滅ぼされたインカでは、膨大な金製品が使われていました。

●ツタンカーメンの黄金のマスク

Photo by MykReeve

19世紀中頃にはアメリカのカリフォルニアでゴールドラッシュが起こり、19世紀末には南アフリカで大規模な金鉱床が発見されるなど、現在に至るまで、世界中で人々は金を求めてきましたが、その争奪は血なまぐさい戦いの種にもなりました。

●エレクトロン貨

○日本における金銭の鋳造

日本で発見された最古の金製品が、福岡県志賀島（しかじま）から出土した国宝「漢委奴国王印（かんのなのわのこくおういん）」です。西暦57年の後漢書に書かれた内容（光武帝（こうぶてい）が奴国（なこく）に金印を与えた、との記事）がよりどころになっています。

●慶長小判

●光武帝
漢王朝を再興した後漢王朝の初代皇帝（紀元前6〜後57年）。

●安政一分銀

この時代は弥生時代に相当します。また、古墳時代の副葬品に金製品が発見されていますが、ほとんどが朝鮮半島や大陸から輸入されたものと考えられています。日本で金が産出した記録としては、続日本紀に701年の陸奥と対馬からの産金が記されています。

749年に陸奥の国守から金900両（1両が約16.5gだとすれば、約14.8kg）が朝廷に献上されたという記録もあります。760年には開基勝宝という日本最初の金銭が鋳造されました。その後は金銭の鋳造はなく、戦国時代の1580年頃に、武田信玄（1521

年12月〜1573年5月）によって甲州金が鋳造されました。

その後、1587年頃に豊臣秀吉によって天正通宝と永楽通宝（どちらも金銭と銀銭あり）が、1588年には天正大判という世界最大の金貨（重さは約165gで、この重量は江戸時代の大判に引き継がれていきます）がつくられました。徳川家康（1543年1月〜1616年6月）は1600年以降、慶長小判、慶長大判、慶長一分金などをつくらせて、徳川幕府の財政基盤を築いていったのです。

●イタリアにあるマルコポーロのモザイク画

Photo by Lotho2

●東方見聞録

○銅に金をめっきする「鍍金」

飛鳥、奈良、平安、鎌倉時代の金は、仏教と密接な関係があります。つまり、金の需要は仏像や仏具の制作によるところが大きかったのです。

もちろん、純金の大きな仏像をつくるほどの金は集まらないので、銅などでつくった像の上に、金をめっき（鍍金）することが行われました。金を水銀に溶かして銅の上に塗布して焼くと、水銀が飛散して金が銅の上に残るという方法です。これは**水銀アマルガム法**という簡単な方法ですが、有毒な水銀蒸気を吸ってしまうという危険な作業です。

なお、銅や青銅の上にこのような金めっきしたものを**金銅**といい、副葬品や仏具で多く残されています。金の文化としては、平安時代末期に栄えた奥州藤原家の黄金文化も忘れてはなりません。

中尊寺の金色堂は、屋根を除くあらゆる場所が金箔で飾られ、仏像、仏具など多くの金製品が残されています。マルコポーロの「東方見聞録」に現れる「黄金の国ジパング」と関連づけられています。

日本では砂金掘りから、戦国時代以降に坑道を掘って鉱脈からも採掘するようになり、飛躍的に産金量が増加していきます。江戸時代は新潟県の佐渡金山や鹿児島県の山ヶ野金山などが栄えました。

○「銀」だけを硫化銀として分離する

銀は金と共に産出するほかに、硫化物としても非常に多く見られます。砂金を原料とする場合は、金と一緒に使われることがふつうです。一般に、鉱脈に産出する自然金（山金）には銀が多少なりとも含まれます。

場合によっては、銀の方が多いものも存在します。ところが、砂金になると銀は水に溶脱して相対的に金の量が増加します。砂金の表面は純金に近くなっているものもありますが、内部には銀が残っているのがふつうです。

金と銀を他の金属から分離し、さらに金と銀を分離する処理は、鉛の性質を利用して行われます。**灰吹法（キューペレーション）**と呼ばれる手法です。灰でつくった多孔質の坩堝や皿（キューベル）あるいは灰を敷いた炉を用意します。

まず、溶けた鉛に金銀を含む鉱石粒を入れると、金銀は鉛に溶け込んでいきます。この鉛を上記の容器に入れ、加熱して空気を送り込むと、鉛は酸化鉛となって灰に吸収されていきます。

そのとき、鉛から分離した金銀の合金が容器に残されるというわけです。この合金に鉛と硫黄を加えて加熱し、銀だけを硫化銀として分離すると、ほぼ純金が得られるのです。この

方法は、すでに紀元前2000年頃には西アジアなどで行われていたと考えられています。

日本では、よく似た手法の金銀分離法が7世紀に飛鳥池遺跡（奈良県明日香村）で行われています。ここでは灰の代わりに凝灰岩や土器を使っていました。いずれも多孔質ですから、効率は別として、原理的には灰を使うことと同じです。本格的な灰吹法が初めて導入されたのは1533年の石見銀山（島根県）とされています。

これにより、日本は世界有数の銀産出国となっていきました。古くから知られ、江戸時代にも採掘された兵庫県の生野銀山や秋田県の院内銀山などは、明治以降も繁栄しました。

●石見銀山

Photo by Yama 1009

●石見銀山精錬所跡

Photo by Yama 1009

○装飾品として好まれる「白金」

　白金は、金や銀に比べて歴史的にはずっと新しい貴金属です。紀元前７世紀頃の古代エジプトの墓から白金の装身具が見つかっているといわれています。

　白金が世の中で知られるようになったのは、1746年に南米コロンビアのピント川からもたらされた「ピント川の小さな銀」（スペイン語のPlatina de Pinto）です。

　これが白金（Platinum、日本語ではプラチナ）の名前の由来になっています。白金は、そののちに発見されていった白金族の金属（ルテニウム、ロジウム、パラジウム、オスミウム、イリジウム）と化学的性質が似ていて、それらと合金、ヒ化物、硫化物をつくっていることが多いのです。

　白金族金属は、融点が高く、分離や加工が困難なため、近代までは使いにくい金属でした。しかし、腐食に極めて強いことと、自分自身は変化しないが周りの化学反応を促進する触媒能力に優れていることから、いまでは自動車の排ガス浄化、水素と酸素を反応させる燃料電池などに使われます。

　日本では特に装飾品として白金を好む傾向が強いといわれています。装飾品の場合はホワイト・ゴールド（金と他の金属との合金で、直訳すれば白金）との混同を避けるため、プラチナの名を使用します。

● 1/10 オンス・プラチナコイン

Trivia

金と銀の価値

　金と銀の価値はどう変わってきたのでしょうか。日本や中国では、16世紀前半までは、金：銀の価格がおよそ４：１だったようです。

　17世紀以降は世界的に銀の生産量が増加して、銀価格が暴落したため、13：１ほどになり、現在（2021年8月）ではなんと小売価格で約74：１まで差が開いています。江戸時代、日本は相対的に銀の価値が高かったことと、世界の相場に疎かったため、幕末には不当な交換比率で海外に多量の金が持ち出されてしまいました。

装飾品の品質を表す刻印は、純度90%であればPt900のように打たれ、純白金はPt999（分析誤差があるので、Pt1000とはしない）となります。金の場合は、純金をK24としますので、装飾品でよく使われるK18は純度が75%ということになります。

メートル原器とキログラム原器

1879年にフランスでつくられたメートル原器は、白金90%、イリジウム10%の合金でできています。1960年まで1メートルの基準として使われましたが、現在では長さの基準が光の速度をもとにしたものに変わっています。

また、1889年につくられたキログラム原器も同様の合金です。不変の物理常数を重量の基準にする話はありますが、決定されていないため、1kg原器の方はまだ現役です。

白金族は、超苦鉄質〜苦鉄質深成岩に濃集する（特に多く集まること）傾向が強いので、それらの分布が広い南アフリカ、ロシア、カナダが主産地となっています。日本では、北海道の小規模な砂鉱床から、昭和のはじめ頃まで採掘されていたにすぎません。ただ、自然ルテニウムという鉱物は、北海道幌加内町を流れる雨竜川で採取された砂白金粒から、1974年に発見されました。

▲メートル原器

こんな名前でもいいの？

新鉱物に名前をつけるのは、もちろんその記載者に権利があります。しかし、何でも好きな名前をつけてもいいというわけではありません。

●王侯貴族、軍人、政治家の名前

1959年から国際的な新種の審査が始まりました。ここで、種と鉱物名の認定を行います。人名にちなみ鉱物名をつける場合は、原則的に鉱物学とその関連分野の研究者や貢献がある人に限られます。もちろん、物理・化学の研究者や鉱物のコレクターあるいはディーラーも含まれます。

1959年以前の鉱物名には、王侯貴族、軍人、政治家の名前がついているものがいくつかあります。記載者が何かの理由で讃えたかったのでしょうが、いまのルールでは無理があります。

よく知られているものに、ぶどう石（prehniteは1789年に、ケープタウンを統治していたH. von Prehn大佐にちなんで命名）、珪亜鉛鉱（willemiteは1830年に、オランダ王ウィレムⅠ世〈1772年6月〜1843年12月〉、Willem Frederikにちなんで命名）、チェフキン石（chevkiniteは1839年に、ロシアのK. V. Tschevkin将軍にちなんで命名）、脆銀鉱（stephaniteは1845年に、オーストリア大公V. Stephanにちなんで命名）などがあります。

タンザニアにあるオルドイニョ・レンガイ火山は、炭酸塩溶岩を噴出することで世界的に有名です。この中に、新鉱物が発見され、ニエレレ大統領（J. K. Nyerere、1922年4月〜1999年10月）にちなんで、nyerereite [$Na_2Ca(CO_3)_2$] と命名されました。

●オランダ王ウィレムⅠ世

●ジュリウス・ニエレレ大統領

彼は「タンザニアの父」と呼ばれる偉大な人で、教職を経験し、経済学などを専攻した政治家ですが、鉱物学には無関係です。審査制度開始後の1963年のことでした。

●旧約聖書のアダムとイブ

1968年、旧約聖書に出てくるイブの石が誕生しました。アダム石（1866年、実在の人物G. J. Adamから命名）をアダムに見立て、アダム石と同じ原子配列で、アダム石の亜鉛をマンガンで置換した新鉱物をイブ石とシャレてみたのです。鉱物世界のアダムとイブは、イブの方が体格（単位格子体積）の大きい、「蚤の夫婦」です。

●「こじつけ」でつけられた鉱物名

1993年には、おおいに審査委員会でもめた鉱物名が誕生しました。それがモーツァルト石 [mozartite：CaMn(OH)SiO$_4$] です。この少し前には、モーツァルト没後200年の催しで音楽界がにぎわっていました。その頃にこの鉱物が発見されたのでした。

歌劇「魔笛」には、フリーメーソンの思想や教義が組み込まれています。フリーメーソンは、社会貢献団体のひとつですが、昔は秘密結社とも考えられていました。モーツァルト（1756年1月～1791年12月）もこの団体に入っていたといわれています。

もともとフリーメーソンは英国の「石工組合」から始まったものです。昔の石工は建設（日本とは違って石造りの建造物が主

体）などに関わるエリート集団だったのです。ここに、「モーツァルト没後200年」「魔笛」「石」という三題噺的な「こじつけ」で鉱物名が誕生したというわけです。

▲珪亜鉛鉱（栃木県野門鉱山）

▲紫外線を当てて暗闇で見る（珪亜鉛鉱は緑色の蛍光を発する）

●ヴォルフガング・アマデウス・モーツァルト

◆鉱物学の始まりから

鉱物や宝石に関する学術的な関心が、著作として残っているのは、紀元前4世紀頃のギリシャ時代の書が最初と考えられています。

○鉱物学の発展

ローマ時代に入ると、ベスビオ火山の調査の途中で亡くなった大プリニウス（22年頃～79年8月）の大著、『博物誌』37巻（77年完成）があります。13世紀には、アルベルトゥス・マグヌス（1193年頃～1280年11月）が『鉱物書』を著し、鉱物や宝石についての当時の科学的と思われる性質や効能についてまとめています。

16世紀には、アグリコラ（1494年3月～1555年11月）によって『デ・レ・メタリカ』（死後の1556年に刊行）が著され、地質や採鉱技術の説明、鉱物の外的性質による分類などが記述されました。16世紀は、ヨーロッパで錬金術が流行した時代で、のちの自然科学の発展につながっていきます。鉱物学は、物理学や化学と互いに関連し合いながら発展してきました。17世紀までは、13元素（炭素、リン、硫黄、鉄、銅、亜鉛、ヒ素、銀、スズ、アンチモン、金、水銀、鉛）しか知られていませんでしたが、いろいろな鉱物の分析によって新しい元素が発見されていきました。

18世紀には19種類（コバルト、ニッケル、ビスマス、水素、窒素、酸素、マンガン、モリブデン、タングステン、チタン、ストロンチウム、クロム、ベリリウムなど）、19世紀には50種類（ナトリウム、カリウム、ホウ素、マグネシウム、カルシウム、バリウム、リチウム、アルミニウム、バナジウム、ほとんどの希土類、ほとんどの貴ガスなど）が発見されました。1869年にメンデレーエフ（1834年1月～1907年1月）が元素の周期律を発表して既知元素をまとめ、未知の元素の存在と性質を予測しました。

●ゲオルグ・アグリコラ

●ガイウス・プリニウス・セクンドゥス（大プリニウス）

●アルベルトゥス・マグヌス

○結晶形態の予測と証明

　結晶形態についての功績として挙げられるのは、1669年のステノ（1638年1月～1686年12月）による「面角一定の法則」です。また、1801年、アユイ（1743年2月～1822年6月）は結晶が格子構造を持っていると予測し、そこから導かれる「有理指数の法則」を発見しました。

　その後、レントゲン（1845年3月～1923年2月）によるX線の発見（1895年4月）に続き、ラウエ（1879年10月～1960年4月）が結晶にX線を照射して回折現象が起こることを発見（1912年）、さらに1913年にはブラッグ父子（父：1862年7月～1942年3月、子：1890年3月～1971年7月）によるブラッグ式の提唱と実際の鉱物のX線による原子配列の決定によって、経験則であった「面角一定の法則」や「有理指数の法則」の正しさが証明されました。

　現在よく使われているモース硬度計は、1812年に発表されたものです。ただし、当初の硬度2は岩塩でしたが、のちに現在の石膏に変更されました。

●ニコラウス・ステノ

●ヴィルヘルム・コンラート・レントゲン

●ルネ＝ジュスト・アユイ

●マックス・フォン・ラウエ

●ヘンリー・ブラッグ（父）

●ローレンス・ブラッグ（子）

○鉱物分類のパイオニア

鉱物の初期的な分類は、1774年のヴェルナーによる物理的性質に基づいたものでした。さらに、1817年には化学的性質も加えた分類を提唱しました。化学的性質をもとにした系統的分類は、1837年にデーナ（父のJ. D. Dana）によって、『鉱物学大系』として著されました。

これはデーナの子のE. S. Danaや他の人々によって改訂されながら、1997年の第8巻まで続きました。1970年には、結晶化学的分類がシュツルンツにより『鉱物一覧表』として刊行され、2001年に第9版（共著者にニッケルを加える）が出版されました。

デーナとシュツルンツは、見解上の相違で、分類上の位置が異なるものがあります。例えば石英を、デーナはケイ酸塩に、シュツルンツは酸化物に入れていますが、研究者の好みでどちらも使われています。

●ジェームズ・デーナ
アメリカの地質学者、鉱物学者（1813年2月～1895年4月）。

●エドリート・デーナ
アメリカの地質学者、鉱物学者（1849～1935年）。ジェームズ・デーナの息子。エール大学の自然史や物理学の教授を務めた。

○次々と発表された新鉱物

鉱物の化学成分については、錬金術の時代から調べられていました。基本的には鉱物をまず薬品などで溶かし、ある成分を特定の化合物として沈殿させ、その重さを量っていくという方法です。

この方法は、多量のしかも純粋な試料が必要な上、溶かしてなくなってしまうため、複数回の分析が不可能という欠点があります。1950年頃から、電子線を試料に照射し、そこから発生する元素のX線を観測し

て、元素の種類や量を測定する方法が実用化されるようになりました。

　電子線は磁場を制御して細く絞ることができますので、鉱物の微小な部分に照射して分析できます。また、ほとんど損傷することがないので、複数回の分析もできます。さらに、細かく2つ以上の鉱物が混在する試料でも、分離する必要がありません。

　この分析装置が電子線マイクロアナライザー（EPMA）で、X線を測定するところから、X線マイクロアナライザーとも呼びます。1970年以降、世界の多くの大学や研究所に導入され、いままで微細で手に負えなかった鉱物の正体がわかるようになって、新鉱物が次々と発表されるようになりました。

　のちには、電子線ではなく、レーザーを使って微小領域の元素の種類と量だけでなく、元素の質量数（陽子と中性子の数の和）も分析できる装置が開発されました。これによって、リチウムやベリリウムなど、軽い元素の分析もできるようになりました。

　1958年には、世界の主要国の鉱物学関連の学会が集まって、国際鉱物学連合（IMA）が設立されました。4年に一度行われる大会では、最新の研究結果や分析手法などが発表されます。

　1959年からは、国際鉱物学連合の委員会で、新鉱物の審査が行われるようになりました。それまで研究者の思い込みや乏しいデータで新鉱物としていた弊害を改め、申請者のデータの良否を審査し、投票という形で新鉱物の承認を行うことになったのです。

第7章 ◆ 鉱物との遭遇から鉱物学へ

●波長分散型分光器（WDS）を装着したEPMA

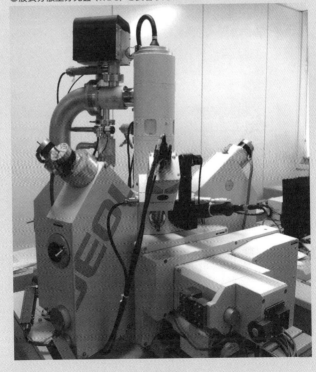

幻の『日本鉱物誌』第3版下巻と第4版

　日本の近代的鉱物学は、明治時代の開成学校で教鞭をとったお雇いドイツ人の鉱山技師、カール・シェンクによって始まったといってよいでしょう。

●日本人の鉱物への関心

　1873年に、和田維四郎（1856年4月～1920年12月）はここで鉱物学を学びました。1875年には、開成学校の助教となって日本の鉱物学をリードし、多くの人材を育てました。

　それ以前に、日本人は鉱物（石）にどのような関心を持っていたのでしょうか。1724年に近江国で生まれた木内石亭は、幼い頃より石が好きで、いまでいう関東、東海、北陸、近畿地方を旅して、石を集め、同好の士と交流をしていました。1773年には、収集した石の産地や外形の記載に、各地で見聞したことや同好の士からの情報をつけ加えて『雲根志』（前編）を刊行しました。1779年にはその後編、それらに漏れたものやさらに増加した資料をもとに第三編が1801年に刊行されました。「雲は大気が山の石に触れてできるもの」という考えがあるところから、雲根を石の異称としたものです。

　石は、用途や形などから9つに大別されています。荒唐無稽な説明も多く見受けられますが、形の不思議さなど、いまでも人の興味を引くところもあります。奇石を楽しむ、愛玩する、という趣味のルーツかもしれません。

●雲根志（前編・表紙）

●雲根志（前編・玉髄のところ）

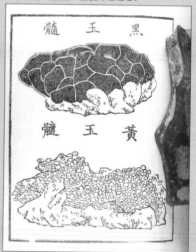

そもそも江戸時代の石への関心は、主に薬用だったと思われます。中国、明の李時珍（1518〜1593年）が著した『本草綱目』は、いろいろな人に日本風にアレンジされました。例えば、小野蘭山（1729年9月〜1810年4月）の講義を門人がまとめた『本草綱目啓蒙』、貝原益軒（1630年12月〜1714年10月）の『大和本草』などがあります。

「本草」とは薬用の植物、動物、石のことです。いまの目から見ると、「本草綱目」は博物学の教科書のようなものです。ここに出てくる石は薬用になるかどうかが決め手です。かつて、弔文の決まり文句として、「薬石効なく……」というのがありました。石は薬の一種だったのです。

●現在の日本の鉱物は1390種

日本の鉱物に対する近代的な記述は、1878年の和田維四郎による『本邦金石畧誌』が始まりで、100種類に満たない鉱物が出てきます。その後、『日本鉱物誌』初版（1904年、175種記載）と、和田が収集した標本について主要産地の産状や鉱物特性などを記述した『本邦鉱物標本』（1907年）が出版されました。

●貝原益軒

●小野蘭山

●李時珍

●和田維四郎

『日本鉱物誌』は、第2版（215種記載）が神保小虎ほかによって1916年に、第3版上巻が伊藤貞市・櫻井欽一によって1947年に出版されました。この頃の鉱物種は300ほどですが、その後、急に増加していきます。

1970年代に、第3版下巻を飛び越した第4版用の原稿を櫻井欽一博士に見せていただいたことがあります。種の増加と産地の増加で、とても書籍にまとめきれないくらいの量となっていました。

時と共に情報量は急激に増え、昔のような産地や産状を細かく記載する紙媒体の鉱物誌は不可能となってしまったのです。現在、日本の鉱物は1390種に達し、これからも増え続けていきます。

Trivia

超微細な新鉱物の発見

最近は、隕石や宇宙塵の中の超微細な新鉱物も増加しています。1969年、アポロ11号が月から持ち帰った試料から新鉱物、アーマルコライトなどが発見されています。

2010年には、イトカワから「はやぶさ」が試料を採取してきました。

そして、2020年12月には、はやぶさ2が小惑星リュウグウから試料を採取して帰還しました。持ち帰った鉱物に含まれる水素や炭素化合物を詳しく分析することで、地球の水の起源や、生命の材料となった有機物の起源が明らかになるのではないか、と期待されています。

▼はやぶさ（模型、第61回国際宇宙会議にて展示）

Photo by Pavel Hrdlička

第8章

趣味としての鉱物

すべての石ころは鉱物の集合体ですが、標本になるような鉱物はどこでも採集できるわけではなく、それなりの下調べと準備が必要です。集めた鉱物にはラベルをつけ、標本として整理しましょう。

鉱物の博物学

◆鉱物採集の基本

　鉱物の採集には、念入りな準備が必要です。また、採集の仕方や標本の整理にもいくつかの留意事項があります。

○採集の準備

▼鉱物採集のための基本装備

保護メガネ
プラスチック製の
簡易なもので十分

リュックサック
軽くて丈夫なものがよい

ハンマー
採集時には専用
ハンマーが必要

手袋
革製の手袋が
おすすめ

ベスト
軽くてポケットが
多いと便利

**記録用の
ペンとノート**

その他あるとよいもの
ルーペ、タガネ、ふるい、ウエ
ストバッグ、磁石、ポリ袋、不
要な新聞紙

帽子
状況によってはヘルメットが必要

デジタルカメラ
いまや必須アイテムといえ
る。GPS機能があると便利

シャツ
安全のため夏でも
長袖がおすすめ

地図
国土地理院の地形図を
用意したい

パンツ
丈夫で屈伸しやすい
ものがよい

靴（くつ）
防水性が高く滑りにくいもの

●服装

　鉱物採集の服装は、肌の露出が少なくて、汚れてもよい格好なら、何でもかまいません。足元は、足場が悪い場所や濡れる場所も多いので、登山靴のような底が硬くて丈のある靴や、ゴム長靴などがよいでしょう。

　石の角(かど)などでけがをすることがあるので、手には軍手や革手袋などを必ず着用します。ハンマーで石を叩く際には、石の破片が目に入る危険がありますので、保護メガネをつけましょう。また、崖の近くや急斜面では落石に備えてヘルメットを着用しましょう。

●鉱物採集に必要な道具

　産地と目的の鉱物によって変わりますが、ハンマー、タガネ、ルーペ、新聞紙、サンプル袋、地図、カメラなどがあるとよいでしょう。

ハンマー：ピックハンマーやチゼルハンマーと呼ばれる、地質調査専用の600〜800g程度のものを使います。これらのハンマーは片側が細く尖っていますが、石を叩くときは、平らな面を使います。尖っている方は土を掘ったり、石の割れ目に入れて引きはがしたり、軽く叩いて石を整形するためのものです。尖った側で石を強く叩いてはいけません。ハンマーの方が壊れてしまいます。大きな石を割りたいときや、**タガネ**を使用する場合は、1.2〜2.2 kg程度の石頭(せっとう)や両頭ハンマーを使います。

▼ハンマー

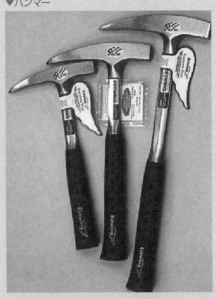

タガネ：タガネには、先が尖った直タガネと、ノミのように先が平たい平タガネの2種類があります。直タガネの方が石に刺さりやすいですが、平タガネの方が割れる向きをコントロールしやすいので、状況により使い分けます。

▼タガネ

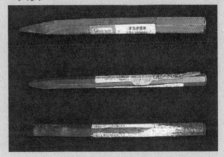

ルーペ：10倍前後の倍率で、折り畳み式の
ルーペが使いやすいです。紐をつけて首か
ら下げれば、落とす心配もなく、出し入れの
手間もないので便利です。鉱物の磁性を確
認するためには、小さな磁石に紐をつけて
持っていると、簡単に判別できます。

▼ルーペ

ふるい：砂や土の中から小さな鉱物を探す
産地では、ふるいがあると便利です。砂金
や、比重の重い鉱物を探す際には、パンニ
ング皿を使います。パンニング皿は、お椀
や、底の少し深い皿でも代用できます。

▼ふるい

地図：国土地理院発行の2万5000分の1
または5万分の1地形図が適当で、国土地
理院のウェブページからも閲覧できます。
また、GPS機能つきのカメラやスマート
フォンがあると、現在位置の確認や産地の
場所の記録に重宝します。

▼地図

▼採集は安全第一で

地形や天候には
十分注意したい

○採集の仕方

●採集できる場所

岩石が露出している場所であれば、どこでも鉱物標本が採集できる可能性はありますが、確実なのは、鉱山跡や採石場跡のほか、河原、海岸、山腹などで、かつて鉱物が産出したことが報告されている場所です。

鉱物産地を記したガイドブックなどが販売されているので、はじめのうちは、そうした情報を頼りに行くとよいでしょう。鉱山のズリ（不要な鉱石捨て場）などでは、まずは無闇に掘ったり歩き回ったりせず、斜面の下から上に向かって表面をじっくり観察しましょう。

●狙い目は雨上がり

表面は土が洗われていて観察しやすく、小さな分離結晶なども拾いやすいです。雨上がりは特に狙い目です。広いズリでは鉱物の分布が一様とは限らないので、じっくり腰を据えて掘ったり叩いたりする前に、目当ての鉱物はどんな石に含まれているのか、そのような石はズリのどこに多いかを観察することが大切です。

●一撃で石を割る

石を割るときは、どこを叩いたらどう割れるかをよく見極めてから、なるべく一撃で割るようにします。一撃で割れないときも、あちこちを叩かず、同じ場所を叩いて割

るようにすると、標本が打撃痕（だげきこん）だらけになることが避けられます。

●結晶の角（かど）は非常に欠けやすい

壊れやすい鉱物を持ち帰るときは、新聞紙やティッシュペーパーなどで丁寧に包みましょう。水晶のように比較的硬い鉱物でも、結晶の角は非常に欠けやすいので丁寧に扱ってください。

針状や毛状の沸石（ふっせき）などは、包むこともできませんので、紙箱やプラスチック製の容器を用意していき、結晶が容器に触れないように、母岩の部分を新聞紙などで押さえて固定します。

●水晶（岐阜県中津川市）

●採集年月日や場所を記録する

　小さな鉱物の収納には、100円ショップなどで売られているジッパーつきのポリ袋が便利です。あとで採集場所がわからなくならないよう、サンプル袋か標本を包んだ新聞紙に、採集年月日や場所の略称（例えば2022年1月1日に訪れた2番目の場所で採集した試料なら、22010102など）を記録しておくようにしましょう。

●マナーを守る

　採集の際にはマナーにも注意しましょう。私有地など立入許可が要る場所では必ず許可をとる、天然記念物の採集や国立公園内などでの採集はしない、ゴミは散らかさない、掘った穴は埋め戻す、木の根元は掘らない（木を倒さない）、植林してある場所や公害防止工事が行われている場所は荒らさない、など。

　いずれも当たり前のことですが、こうしたマナーを守らない人がいると、ほかの採集者にも迷惑がかかります。実際、産地の荒廃から採集禁止や立入禁止の場所が増えているのは悲しいことです。

●余分な標本は有効活用する

　岩石や鉱物は一度採集してしまったら回復しませんから、あとから来る人のことも考え、採集は最小限にとどめ、乱獲したり、むやみに露頭を破壊したりしないようにしましょう。余分な標本は他人と交換するなど、有効活用してください。

　それでも不要な石が生じた場合は、自宅の庭に捨てるか、廃棄物として自治体のルールに従って処分しましょう。決して他の鉱物産地に捨ててはいけません。ほかの採集者や研究者が混乱するもとになるからです。

▼鉱物採集時のマナー

必要以上に採集しない。無断で私有地などに入らない。

立ち入り禁止

○標本の整理

●標本を洗う

鉱物を持ち帰ったら、記憶が薄れる前に標本にしましょう。標本を洗うときは、水道の口を指で狭めたり、霧吹きを使ったりして、まずは水の勢いで土を落とします。

デリケートな結晶がついていないことを確認したら、歯ブラシやたわしを使ってゴシゴシ洗っても大丈夫です。苔（こけ）などの頑固な汚れは酸素系や塩素系の漂白剤を、酸化鉄の汚れは塩酸やシュウ酸を使うときれいになります。薬剤を用いる際は、鉱物にもダメージを与えてしまう危険があるため、目的の鉱物と反応しないことを確かめましょう。

モルデン沸石（ふっせき）などの毛状、針状の鉱物は水に浸けるだけで変形してしまいますので、基本的に洗えません。したがって、採集時には土や砂で汚さないように、保管の際もホコリがつかないようにします。

●標本の整形

母岩の余分な部分は小型のハンマーやタガネを使ってトリミングします。整形する際は石を手に持って、軽めの整形用ハンマーで、石の角から少しずつ不要な部分を落とすと、きれいに割りやすいです。

●分解や変質に注意

クリーニングが終わったら、小箱の中にラベルを敷いて標本を入れるか、ラベルと標本を一緒にジッパーつきポリ袋に入れ、ラベルと標本がバラバラにならないようにします。鉱物名はあとでも調べられますが、最低限、産地情報だけは書き留めるようにしましょう。鉱物は虫が喰（く）う心配はしなくてよいので、保管は楽ですが、分解や変質に注意が必要なものが多少あります。

藍鉄鉱（らんてっこう）や鶏冠石（けいかんせき）など、光により分解が進む鉱物は、完全に遮光して保管します。そのほかにも、蛍石や紫水晶、トパーズ、マンガン鉱物など、直射日光に長時間さらすと退色する鉱物は少なくないので、直射日光だけは避けて保管した方がよいでしょう。

黄鉄鉱（おうてっこう）や白鉄鉱（はく）などの硫化鉱物は、大気中で徐々に分解されて硫酸を生じ、ラベルや標本箱を腐食することがあります。腐食が生じた場合は鉱物とラベルを別々のポリ袋に入れて保管します。岩塩や胆礬（たんばん）など、水溶性の鉱物は湿気を避けて保管します。

●パソコンによる標本リストの管理

標本は化学組成に基づく分類に従って整理することが一般的ですが、入手年代順や産地別に整理したり、鉱物名のアルファベット順に整理することもあります。

ラベルとは別に標本リストをパソコンで管理しておくと、実際の標本の整理方法にかかわらず、様々な基準で手持ちの標本をリストアップできるでしょう。

櫻井鉱物標本

櫻井欽一博士は、1912年に東京神田に生まれ、小学生の頃から鉱物に興味を持ち、世界でも有数の鉱物コレクションをつくりました。

●『日本鉱物誌』第3版上巻の出版

中学生時代から、鉱物収集の大家、長島乙吉氏や若林弥一郎氏、鉱物学のエキスパートであった東京帝国大学教授の伊藤貞市博士の指導を受けました。中学卒業後は、福地信世委員長の下で、日本鉱物誌編纂委員会の委員として活躍しました。

そして、1947年に伊藤博士との共著で、『日本鉱物誌』第3版上巻を出版されました。1955年には、湯河原沸石の発見と研究などの業績に対して、東京大学から理学博士の学位を授与されました。さらに、1964年にはそれまでの鉱物学などに対する功績で紫綬褒章も授与されています。

●国立科学博物館に寄贈された標本のデジタル化

櫻井家は老舗の鶏料理「ぼたん」を神田須田町で営まれていますが、櫻井博士は忙しい家業の合間をぬって、鉱物はもちろん、貝類の収集と研究もされていました。

たんに櫻井標本というと、貝類標本もありますので、鉱物の場合は**櫻井鉱物標本**と呼びます。標本は頑丈につくられた特注の木製ケースに分類順に並べられ、手書きのラベルを添え、紙箱、ガラスの蓋つき角箱や丸箱などに入れられていました。

櫻井博士は、東京科学博物館（現国立科学博物館）の嘱託や横浜国立大学の講師をされたことがあった関係で、標本は国立科

●1930年当時の東京科学博物館

学博物館と神奈川県立博物館（現神奈川県立生命の星・地球博物館）の2カ所に寄贈するつもりだとおっしゃっていました。

　残念なことに、1993年に亡くなられ、国立科学博物館に寄贈された標本が整理されることになりました。すでによく整理されていたのですが、デジタル化のために、産地名を現在のものに変更する必要が生じました。

　平成の大合併で、ほとんどすべての産地名が変わってしまいました。古い町村の名前がいまのどこなのか、探す作業が続けられました。並行して、いくつかの鉱物種についても分析などをしてチェックも行いました。

　整理できたぶんを断続的に『櫻井鉱物標本カタログ』I（2001）、II（2003）として出版し、2008年にIIIを出版して完了しました。標本総数は1万6161点で、日本産が1万219点、外国産が5932点という膨大な点数でした。

●産業史的な資料としても貴重

　日本産鉱物標本には、大正・昭和に活動した多くの鉱山から産出したものがあり、鉱物学の研究面だけでなく、産業史的な資料としても貴重です。

　なるべく多くの方々にお見せできるようにと思っているのですが、面積の関係から、ほんの一部だけしか展示できないのが残念です。現在、上野の国立科学博物館・日本館3階に展示されていますので、どうぞご覧ください。

●櫻井鉱物標本の一部（国立科学博物館日本館にて展示）

◆鉱物の収集とコレクションの醍醐味

　鉱物は、研究や産業の対象というだけでなく、いろいろな方法で楽しむことができる自然物です。鉱物の楽しみ方で最も多いのが、コレクションをつくることでしょう。超稀産のものも多く、毎年数十種類以上の新鉱物が発表されます。趣味としての鉱物収集に規則は特にありません。各自が自由なスタイルで、好きな鉱物を集めればよいのです。

○鉱物種の数を重視するスタイル

　まず筆頭に挙げられるのが、鉱物種の数を重視する収集スタイルでしょう。究極的な目標としては、すべての鉱物種の収集を目指すことになりますが、これは容易ではありません。国際鉱物学連合により独立種として認定されている鉱物の数は、2021年時点で約5700種類ですから、動植物種の数に比べれば大したことはありませんが、中には一度限りの産出で、その後は、新たな標本が産出しない鉱物もあります。

　記載に用いられたタイプ標本を含めて数点しか確認されていない鉱物もあり、原産地からの産出も途絶えている場合には、持ち主が手放して市場に出回るのを待つか、新たな産地が発見されるのを気長に待つしかありません。分析技術の進歩に伴い、近年では発見される新鉱物の数が増える傾向があり、ここ数年は年間百種類前後が新たに報告されていますが、肉眼では見えないほど小さな鉱物や、十分に大きな鉱物でも分析してみないと既存の鉱物種と区別がつかない鉱物も多くあります。

　そうした鉱物に手を伸ばし始めると、専門家がつけたラベルを信じるほかなく、見て楽しむというよりは、ラベルに満足する世界になってくるかもしれません。

○見た目の美しさを追求する

　見た目の美しさだけをひたすら追求するコレクションもあるでしょう。結晶の輝き、形、色合いなど、その美しさは鉱物の最大の魅力ともいえます。鉱物の種類はもちろん、集合状態や結晶形は問題にせず、ひたすら美麗な鉱物だけを集めるものです。どちらかというと、鉱物そのものに興味があるわけではなく、装飾品として扱うことに重点を置いたやり方です。身体や室内を装い飾るものとして、これが一番華やかに見えるコレクションでしょう。しかし、見栄えのする大型で傷のない鉱物標本は滅多に採集できるものではありませんし、購入すれば大変高価ですから、よほどお金に余裕がない

と極めるのは困難です。採集においては、特に見た目ばかりを重視しすぎると、同じ産地に通い詰めて産地を荒廃させたり、目立たない共生鉱物でも貴重な試料を損なってしまうことにもつながりかねません。立派な鉱物標本は、大地の（またはお金の？）女神が気まぐれで稀に微笑んでくれるものと心得て、ふだんは一見地味な鉱物や小さな鉱物にも目を向けることをおすすめします。

●めのう（メキシコ）

○結晶系による分類で整理する

結晶形の明らかなものだけを集める方法もあります。鉱物の魅力のひとつに、結晶面で囲まれた形の美しさがあります。

精密加工したように自然が作り上げた結晶は誰の目をも引きつけます。大きな結晶は稀なので、手に入れにくいものです。そこで、ルーペや実体顕微鏡（対象をそのまま観察できる低倍率の顕微鏡）で見て楽しめる小さな結晶を中心に集めることをおすすめします。この場合、鉱物を結晶系による分類で整理するのがよいでしょう。

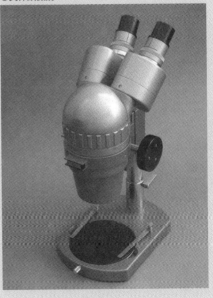

●実体顕微鏡

第8章 ◆ 趣味としての鉱物

○稀産鉱物を集める

稀産鉱物は、小さくて地味な外観のものが多く、集めた本人でさえ理解できていないこともあるようです。

できれば原産地（最初に発見され記載された場所）のものが望ましいですが、原産地より立派なものが、あとから他の産地から出ることもありますので、その場合はそれも集める方がよいでしょう。

○1種類の鉱物でさえ「集め尽くす」ことができない

　特定の鉱物あるいは仲間だけを集める方法があります。例えば、石英、方解石、マンガン鉱物だけ、というものです。簡単そうですが、色や形（結晶形、集合状態）など変化が多様なものは集めるのにけっこう骨が折れます。動植物であれば、同一種ならサイズも外観も似通っているものですが、鉱物の場合は、結晶外形や集合形態、色、共生鉱物などがまったく異なっていることが多々あります。その多様性は限りなく、たった1種類の鉱物でさえ「集め尽くす」ことができない奥深さがあるのも、鉱物コレクションの魅力のひとつです。

○誰にも負けない「地域の鉱物コレクション」

　ある地域の鉱物を網羅的に集めるスタイルもあります。国、地域（県や市）、産地（大きな鉱山）などを限定して集める方法です。日本のコレクターは、特に日本産にこだわる人が多く、外国産鉱物にはほとんど興味を示さないことも特徴です。

　この場合、鉱物を分類順に整理するのが望ましいと考えます。地の利を生かして地元の野山をすみずみまで調査すれば、その地域の鉱物コレクションとしては誰にも負けないものになるでしょう。そのようなコレクションの中には、専門家でも知らなかった発見が潜んでいるかもしれず、学術的な価値も出てくるかもしれません。

○精神的な活力や癒やしに結びつくと感じる鉱物を集める

　女性などを中心にパワー（ご利益）があると信じる鉱物を身近に置くことも流行しています。科学的見地から評価はできませんが、本人がそれで何かのパワーを得、精神的な活力や癒やしに結びついていると感じるなら、それはそれで大いにけっこうなことだと思います。効用や楽しみ方はパワーストーンの専門店に相談してみましょう。

●パワーストーン

フィールドに出かけ自分自身で鉱物採集を試み、博物館や大規模鉱物イベントなどで目を肥やすのもよいかもしれません。標本交換を通じて友人となり、購入でコレクションの厚みを増すこともできます。これも鉱物の楽しみ方のひとつです。

○小さい標本にこだわる

日本ではまだあまり人気がないようですが、**サムネイル標本**や**マイクロマウント標本**といって、小さい鉱物ばかりを集めるスタイルもあります。1～2cm未満の標本をプラスチック製の標本ケースに粘土などで固定して整理するコレクションです。

マイクロマウントの場合、標本となる鉱物自体はさらに小さくて、数ミリ以下の微小な鉱物をピンの上に粘土や接着剤などで固定し、ルーペや顕微鏡で観察します。大きな結晶が得られる鉱物種でも、あえて小さな標本をコレクションします。

通常の感覚では、大きな結晶ほど価値が高く思えるため、小さい標本にこだわることは奇妙に思われるかもしれませんが、結晶の形は大きさによらず相似形であることを思い出しましょう。

大型の標本で、かつ、傷がなく、結晶の形、光沢、色、母岩に対する結晶のつき方の配置まで、あらゆる点でコレクターの美的センスにかなった標本に巡り会うことは極めて困難でしょう。

しかし、小さな結晶なら産出量も桁違いに多く、ほしがるライバルも少ないので、自分だけの逸品を心ゆくまで選び出せるのです。鑑賞するには、大型の展示ケースを眺める代わりに、ルーペや顕微鏡が必要ですが、そこには大型標本と遜色ない世界が広がっているはずです。

写真撮影が好きであれば、サムネイル標本やマイクロマウント標本は特におすすめです。写真ではサイズ感はわからなくなります。大きくて傷のある標本より、小さな標本の中からこだわり抜いて選んだものの方が、美しい写真が撮影できます。おまけに、標本の収蔵に場所をとらないのも大きなメリットです。

●サムネイル標本（ペクトライト、南アフリカ）

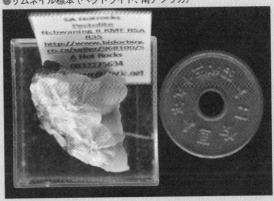

秦か清か？（翡翠の誤解と謎）

翡翠は、中国人や日本人が特に好む宝石です。1969年に国立科学博物館に寄贈された、通称「青唐辛子」と呼ばれる見事な翡翠は、当初、「秦の始皇帝」に関係するものという説明でした。

●翡翠は中国から渡ってきたという説

秦の始皇帝（紀元前259年〜前210年）は、春秋戦国時代の大国の王で、紀元前221年に中国を統一したことで有名です。ところが、翡翠文化を調べていくと、この時代の中国では、翡翠を目にすることはなかったことがわかります。

日本の縄文時代前期末葉（約5000年前）から古墳時代までの遺跡には、数多くの翡翠（大珠、勾玉、首飾り）が発見されています。昭和時代のはじめ頃までは、これらの翡翠はすべて中国から渡ってきたものという説が有力でした。それにはいくつかの理由がありました。

●秦の始皇帝

そのひとつが、奈良時代の初期を最後に、日本から翡翠の文化がまったく途絶えたことでした。なぜそうなったかはまだはっきりとはわかっていません。もうひとつは、明治時代に中国（清の時代）から翡翠が入ってきたことです。

この時代の翡翠は、ビルマ（現在のミャンマー）産のものですが、当時の人々にはそのような認識がなく、単純に中国産と思っていたのです。さらに、日本に翡翠の産地がまだ知られていなかったことも大きな理由です。

●再確認された翡翠の産地

東北大学理学部岩石鉱物鉱床学教室の河野義礼助手（当時）は、新潟県糸魚川に住む親戚を通じて持ち込まれた緑色の石を研究した結果、翡翠と鑑定し、すぐに小滝川を調査して、多くの翡翠岩塊を発見しました。

1939（昭和14）年、「岩石鉱物鉱床学」という学会誌に翡翠の産出を報告しました。およそ1300年の時を経て、日本に翡翠の産地があることが再確認されたのです。

その後、糸魚川周辺では、翡翠を加工していたことを示す遺跡も発見され、縄文時代以降の遺跡から出土する翡翠が、日本産であることが確実になりました。

●「中国産」翡翠という誤解

　清は、1616年から1912年まで中国を治め、第六代皇帝の乾隆帝（1711年9月〜1799年2月：在位1735〜1796年）はインドシナなどの外征を行った記録があります。彼はミャンマー産の翡翠を使った製品を数多くつくらせました。

　現在でも、台湾の故宮博物館や北京の故宮博物院に「白菜」など多くの傑作が残されています。乾隆帝在位の頃は、日本の江戸時代中期であり、幕末から明治時代に翡翠が入ってくれば、当然それは中国産だと思われるわけです。

　この、翡翠＝中国産という誤解を、2004年の特別展「翡翠展」を行った頃でも、宝石商の方々が持っていて驚かされたことがあります。寄贈された「青唐辛子」はミャンマー産で、清の時代の製品である可能性が高いですが、決して秦の時代のものではありません。そもそも、中国に翡翠の産地は見つかっていないのです。

●乾隆帝

●翡翠（白菜）

●台湾の故宮博物館

Photo by Peellden

●翡翠（青唐辛子）

◆博物館紹介

以下に鉱物の展示がある代表的な博物館や科学館、資料館を紹介します。

●北海道大学総合博物館

by Jo

〒060-0810
北海道札幌市北区北10条西8
電話：011-706-2658

●秋田県立博物館

〒010-0124
秋田県秋田市金足鵜崎字後山52
電話：018-873-4121

●秋田大学附属鉱業博物館

by MWE

〒010-8502
秋田県秋田市手形字大沢28-2
電話：018-889-2461

●東北大学総合学術博物館

〒980-8578
宮城県仙台市青葉区荒巻字青葉6-3
電話：022-795-6767

●山形県立博物館

by Mutimaro

〒990-0826
山形県山形市霞城町1-8（霞城公園内）
電話：023-645-1111

●石川町歴史民俗資料館

〒963-7845
福島県石川郡石川町高田200-2
電話：0247-26-3768

●栃木県立博物館

by Fk

〒320-0865
栃木県宇都宮市睦町2-2
電話：028-634-1311

●ミュージアムパーク茨城県自然博物館

〒306-0622
茨城県坂東市大崎700
電話：0297-38-2000

●産業技術総合研究所地質標本館※

〒305-8567
茨城県つくば市東1-1-1
電話：029-861-3750

●埼玉県立自然の博物館

by 京浜にけ

〒369-1305
埼玉県秩父郡長瀞町長瀞1417-1
電話：0494-66-0404

●国立科学博物館

by Masayuki Igawa

〒110-8718
東京都台東区上野公園7-20
電話：050-5541-8600

●神奈川県立生命の星・地球博物館

by 星組背番号10

〒250-0031
神奈川県小田原市入生田499
電話：0465-21-1515

●平塚市博物館

by Rubber Soul

〒254-0041
神奈川県平塚市浅間町12-41
電話：0463-33-5111

●ミュージアム鉱研 地球の宝石箱

〒399-0651
長野県塩尻市北小野 4668（いこいの森公園内）
電話：0263-51-8111

●奇石博物館

by Yatobi

〒418-0111
静岡県富士宮市山宮3670
電話：0544-58-3830

●山梨ジュエリーミュージアム

by Kaldog

〒400-0031
山梨県甲府市丸の内1-6-1
山梨県防災新館1階やまなしプラザ内
電話：055-223-1570

●山梨宝石博物館

〒401-0301
山梨県南都留郡富士河口湖町船津6713
電話：0555-73-3246

464

●フォッサマグナミュージアム

〒941-0056
新潟県糸魚川市一ノ宮1313（美山公園内）
電話：025-553-1880

●中津川市鉱物博物館

〒508-0101
岐阜県中津川市苗木639-15
電話：0573-67-2110

●豊橋市自然史博物館

by Yanajin33

〒441-3147
愛知県豊橋市大岩町字大穴1-238
（豊橋総合動植物公園内）
電話：0532-41-4747

●富山市科学博物館

〒939-8084
富山県富山市西中野町1-8-31
電話：076-491-2123

●福井県立恐竜博物館

by 鷹継剣矢

〒911-8601
福井県勝山市村岡町寺尾51-11
（かつやま恐竜の森内）
電話：0779-88-0001

●福井市自然史博物館

〒918-8006
福井県福井市足羽上町147
電話：0776-35-2844

●大阪市立自然史博物館

by KENPEI

〒546-0034
大阪府大阪市東住吉区長居公園1-23
電話：06-6697-6221

●公益財団法人益富地学会館

by At by At

〒602-8012
京都府京都市上京区出水通り烏丸西入る
電話：075-441-3280

●高田クリスタルミュージアム

〒610-1132
京都府京都市西京区大原野灰方町172-1
電話：075-331-0053

●和歌山県立自然博物館

by 663highland

〒642 0001
和歌山県海南市船尾370-1
電話：073-483-1777

●玄武洞ミュージアム

by hashi photo

〒668-0801
兵庫県豊岡市赤石1362
電話：0796-23-3821

●倉敷市立自然史博物館

by Phronimoi

〒710-0046
岡山県倉敷市中央2-6-1
電話：086-425-6037

466

●山口県立山口博物館

by 663highland

〒753-0073
山口県山口市春日町8-2
電話：083-922-0294

●鳥取県立博物館

by 663highland

〒680-0011
鳥取県鳥取市東町2-124
電話：0857-26-8042

●香川県立五色台少年自然センター自然科学館

〒762-0014
香川県坂出市王越町木沢1901-2
電話：0877-42-0034

●愛媛県総合科学博物館

by MK Products

〒792-0060
愛媛県新居浜市大生院2133-2
電話：0897-40-4100

●北九州市立いのちのたび博物館

by Kugel

〒805-0071
福岡県北九州市八幡東区東田2-4-1
電話：093-681-1011

●九州大学総合研究博物館

by そらみみ

〒812-8581
福岡県福岡市東区箱崎6-10-1
電話：092-642-4252

◆ミネラルショー

　毎年各地で鉱物の展示即売会が開催されています。規模の大きな催しでは海外からも鉱物のディーラーが集まり、出展された世界各地の鉱物を見て楽しみ、購入することもできます。ここに紹介する以外にも、同様なイベントや不定期な催しが各地で開催されています。

- ●さっぽろミネラルショー（札幌／北海道）
- ●糸魚川翡翠鉱物展（糸魚川／新潟県）
- ●ミネラルマーケット（飯田橋／東京都）
- ●東京ミネラルショー（池袋／東京都）
- ●東京国際ミネラルフェア（新宿／東京都）
- ●ミネラルザワールドin横浜（横浜／神奈川県）
- ●ミネラルフェスタ（横浜／神奈川県）
- ●名古屋ミネラルショー（名古屋／愛知県）
- ●石ふしぎ大発見展（京都・大阪）

　なお、標本の購入は常設のショップや通信販売などによってもできますので、インターネットで検索してみましょう。

◆鉱物検定のはなし

　公益財団法人益富地学会館では、鉱物鑑定検定を実施しており、一定の基準を満たした人物に鉱物鑑定士・鉱物鑑定士補の認定を行っています。検定は9級から1級まであり、9〜4級までは鉱物鑑定士補、3級以上は鉱物鑑定士となります。

　認定試験は、ペーパー試験、鉱物の肉眼鑑定テストなどから構成され、級が上がるにつれ、より深い知識が要求されます。検定は各地のミネラルショーの会場などでも実施されています。なお、鉱物鑑定検定の実施要項（検定の日程、会場を含む）については毎年、その都度決められます。詳細については益富地学会館のウェブページ（http://www.masutomi.or.jp）をご覧してください。

あとがき

　紹介できる鉱物には限界があります。鉱物図鑑に掲載されている量では物足りないと感じた読者も少なからずおられたのではないかと思います。類似した書籍は最近日本でも多く出版されているので、それらもあわせて読まれると、より理解度が増し、楽しくなると思います。

　以下、参考になる主な書籍を掲げます。

『鉱物と宝石の魅力』　松原 聰・宮脇 律郎著　SBクリエイティブ (2007)

『世界の鉱物50』　松原 聰・宮脇 律郎著　SBクリエイティブ (2013)

『日本産鉱物種 第7版』　松原 聰著　鉱物情報 (2018)

『探検！日本の鉱物』　寺島 靖夫著　ポプラ社 (2014)

『鉱物図鑑』　松原 聰著　ベスト新書 (2014)

『必携鉱物鑑定図鑑』　藤原 卓編著　白川書院 (2016)

『鉱物ハンティングガイド』　松原 聰著　丸善出版 (2014)

『絵でわかる 日本列島の誕生』　堤 之恭著　講談社 (2014)

『鉱物・宝石の科学事典』　日本鉱物科学会・宝石学会 (日本)　朝倉書店 (2019)

『Dana's New Mineralogy』　Gainesほか著

　John Wiley & Sons, Inc. (1997)

『Strunz Mineralogical Tables』Strunz & Nickel著

　E. Schweizerbart'sche Verlagsbuchhandlung (2001)

『Handbook of Mineralogy, Vol. I – V』Anthonyほか著

　Mineral Data Publishing (1990–2003)

　最後に、宝石の写真を提供していただいた株式会社中央宝石研究所の北脇裕士博士、撮影用標本を提供していただいた川崎雅之氏、徳本明子氏に心より感謝申し上げます。その他、撮影用標本には、国立科学博物館所蔵の鉱物標本 (櫻井標本を含む) なども使用しています。

2021年9月　著者

索引

鉱物リスト

◆あ行

レアメタル

●著者略歴

松原 聰 (まつばら さとし)

1946年生まれ。京都大学大学院理学研究科修士課程修了。理学博士。元国立科学博物館研究調整役・地学研究部長。元日本鉱物科学会会長。

主な著書:『新鉱物発見物語』岩波書店、『ダイヤモンドの科学』講談社、『鉱物ウォーキングガイド 全国版・関東甲信越版』丸善出版、『鉱物図鑑』KKベストセラーズ、『鉱物・宝石の科学事典』編著／朝倉書店 など。

宮脇 律郎 (みやわき りつろう)

1959年生まれ。筑波大学大学院博士課程修了。理学博士。国立科学博物館地学研究部長。国際鉱物学連合新鉱物・命名・分類委員会委員長。日本鉱物科学会会長。

主な著書:『カラー版徹底図解 鉱物・宝石のしくみ』監修／新星出版社、『ときめく鉱物図鑑』監修／山と渓谷社、『宝石と鉱物の大図鑑』日本語版監修／日東書院本社 など。

門馬 綱一 (もんま こういち)

1980年生まれ。東北大学大学院博士課程修了。博士 (理学)。国立科学博物館地学研究部鉱物科学研究グループ研究主幹。国際鉱物学連合 新鉱物・命名・分類委員会 日本代表委員。

主な著書:『KOUBUTSU BOOK －飾って、眺めて、知って。鉱物のあるインテリアー』監修／ビー・エヌ・エヌ新社、『小学館の図鑑NEO 岩石・鉱物・化石』監修／小学館、『愛蔵版 楽しい鉱物図鑑』監修／草思社 など。

●協力者 (社) 一覧

写真 (レアメタル)   : 田中 陵二 (たなか りょうじ)

編集協力   : (株) エディトリアルハウス

本文イラスト   : 中西 隆浩 (なかにし たかひろ)

本文トレース   : 田中 秀典 (たなか ひでのり)

図説 鉱物の博物学 [第2版]

発行日	2021年10月1日　　　　第1版第1刷
著　者	松原　聰／宮脇　律郎／門馬　綱一

発行者	斉藤　和邦
発行所	株式会社 秀和システム
	〒135-0016
	東京都江東区東陽2-4-2　新宮ビル2F
	Tel 03-6264-3105（販売）Fax 03-6264-3094
印刷所	三松堂印刷株式会社　　　　Printed in Japan

ISBN978-4-7980-6612-7　C3044